混凝土断裂力学特性
试验研究与数值仿真

陈红鸟　李应平　苏启亮　著

科学出版社

北京

内 容 简 介

本书系统总结了作者近 10 年在混凝土断裂力学试验和数值模拟方面的研究成果,主要内容包括混凝土断裂力学基本理论、混凝土 I 型断裂试验方法及裂缝观测技术、混凝土断裂行为的数值模拟方法、单调加载下混凝土的拉伸软化曲线及断裂特性尺寸效应,以及往复加载下混凝土的断裂能及断裂过程区演化等。

本书可供土木、水利、工业民用建筑、固体力学等领域的科研工作者、工程技术人员及高校师生参考。

图书在版编目(CIP)数据

混凝土断裂力学特性试验研究与数值仿真 / 陈红鸟,李应平,苏启亮著. —北京:科学出版社,2024.6

ISBN 978-7-03-077726-3

Ⅰ. ①混… Ⅱ. ①陈… ②李… ③苏… Ⅲ. ①混凝土-断裂力学-试验研究 ②混凝土-断裂力学-数值模拟 Ⅳ. ①TU528

中国国家版本馆 CIP 数据核字(2024)第 020633 号

责任编辑:李 雪 李亚佩 / 责任校对:王萌萌
责任印制:师艳茹 / 封面设计:无极书装

科 学 出 版 社 出版
北京东黄城根北街 16 号
邮政编码:100717
http://www.sciencep.com

中煤(北京)印务有限公司印刷
科学出版社发行 各地新华书店经销
*
2024 年 6 月第 一 版 开本:720 × 1000 1/16
2025 年 2 月第三次印刷 印张:14 3/4
字数:296 000
定价:128.00 元
(如有印装质量问题,我社负责调换)

前　言

目前，钢筋混凝土结构在我国土木工程领域中占有极其重要的地位，广泛应用于大坝、桥梁、房建、铁路轨枕、海洋结构、核反应堆容器等大型结构中。这些结构在长期使用过程中，除承受静载作用外，还承受着复杂的动荷载或重复荷载作用，循环耗能机制会加速材料性能退化，导致材料内部出现微裂缝，进而引起构件的损伤和断裂，降低结构的承载力和耐久性。对这些结构的安全性及使用寿命进行评估，除了考虑混凝土材料的强度和刚度，还需考虑混凝土的断裂性能。要了解混凝土的断裂力学特性，研究混凝土裂缝萌生及扩展机理是关键。

众所周知，混凝土是由骨料、水泥浆体以及二者界面组成的三相复合材料。随着水泥浆体硬化干缩、骨料界面吸水以及水分蒸发散失等，一些分离面、微裂缝、空隙会相继出现，这些缺陷在外力作用下会发展、贯通，并最终形成宏观裂缝。受内部缺陷的影响，混凝土材料的力学特性具有高度复杂性，目前仍然存在许多未知科学和技术问题。其中，经典材料强度理论在一定程度上满足了工程实践的需要，却不能用来评估混凝土结构的承载全过程和裂缝发展情况，对其长期承载能力以及耐久性评估也爱莫能助。要弄清以上问题，必须对混凝土的裂缝扩展规律进行分析，探究混凝土受拉后的开裂和裂缝的稳定问题，研究混凝土结构的断裂行为，进而建立基于断裂力学的破坏准则和断裂性能评估依据。

前期研究表明，由于断裂过程区的存在，混凝土中裂缝尖端表现出一定的钝化效应。为了描述混凝土的断裂过程，从本质上研究混凝土的非线性断裂行为，必须采用考虑了断裂过程区钝化机制的断裂力学模型。为了探究混凝土的断裂过程区特性，需要对材料中裂缝的演化机理进行分析，因此对实际裂缝发展进行直接观测至关重要，而传统测量方法如位移计和应变片多存在局限性。随着试验手段和计算机技术的发展，先进的测量方法如超声波法、电子散斑干涉技术、数字图像相关技术以及新近发展起来的计算机断层扫描技术等，可用来观测混凝土中的裂缝扩展特性，为混凝土断裂力学的发展创造了有利条件。

本书在介绍现有经典断裂力学理论和混凝土断裂力学模型的基础上，整理总结了作者近 10 年对混凝土断裂力学特性的研究成果。成果包含试验研究和数值模拟两个部分：试验研究主要是基于单边切口梁的三点弯曲试验，采用电子散斑干涉技术和数字图像相关技术对梁的表面位移场进行测量，进而分析混凝土的裂缝扩展特性；关于数值模拟，在利用现有成熟的有限元软件方面，主要是利用

ABAQUS 软件自带的 CZM、VCCT 和 XFEM 模型模拟混凝土试件的断裂行为；在自主编程方面，主要利用 FORTRAN 语言编写代码，通过将黏聚裂缝模型引入常规有限元模型，来模拟混凝土梁的非线性断裂行为，并结合试验结果，通过逆分析方法逐点构建混凝土的黏聚应力关系。此外，对混凝土断裂特性的尺寸效应和往复加载下的断裂力学特性进行一定的探索。

本书的主要特色有两个：一是采用电子散斑干涉技术对混凝土的裂缝扩展规律进行直接观测，对混凝土的断裂过程区演化进行分析，积累了丰富的试验数据，可为分析混凝土断裂特性提供数据支撑。电子散斑干涉技术测量精度高，但由于设备昂贵且对实验室条件要求较高，该技术目前在国内应用较少，相关研究成果鲜有报道。因此，本书详细介绍了电子散斑干涉技术的测量原理、误差分析，以及采用电子散斑干涉技术测得的试验结果。二是在对混凝土黏聚裂缝模型本构关系的研究中，作者团队首创的增量位移配合法可以减少传统逆分析过程中的不适定问题，提高逆分析解的唯一性，得到准确的混凝土黏聚应力关系，可为后期数值模拟提供科学依据。

本书对混凝土断裂力学特性的试验研究和数值模拟，可以为研究混凝土断裂力学提供不同的思路，为研究其他准脆性材料的断裂力学特性提供参考。

在本书即将付梓之际，我想感谢自己求学和学术生涯中的领路人。首先感谢本科、硕士期间的导师鄢泰宁教授和蒋国盛教授[中国地质大学(武汉)]，没有两位教授的鼓励和支持，我不可能远渡重洋到意大利米兰理工大学求学，更不可能在学术道路上一往无前；其次要感谢我的博士生导师苏启亮教授(香港大学)，是他将我领入混凝土断裂力学这个充满未知和挑战的领域，是他和我一起攻克难关完成本书的主要理论和试验方法，是他言传身教启发我严谨的治学态度和孜孜不倦的探索精神。

在学术生涯中，我获得国家留学基金管理委员会两次资助：分别赴意大利米兰理工大学攻读硕士学位和英国牛津大学进行为期一年的学术访问。作为一名寒门学子，有机会到世界顶级高等学府学习和交流，得以拓宽视野、开阔眼界，何其有幸！

还要感谢我的学生，和他们在一起，教学相长，我的研究工作离不开他们的付出和贡献。在本书成稿过程中，刘灯凯博士研究生、许应杰博士研究生、沈杰博士研究生、梁亦辉博士研究生、李浩硕士研究生等，做了大量的资料收集整理、文本编辑、格式统一、插图修改和参考文献校核等工作，部分数据分析工作由已毕业的硕士完成，在此表示感谢！

在多年的学术生涯中，许多同学、同事、同行和前辈也给予了我许多帮助，在此对他们表示由衷的感谢。

　　本书的研究工作得到了国家自然科学基金(51408144,51768011)的资助和香港大学土木工程系结构工程实验室的大力支持,在此一并感谢!

　　特别感谢中国科学院徐世烺院士对本书内容提出了宝贵的意见。

　　由于作者理论和学识水平有限,不足之处敬请读者批评与指正。

陈红鸟

2023 年 12 月于贵阳

目　录

第 1 章 绪 论

1.1 混凝土断裂力学研究背景

断裂力学研究始于 20 世纪初期，是在生产实践中产生、发展和形成的，是固体力学的一个分支。它以力学理论为基础，主要研究含缺陷材料的破坏、裂缝扩展以及结构失效问题。20 世纪 20 年代，英国物理学家 Griffith[1]通过对玻璃的抗拉试验，第一次从能量的观点提出了应力与裂缝尺寸之间的定量关系，针对玻璃、陶瓷等脆性材料，建立起线弹性断裂理论的基本框架。20 世纪 50 年代 Irwin[2]在此基础上提出了著名的裂尖应力、位移场的近似表达式和应力强度因子的概念，从而使得裂尖应力、位移场的分析能够数学化，使断裂力学理论得到了空前的发展。

与此同时，一系列混凝土结构的断裂事故在这一时期发生了：1959 年法国马尔帕塞拱坝在初次蓄水即遭全坝溃决[3-5]；1962 年我国安徽省梅山连拱坝突然大量渗漏水，坝体出现几十条裂缝，大坝被迫放空水库加固；1969 年我国湖南省柘溪大头坝 1 号支墩出现了严重的劈头裂缝，1977 年 2 号支墩也出现劈头裂缝，被迫降低水库水位运行[6]；1976 年美国第顿坝发生溃坝事故[7]等。以上混凝土结构断裂事故的发生引起了学术界的普遍关注，国内外学者开始把断裂力学理论引入混凝土材料和结构中。

1961 年 Kaplan[8]首次将线弹性断裂力学引入混凝土材料研究中，利用断裂力学理论确定混凝土的断裂韧度 K_{Ic}。自此，对混凝土断裂力学的研究开始逐步兴起。在研究初期，只是简单模仿研究金属材料时所采用的方法[9]；随着研究的深入，逐渐舍弃了不符合混凝土材料特点的假定、理论及试验方法，并采用能反映混凝土材料特性的假定，从而形成了断裂力学在非金属材料方面的重要分支——混凝土断裂力学。

根据线弹性断裂力学理论，构件在断裂以前基本处于弹性变形范围，但对半脆性或韧性材料来说，微裂区会形成一个较大的塑性区域。因此，线弹性断裂力学不能直接用于混凝土材料。只有当试件尺寸非常大，微裂区(塑性区)与之相比可忽略时，才能较为准确地描述混凝土的断裂性能。鉴于线弹性断裂力学应用于混凝土时具有局限性，人们逐渐转向了非线性断裂力学的研究。经过近几十年的研究，国际上许多学者先后提出多种描述混凝土断裂行为的非线性断裂力学模型，如虚拟裂缝模型(fictitious crack model, FCM)[10]、裂缝带模型(crack band model, CBM)[11]、双参数模型(two parameter fracture model, TPFM)[10]、尺寸效应模型(size effect model, SEM)[11,12]、等效裂缝模型(effective crack model, ECM)及双 K 断裂模型(double-K fracture model, DKFM)。

　　距离 Kaplan 对混凝土断裂力学的研究过去 60 余年了,混凝土的断裂力学性能依然存在许多未知,并引发学术界的广泛关注,这与其材料特性的特殊性密不可分。

1.1.1　混凝土的基本力学特性

　　混凝土是由水泥、细骨料、粗骨料和水混合搅拌而成,经水化反应形成具有一定强度的建筑材料。与传统建筑材料相比,混凝土较年轻,至今不过 100 多年的发展历史。由于其诸多优点如抗压强度高、耐火性、耐久性、造价低和易于浇筑成型等,混凝土在当今土木工程领域中扮演着极为重要的角色。然而,混凝土也存在着固有的缺陷,即抗拉强度较低[12],不到抗压强度的十分之一。随着高强混凝土(high strength concrete, HSC)和超高性能混凝土(ultra-high performance concrete, UHPC)的问世,在混凝土抗压强度提高上有很大的突破,但其抗拉强度依然较低。混凝土的抗拉特性和断裂性能对钢筋混凝土结构的变形、开裂、受剪和黏结性能等均有很大的影响[13],因此,对混凝土的裂缝和断裂特性进行研究十分必要,对结构的设计、抗震和安全性评估至关重要[14]。

　　从细观组成上可以把混凝土材料看成一种三相结构,即硬化水泥砂浆、骨料以及骨料与砂浆的界面过渡区。因此,混凝土的断裂特性受到三相制约和影响。一般来说,界面过渡区是混凝土相对薄弱的部位,由于多种因素的影响,混凝土构件在受外力之前,其界面过渡区已存在大量的微裂缝。此外,特殊的材料组成导致混凝土内部存在大量缺陷,这些缺陷具有先天性和随机性。

1.1.2　混凝土的破坏过程及机理

　　作为一种重要的建筑材料,混凝土被广泛应用于建筑工程中,其断裂性能对钢筋混凝土结构的安全性和耐久性至关重要。由于无牵引裂缝尖端[10]前存在断裂过程区,混凝土的断裂行为呈现一定程度的非线性,线弹性断裂力学并不适用[15]。因此,研究断裂过程区的特性对从本质上阐明混凝土的断裂机理具有重要意义。

　　由于混凝土的抗拉强度较低,在拉应力作用下,混凝土容易开裂。此外,由于水化作用、温度、湿度及收缩效应的影响,混凝土中存在大量的微裂缝。因此,一般混凝土结构往往是带缝工作的。研究表明,混凝土结构破坏的本质是其内部缺陷/微裂缝发生、发展、聚合直至不稳定发展(贯通)的过程。因此,研究混凝土结构的破坏,需要从裂缝的发展规律入手。一般来说,混凝土的破坏过程会经历三个阶段:启裂、稳定发展和失稳发展。

　　目前学术界一致认为线弹性断裂力学不适用于混凝土材料。根据线弹性断裂力学，裂缝尖端的应力接近无穷大，称为弹性裂缝尖端的应力奇异性。然而，在实际的混凝土材料中并不会产生无限大的应力，裂缝尖端必须存在一定范围的非线性应力区。这种材料被视为准脆性材料，非线性区被称为断裂过程区。由于断裂过程区中的微裂缝、裂缝绕行、骨料桥接和裂缝分叉等增韧机制（图 1-1），混凝土材料表现出复杂的准脆性断裂行为。

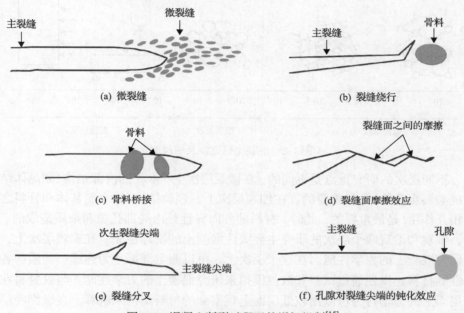

(a) 微裂缝

(b) 裂缝绕行

(c) 骨料桥接

(d) 裂缝面摩擦效应

(e) 裂缝分叉

(f) 孔隙对裂缝尖端的钝化效应

图 1-1 混凝土断裂过程区的增韧机制[15]

鉴于以上增韧机制约束了裂缝的扩展，使得混凝土的抗裂能力有所增强，裂缝尖端宏观上表现出类似韧性材料的断裂增韧现象。试验发现，当断裂过程区的长度与试件尺寸处于同一量级时，要确定表征混凝土断裂韧性的参数如断裂韧度和临界能量释放率时，必须考虑断裂过程区的影响，即代入计算的裂缝总长度应包含初始裂缝长度和断裂过程区的长度。然而，考虑到混凝土结构的多尺度多水平体系，对其断裂过程区的监测非常困难。首先，裂缝尖端的位置在试件表面和内部可能不一致[16]；此外，即使是试件的表面裂缝，采用不同的测量技术得到的裂尖位置也存在较大的差异[17]。因此，在混凝土断裂力学研究中，如何采用可靠的测量技术、准确地定位裂缝尖端的位置是世界公认的难题，是考虑断裂过程区对混凝土断裂行为的影响并构建合理的混凝土断裂模型的关键环节[9]。

1.1.3 混凝土的断裂行为

要研究混凝土的断裂行为，可采用多层次方法。通常，对混凝土材料性能的研究可分为三个层次，即微观层次、细观层次和宏观层次[18]，如图 1-2 所示。

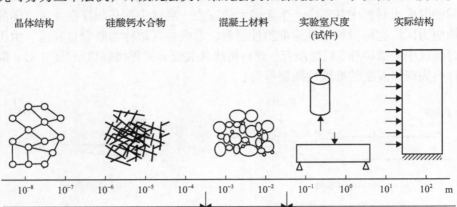

图 1-2　混凝土研究涉及的尺度

不同层次的研究重点是不同的。在微观层次上，水泥的内部结构(如晶体结构和硅酸钙水合物)是最重要的。在细观层次上，颗粒结构(如水泥基体和骨料之间的相互作用)是最重要的；此时，材料的各向异性是由局部孔隙和杂质造成的。因此，细观和微观两个层次的研究主要关注混凝土的物理性能。在宏观层次上，主要研究混凝土的力学性能。在这个层次上，可以假定混凝土为连续、均质和各向同性的材料，以便通过试验和数值模拟来研究混凝土的力学性能。假设材料在一个层面上的力学行为可以用较低层面上观察到的材料结构来解释，在微细观层次上对混凝土的裂缝扩展规律进行观测，将有助于解释材料的变形和断裂行为，进而在宏观层次上对混凝土构件的断裂性能进行研究。

1.2　混凝土材料的失效准则

在过去很长一段时间，混凝土结构的设计都是以传统的强度理论为基础。采用传统的强度理论如莫尔-库仑定律、剪切应变能理论、极限拉应变理论以及格里菲斯强度理论，进行混凝土构件的强度设计时，均假定混凝土是连续的均质材料，用试件反映出来的宏观力学特性，如应力-应变关系、弹性模量、泊松比及极限强度，忽略了混凝土的多相特性和承载过程中结构的变化。混凝土是一种由砂、石、水泥和水以及一些外加剂组成的多相复合材料，材料中存在很多随机分布的裂缝或缺陷，当有外部荷载时，裂缝的端部产生应力集中，裂缝也就因此发生扩展。随着荷载的继续加大，这些裂缝开始扩展，并逐渐形成宏观裂缝，裂缝体系变得不稳定，最终导致构件断裂破坏。因此，传统的强度理论对于混凝土这种带有大量原始裂缝和缺陷的材料来说，在构件没有宏观裂缝的情况下是可行的。但是一旦结构出现宏观裂缝，裂缝将如何扩展，结构的寿命或其安全性如何，传统的强度理论却无法给出合理的解释。因此，当混凝土构件出现宏观裂缝时，就必须引入新的理论来处理。

在传统设计中，如果最大名义应力小于材料强度，则结构被视为安全的，称为基于强度的失效准则。通常，基于强度的失效准则包括许多因素，如主应力、应变或应变能。尽管考虑了上述所有因素，但历史案例表明，许多结构的承载力低于设计承载力。研究发现，与其他因素相比，如材料的损伤和缺陷、组件的不完整性和几何不连续性等因素可以提供导致此类失效的应力/应变集中。对材料的损伤和缺陷的影响研究进一步发展到断裂力学。断裂力学是研究与裂缝萌生和扩展有关的结构响应和失效的科学[15]，表明基于断裂力学的失效准则在研究中考虑了裂缝行为。

1.2.1 基于强度的失效准则

根据基于强度的失效准则，如果最大名义应力小于材料强度，则认为结构是安全的，由式(1-1)表示：

$$\sigma_{\max} \leqslant f \tag{1-1}$$

式中，$\sigma_{\max}$ 为材料的最大名义应力；f 为材料强度。

根据材料的单轴拉伸应力-变形关系，绝大多数的工程材料可以归成三类：脆性材料、韧性材料和准脆性材料，如图 1-3 所示。

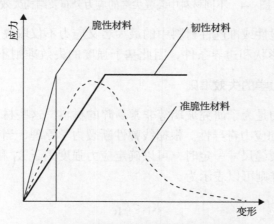

图 1-3 不同材料的单轴拉伸应力-变形关系

对于钢材等韧性材料，基于强度的失效准则足以描述结构的失效。在韧性材料中，当材料屈服时，应力保持不变。对于由韧性材料制成的结构构件，只有当整个截面的应力均达到抗拉强度时，它才会失效。对于脆性材料，当最大名义应力达到材料抗拉强度 f_t 时，结构发生脆性断裂，材料应力突然降至零。对于由脆性材料制成的结构构件，只要最大名义应力达到材料的抗拉强度，它就会发生灾难性的破坏。准脆性材料的失效行为介于韧性材料和脆性材料之间，结构响应相对复杂，表现出"软化"行为。不同材料中裂缝尖端的应力分布及结构失效如图 1-4 所示。

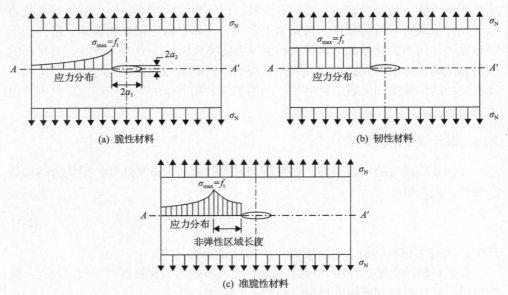

图 1-4　不同材料中裂缝尖端的应力分布及结构失效

此外，由于脆性或准脆性材料中的最大名义应力不仅取决于材料性质，而且取决于结构几何形状和边界条件，因此基于强度的失效准则不适用于这些材料。

1.2.2　基于断裂力学的失效准则

断裂力学最初是为了研究玻璃等非常易碎的材料，这些材料在缺口尖端表现出缺口敏感性[19]和应力奇异性。根据线弹性断裂力学原理，当荷载、试件几何形状、边界条件和裂缝尺寸一定时，可以确定应力强度因子 K_I 和 K_{II}。因此，基于断裂力学的失效准则可以表示为

$$K_I < K_{Ic}$$
$$K_{II} < K_{IIc}$$

$$(1-2)$$

式中，K_{Ic} 和 K_{IIc} 分别为 I 和 II 型断裂的应力强度因子临界值。根据线弹性断裂力学，K_{Ic} 和 K_{IIc} 值代表材料的断裂韧度。

基于断裂力学的失效准则对脆性材料具有良好的适用性。然而，对于准脆性材料，线弹性断裂力学的有效性仅限于大型结构。图 1-5 给出了由混凝土等准脆性材料制成的几何相似试件的基于断裂力学的失效准则的尺寸效应。

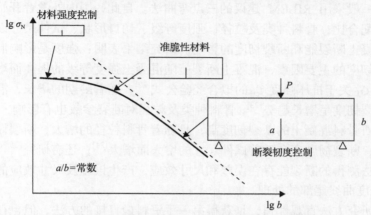

图 1-5　几何相似试件的基于断裂力学的失效准则的尺寸效应

a-裂缝长度；*b*-试件高度；*P*-施加外荷载

从图 1-5 中可以看出，材料的强度和断裂韧度的渐近线随试件的材料性质和几何尺寸的变化而变化：当试件尺寸较小时，结构的失效由材料强度控制；当试件尺寸较大时，试件的断裂遵循线弹性断裂力学，结构失效由材料的断裂韧度控制；对于中等尺寸的试件，处于中间过渡区，其断裂行为被定义为"准脆性"。

1.3　混凝土断裂力学研究现状

1.3.1　试验研究现状

研究混凝土断裂性能最常用的方法是断裂试验。早在 1985 年，国际材料与结构研究实验联合会（International Union of Laboratories and Experts in Construction Materials, Systems and Structures, RILEM）就提出了测定混凝土 I 型裂缝断裂能 G_F 的标准试验方法[20]；1999 年，北欧测试合作组织（Nord Test）在 RILEM 标准的基础上提出了"NT BUILD 491"标准，推荐用一种带切口的三点弯曲梁来测定混凝土的荷载-位移曲线，进而确定 G_F 的试验值；2001 年，日本制定了新的混凝土断裂试验标准"JCI-TC 992"，提出以荷载-裂缝口张开位移（P-CMOD）曲线来确定混凝土的断裂能。2005 年，我国在参考了国际上发达国家断裂试验标准的基础上，制定并发布了我国电力行业标准《水工混凝土断裂试验规程》（以下简称《规程》）[21]，为混凝土坝的断裂试验提供统一的标准，从而推动断裂力学在水工混凝土坝中的应用。

在试验研究方面，基于能量场的断裂能和基于应力场的断裂韧度作为衡量混凝土断裂性能的重要参数，是研究混凝土断裂力学的关键。要确定这两个断裂性能参数，一般采用 RILEM 建议的三点弯曲法。自此，国内外学者开始研究混凝土龄期、配合比、骨料种类及粒径、强度等级、切口形状、试件尺寸以及加载方式等对混凝土断裂能和断裂韧度的影响。研究结果表明：强度是影响混凝土断裂能和断裂韧度的主要因素，混凝土断裂能随混凝土强度等级的提高而增加，并给出断裂能 G_F 关于抗压强度 f_{cu} 的拟合经验公式[22]；随着龄期的增长，混凝土的断裂能和断裂韧度呈增长趋势[23]；骨料种类及粒径对断裂参数也有影响，一般来说，碎石比卵石骨料混凝土的断裂韧度高，且随着骨料粒径的增大，断裂韧度会有一定的提高；断裂韧度还会随着试件尺寸的增大而增大[24]；还有研究[25,26]表明，由三点弯曲法测得的断裂能存在误差和尺寸效应，产生误差及尺寸效应的原因在于对荷载-挠度曲线尾部的处理。

试验研究方法直观性强，是获得第一手资料最直接的方法，但也存在一些局限性：①试验周期长，耗费大量的人力、物力。②试验过程对试验加载设备和测量仪器的要求较高。在混凝土试件加载过程中，试验机要有足够的刚度，以保证断裂试验能够稳定地进行；此外，要配合高精度的测量仪器对试件的变形进行观测，才能获得有效的数据对断裂参数进行分析。③试验手段难以模拟复杂边界和荷载条件，一般的试验往往只能得到特定条件下试件的应力、变形等。此外，受实验室条件的限制，无法完成大尺寸试件的断裂试验，缩尺模型试验又存在多种相似率难以同时满足的问题。随着计算机和数值模拟技术的发展，近年来的数值模拟方法可以弥补传统试验方法的一些不足。

1.3.2　数值模拟研究现状

在有限元数值分析的早期，线弹性断裂力学被应用于混凝土断裂的数值模拟。用线弹性断裂力学进行数值分析时，得到的计算结果一般存在较大误差，但由于其计算过程简单，且非线性数值分析方法在断裂领域尚未成熟，因此线弹性断裂力学在 20 世纪 90 年代的混凝土断裂模拟中获得了较为广泛的应用。考虑到断裂过程区对尺寸的影响非常有限，Kumar 和 Nayak[27]利用线弹性断裂力学理论结合离散裂缝法对高度分别为 100m 和 200m 的大坝进行建模和计算，证实该方法可以很好地预测大坝裂缝开展。随着混凝土断裂研究的深入，人们逐渐认识到非线性断裂力学模型在分析混凝土材料时更为准确。目前，虚拟裂缝模型和裂缝带模型在混凝土裂缝扩展的数值模拟方面已经发展得比较成熟，学者根据混凝土断裂非线性的特点，修正和完善了这两个经典的混凝土非线性断裂力学模型。这两个模型都以混凝土断裂能 G_F 作为基本的材料参数，并引入控制断裂扩展的黏聚应力关系或应力-应变关系,逐渐发展成为混凝土裂缝扩展数值计算的主流方法。Elices等[28]基于黏聚裂缝模型采用双线性软化曲线对混凝土的断裂行为进行模拟;管俊峰等[29]考虑裂缝黏聚力的作用,基于 Paris 位移公式推导出混凝土三点弯曲梁裂缝扩展过程中裂缝张开位移的解析式,提出混凝土裂缝起裂、扩展及失稳破坏全过程的数值模拟方法。

目前利用成熟的有限元软件对混凝土的裂缝扩展进行模拟也有了一定的发展。吴智敏等[30]使用 DIANA 软件对混凝土 I 型断裂进行模拟,计算了不同尺寸的混凝土试件的断裂参数,并与试验结果进行对比。曲蒙等[31]应用 ABAQUS 对早龄期混凝土的三点弯试验进行数值模拟,并与双参数模型试验结果进行对比。方修君和金峰[32]在通用有限元程序 ABAQUS 上嵌入了扩展有限元法的功能,为应用扩展有限元法模拟裂缝扩展问题提供了方便的途径;胡少伟和鲁文妍[33]采用 ABAQUS 软件自带的扩展有限元模型对混凝土三点弯曲梁 I 型断裂进行模拟。

总的来说,目前利用数值模拟方法研究混凝土裂缝扩展及断裂失效方面取得了较快的发展。数值模拟方法不仅可以降低研究成本,而且其对混凝土裂缝扩展过程的模拟有助于深入理解混凝土材料的断裂机制。然而,目前解决裂缝扩展的数值模拟方法众多,各种方法均有其优势及局限性,因此有必要对各种方法的适用性进行归纳与讨论,从而找出适合于研究混凝土断裂力学的模拟方法。本书第4 章将着重对此进行讨论。

1.3.3 混凝土断裂过程区的研究现状

要研究混凝土的断裂力学,探明其断裂过程区的特性至关重要。大致来说,对混凝土断裂过程区的研究主要包含两个方面:一是采用高精度的测量技术对裂缝的扩展进行观测,从裂缝的扩展规律入手了解断裂过程区的尺寸及演化规律;二是从构件的断裂行为入手,结合裂缝扩展特性,研究断裂过程区的非线性断裂机制。

1. 基于裂缝观测的断裂过程区特性研究

由于混凝土组织结构的多尺度多水平体系,对其断裂过程区的监测非常困难[9]。首先,裂缝长度在试件表面和试件内部可能不一致;其次,即使是试件表面的裂缝,采用不同测量技术测得的裂缝特征也存在较大差异。可以说,在混凝土断裂力学研究中,采用可靠的手段准确地定位裂缝尖端位置是一个公认的难题,如何有效描述断裂过程区对研究混凝土的断裂行为至关重要。由于难以准确监测准脆性材料中的裂缝变形,之前的大多数研究都依赖于测量技术的发展。此外,研究发现,混凝土断裂力学参数的测量值取决于试件尺寸、几何形状以及断裂过程区的测量技术[34]。

用于检测混凝土断裂过程区的试验技术有很多, 这里不能全部说明。其中, 用于检测裂缝的典型技术包括: ①应变计技术[35]; ②染色法[16]; ③声发射(acoustic emission, AE)法[36,37]; ④激光干涉测量[38]; ⑤数字图像相关(digital image correlation, DIC)技术[39]; ⑥计算机断层扫描(computer tomography, CT)技术[40]等。与其他技术相比, 应变计可以提供相对稳定的应变数据, 但它只能提供测量范围内的平均应变, 不适合测量高应变梯度或不连续的局部变形。Swartz 和 Go[16]开发了染色法, 并用于揭示缺口梁断裂后裂缝前缘在厚度方向上的发展情况。虽然染色法可以提供裂缝前缘形状, 但这种方法的敏感性不足以表征断裂过程区本身[34]。通过声发射法, 可在试件表面检测到由应变能释放引起的应力波, 并用于推断材料中损伤的大小和性质[37]。然而, 声发射更多是提供有关裂缝过程的定性信息, 而非定量信息。激光干涉测量具有很高的理论灵敏度, 是测量位移场最精确的技术。

在所有激光干涉测量技术中, 电子散斑干涉(electronic speckle pattern interferometry, ESPI)技术已广泛应用于面内位移的测量。ESPI 可以有效识别测量表面的不连续, 并提供裂缝演化的直接信息。除了试验设置困难外, ESPI 可能是测定准脆性材料裂缝特性最敏感的技术。ESPI 被用于测量不同材料裂缝附近的局部变形。Cedolin 等[41]使用激光干涉测量技术测量了混凝土的变形, 并获得混凝土的断裂特性。ESPI 还被用于研究纤维增强重合材料(fiber reinforced polymer, FRP)混凝土的黏结-滑移关系[42]和观察岩石的断裂现象[43]。尽管上述研究表明, ESPI 能够以比其他仪器更高的精度测量不同材料的表面变形, 但 ESPI 测量过程中易受外界环境影响且试件刚体运动会对测量结果造成显著的影响, 限制了该技术在工业上的广泛应用[44]。

2. 基于黏聚应力关系的断裂过程区特性研究

黏聚裂缝模型是从断裂过程区出发研究混凝土非线性断裂行为最常用的方法之一。为了利用黏聚裂缝模型来描述混凝土的断裂行为, 必须先得到拉伸软化曲线(tension softening curve, TSC)。理想情况下, 混凝土的拉伸软化曲线可以通过一个单轴拉伸试验得到[45,46]。但是直接拉伸试验只能得到平均应力-变形关系, 难以获得实际的黏聚应力与裂缝张开位移之间的关系。Elices 等[47]指出: 直接拉伸试验非常困难且试验本身存在缺陷。例如, 多条裂缝同时出现, 带预制切口的试件两边裂缝不对称发展, 试件突然断裂, 等等。鉴于直接拉伸试验获取拉伸软化曲线比较困难, 研究者开始尝试逆分析(inverse analysis)法——通过采用优化算法以缩小数值模拟结果和试验结果之间的误差来逆推混凝土的拉伸软化曲线[48,49]。

在多数逆分析过程中, 为了简化计算, 需要预先设定混凝土的拉伸软化曲线的形状为线性[50]、双线性[51,52]、三线性[53]或者指数函数[54]。也有研究并不需要对拉伸软化曲线的形状进行预先设定, 而是采用折线近似的方式来确定[55,56]。Guo

和 Gilbert[57]采用带切口的三点弯曲梁对混凝土断裂能进行研究，基于断裂能的概念提出了一种求解混凝土拉伸软化曲线的方法。王宝庭和徐道远[58]基于 Kitsutaka[56]提出的折线近似的逆解方法对混凝土的拉伸软化曲线进行研究。赵志芳等[59]基于虚拟裂缝模型采用 Levenberg-Marquardt 优化算法由三点弯曲切口梁断裂试验获得的荷载-裂缝口张开位移逆推混凝土的拉伸软化曲线。Hu[60]通过直接拉伸试验研究混凝土拉伸软化曲线的尺寸效应。陆洲导和俞可权[61]采用双线性软化曲线，通过引入相应的参数对高温后混凝土的软化特性进行研究。丁晓唐等[62]采用组合试验法，结合轴心抗拉强度试验和三点弯曲断裂试验确定混凝土的拉伸软化曲线。为了减少不适定问题，需要在逆分析过程中引入更多的约束条件[63]。为此，作者提出了一种新的逐点位移配合法（incremental displacement collocation method, IDCM），同时考虑整体位移和局部裂口张开位移，确定了水泥砂浆[64]、混凝土[65]和石墨[66]的拉伸软化曲线。IDCM 及其在混凝土中的应用将在第 6 章介绍。

1.3.4 往复荷载下混凝土断裂特性研究现状

无论从试验还是分析方法方面来说，对于单调荷载下混凝土断裂特性的研究已经做了许多工作，试验数据较为丰富且计算方法日渐完善。然而，基于单调荷载下混凝土断裂本构模型无法反映加载历史对断裂过程区特性及混凝土断裂行为的影响，无法探知加卸载过程中裂缝的扩展与愈合、刚度退化以及循环耗能等规律。Horii 等[67]指出，在混凝土断裂力学研究中，静态荷载下 I 型裂缝的断裂机制逐渐清晰；然而，往复荷载下疲劳裂缝的扩展机理并不清楚。Deng[68]指出，在绝大多数受周期性荷载的土木工程结构中，混凝土都是带裂缝工作，且混凝土的断裂参数受加载历史影响。因此，开展往复荷载下的混凝土断裂特性研究对评估受周期性荷载的结构寿命非常重要。

要了解混凝土材料在往复荷载下的断裂力学性能，对素混凝土构件进行往复加载是常用的研究方法之一。Sinha 等[69]通过对混凝土柱进行往复加载试验，获得周期荷载下混凝土的应力-应变关系，用来预测混凝土在任意加载模式下的变形行为。基于混凝土的拉伸软化行为，Horii 等[67]提出一种本构模型来模拟混凝土中疲劳裂缝扩展。基于前人的试验数据和结果，Toumi 和 Bascoul[70]根据黏聚裂缝概念提出了一种可以模拟混凝土往复荷载下裂缝扩展的模型，并采用 CESAR-LCPC 土木工程有限元分析软件，对三点弯曲混凝土梁在类静态和疲劳加载下的裂缝扩展情况进行模拟。Sain 和 Kishen[71]通过在断裂过程区引入拉伸软化效应对混凝土在疲劳荷载下的残余强度进行评估。Sima 等[72]基于弥散裂缝模型提出了一个完整的本构模型来模拟混凝土在往复荷载下的滞回变形行为，包括往复压缩和往复拉伸。基于黏聚裂缝模型，Zhao 等[73]采用接触有限元和反映加卸载过程的本构关系模拟混凝土中的裂缝扩展，该模型由六种状态的位移-应力关系控制。Hamad 等[74]

对素混凝土棱柱体在单调和循环加载下的弯曲断裂行为进行试验和数值模拟，提出一种实用的计算方法。Brake 和 Chatti[75]通过对带预制切口的素混凝土梁进行三点弯曲试验，确定低周和高周疲劳加载下混凝土的断裂韧度。基于 Sima 的本构模型，Breccolotti 等[76]提出以坝龄增长为常数、应力幅值为变量的本构模型模拟混凝土的往复压缩行为。Chen 等[77]对素混凝土进行往复拉伸试验，根据弹性应变分析混凝土的塑性和损伤演化，提出一种适用于分析混凝土往复拉伸行为的本构模型。

综上所述，以往对混凝土在往复荷载下力学性能的研究，压缩试验居多，拉伸试验较少，考察混凝土断裂性能的十分有限，而且关注断裂过程区特性的极少；此外，与试验研究相比，多数研究倾向于理论分析或数值模拟，预设考虑了加卸载过程的拉压本构模型，最后通过试验与数值模拟结果的对比来验证本构模型的有效性。虽然数学上可以处理，但是缺乏对裂缝的直接观测，对断裂过程区的演化机制不清楚，因此循环断裂机理很难从物理上解释。

此外，从对混凝土疲劳断裂的研究来看，目前多数研究对象为钢筋混凝土构件，如梁、柱、墙等，考虑荷载、钢筋锈蚀、混凝土碳化等多因素作用，仅从宏观上分析断裂韧度、裂口张开位移临界值及断裂能等参数，或者研究不可逆变形发展、疲劳寿命、吸收能量规律及损伤特性等，较少从混凝土断裂过程区的微-细观裂缝扩展机制入手。目前应用最广的 Paris 公式[78]建立于线弹性断裂力学之上，其核心物理量是宏观的线弹性应力强度因子，而混凝土的裂缝尖端有着显著的非线性特征[79]，其断裂过程区尺寸不能忽略。丁兆东和李杰[80]指出，关于混凝土疲劳问题的研究从一开始就带有很强的应用性，多表现出经验性、现象学的特点，无法考虑混凝土疲劳损伤在结构寿命周期内所引起的结构内力重分布，从而难以正确评价与预测结构寿命期内的受力力学行为。因此，要研究混凝土疲劳问题的物理机理，断裂过程区的非线性特性是必须要考虑的因素。

由此可见，国内外学者对混凝土疲劳断裂性能的研究虽然较多，但是从细观混凝土断裂过程区特性出发的研究尚未见报道；此方面研究的缺失导致目前的往复退化本构模型缺乏细观的试验支撑和物理意义上的诠释。因此，有必要全面地研究往复荷载作用下混凝土的断裂过程区特性及裂缝扩展机理。

参 考 文 献

[1] Griffith A A. The phenomena of rupture and flow in solids. Philosophical Transactions of the Royal Society of London, 1921, A 221: 163-198.

[2] Irwin G R. Analysis of stresses and strains near the end of a crack traversing a plate. Journal of Applied Mechanics, 1957, 24: 361-364.

[3] 张光斗. 法国马尔帕塞拱坝失事的启示. 水力发电学报, 1998(4): 97-99.

[4] 夏云翔. 法国马尔帕塞拱坝失事原因的剖析. 水利水电快报, 1996(6): 11-12, 14, 23.

[5] Habib P. The Malpasset Dam failure. Engineering Geology, 1987, 24(1-4): 331-338.

[6] 王建敏. 静水压力环境下混凝土裂缝扩展与双 K 断裂参数试验研究. 大连: 大连理工大学, 2009.

[7] Sherard J L. Teton Dam failures-retrospective comments. Engineering Geology, 1987, 24: 283-293.

[8] Kaplan M F. Crack propagation and the fracture of concrete. Journal of the American Concrete Institute 1961, 58(11): 591-610.

[9] 徐世烺. 混凝土断裂力学. 北京: 科学出版社, 2011.

[10] Hillerborg A, Modéer M, Petersson P E. Analysis of crack formation and crack growth in concrete by means of fracture mechanics and finite elements. Cement and Concrete Research, 1976, 6(6): 773-781.

[11] Bažant Z P, Oh B H. Crack band theory for fracture of concrete. Materials and Structures, 1983, 16(3): 155-177.

[12] Murray S J, Subramani V J, Selvam R P, et al. Molecular dynamics to understand the mechanical behavior of cement paste. Transportation Research Record, 2010, 2142(1): 75-82.

[13] Li Q, Duan Y, Wang G. Behaviour of large concrete specimens in uniaxial tension. Magazine of Concrete Research, 2002, 54(5): 385-391.

[14] Lee S K, Woo S K, Song Y C. Softening response properties of plain concrete by large-scale direct tension tests. Magazine of Concrete Research, 2008, 60(1): 33-40.

[15] Shah S P, Swartz S E, Ouyang C. Fracture Mechanics of Concrete: Applications of fracture mechanics to concrete, rock and other quasi-brittle materials. New York: John Wiley & Sons, 1995.

[16] Swartz S E, Go C G. Validity of compliance calibration to cracked concrete beams in bending. Experimental Mechanics, 1984, 24(2): 129-134.

[17] Castro-Montero A, Shah S P, Miller R A. Strain field measurement in fracture process zone. Journal of Engineering Mechanics-Asce, 1990, 116(11): 2463-2484.

[18] van Mier J G M. Fracture Processes of Concrete : Assessment of material parameters for fracture models. New York: CRC Press, 1997.

[19] Shah S P, McGarry F J. Griffith fracture criterion and concrete. Journal of the Engineering Mechanics Division, 1971, 97(6): 1663-1676.

[20] RILEM. TC 50-FMC fracture mechanics of concrete, determination of the fracture energy of mortar and concrete by means of three-point bend tests on notched beams. Materials and Structures, 1985, 18(4): 287-290.

[21] 中华人民共和国国家发展和改革委员会. 水工混凝土断裂试验规程: DL/T 5332—2005. 北京: 中国电力出版社, 2005.

[22] Chen H H, Su R K L, Kwan A K H. Fracture toughness of plain concrete made of crushed granite aggregate. HKIE Transactions, 2011, 18(2): 6-12.

[23] Wittmann F H, Roelfstra P E, Mihashi H, et al. Influence of age of loading, water-cement ratio and rate of loading on fracture energy of concrete. Materials and Structures, 1987, 20(2): 103-110.

[24] 田明伦, 黄松梅, 刘恩锡, 等. 混凝土的断裂韧度. 水利学报, 1982(6): 38-46.

[25] 钱觉时, 范英儒, 袁江. 三点弯曲法测定砼断裂能的尺寸效应. 重庆建筑大学学报, 1995(2): 1-8.

[26] 钱觉时. 论测定断裂能的三点弯曲法. 混凝土与水泥制品, 1996(6): 20-23.

[27] Kumar R, Nayak G C. Numerical modeling of tensile crack propagation in concrete dams. Journal of Structural Engineering, 1994, 120(4): 1053-1074.

[28] Elices M, Rocco C, Rosello C. Cohesive crack modelling of a simple concrete: Experimental and numerical results. Engineering Fracture Mechanics, 2009, 76(10): 1398-1410.

[29] 管俊峰, 卿龙邦, 赵顺波. 混凝土三点弯曲梁裂缝断裂全过程数值模拟研究. 计算力学学报, 2013, 30(1): 143-148, 155.

[30] 吴智敏, 董伟, 刘康, 等. 混凝土 I 型裂缝扩展准则及裂缝扩展全过程的数值模拟. 水利学报, 2007(12): 1453-1459.

[31] 曲蒙, 金南国, 金贤玉, 等. 早龄期混凝土三点弯曲试验梁断裂的数值分析. 浙江大学学报(工学版), 2006(7): 1224-1229.

[32] 方修君, 金峰. 基于 ABAQUS 平台的扩展有限元法. 工程力学, 2007(7): 6-10.

[33] 胡少伟, 鲁文妍. 基于 XFEM 的混凝土三点弯曲梁开裂数值模拟研究. 华北水利水电大学学报(自然科学版), 2014, 35(4): 48-51.

[34] Mindess S. Fracture process zone detection// Shah S P, Carpinteri A. Fracture Mechanics Test Methods for Concrete: RILEM Report 5. London: Taylor & Francis, 1990.

[35] Yuan L B, Ansari F. Embedded white light interferometer fibre optic strain sensor for monitoring crack-tip opening in concrete beams. Measurement Science & Technology, 1998, 9(2): 261-266.

[36] Maji A, Shah S P. Process zone and acoustic-emission measurements in concrete. Experimental Mechanics, 1988, 28(1): 27-33.

[37] Maji A K, Ouyang C, Shah S P. Fracture mechanisms of quasi-brittle materials based on acoustic-emission. Journal of Materials Research, 1990, 5(1): 206-217.

[38] Miller R A, Shah S P, Bjelkhagen H I. Crack profiles in mortar measured by holographic-interferometry. Experimental Mechanics, 1988, 28(4): 388-394.

[39] Pan B, Qian K, Xie H, et al. TOPICAL REVIEW: two-dimensional digital image correlation for in-plane displacement and strain measurement: a review. Measurement Science & Technology, 2009, 20: 062001.

[40] Hodgkins A, Marrow T J, Mummery P, et al. X-ray tomography observation of crack propagation in nuclear graphite. Materials Science and Technology, 2006, 22(9): 1045-1051.

[41] Cedolin L, Poli S D, Iori I. Tensile behavior of concrete. Journal of Engineering Mechanics-Asce, 1987, 113(3): 431-449.

[42] Cao S Y, Chen J F, Pan J W, et al. ESPI measurement of bond-slip relationships of FRP-concrete interface. Journal of Composites for Construction, 2007, 11(2): 149-160.

[43] Haggerty M, Lin Q, Labuz J F. Observing deformation and fracture of rock with speckle patterns. Rock Mechanics and Rock Engineering, 2010, 43(4): 417-426.

[44] Yang L X, Ettemeyer A. Strain measurement by three-dimensional electronic speckle pattern interferometry: Potentials, limitations, and applications. Optical Engineering, 2003, 42(5): 1257-1266.

[45] Gopalaratnam V S, Shah S P. Softening response of plain concrete in direct tension. Journal of the American Concrete Institute, 1985, 82(3): 310-323.

[46] Kwon S H, Zhao Z, Shah S P. Effect of specimen size on fracture energy and softening curve of concrete: part II. Inverse analysis and softening curve. Cement and Concrete Research, 2008, 38(8-9): 1061-1069.

[47] Elices M, Guinea G V, Gomez J, et al. The cohesive zone model: Advantages, limitations and challenges. Engineering Fracture Mechanics, 2002, 69(2): 137-163.

[48] Wittmann F H, Rokugo K, Brühwiler E, et al. Fracture energy and strain softening of concrete as determined by means of compact tension specimens. Materials and Structures, 1988, 21(1): 21-32.

[49] Sousa J L A O, Gettu R. Determining the tensile stress-crack opening curve of concrete by inverse analysis. Journal of Engineering Mechanics-Asce, 2006, 132(2): 141-148.

[50] Hillerborg A, Modéer M, Petersson P E. Analysis of crack formation and crack growth in concrete by means of fracture mechanics and finite elements. Cement and Concrete Research, 1976, 6(6): 773-782.

[51] Guinea G V, Planas J, Elices M. A general bilinear fit for the softening curve of concrete. Materials and Structures, 1994, 27(166): 99-105.

[52] Abdalla H M, Karihaloo B L. A method for constructing the bilinear tension softening diagram of concrete corresponding to its true fracture energy. Magazine of Concrete Research, 2004, 56(10): 597-604.

[53] Liaw B M, Jeang F L, Du J J, et al. Improved nonlinear model for concrete fracture. Journal of Engineering Mechanics-Asce, 1990, 116(2): 429-445.

[54] Hordijk D A. Local approach to fatigue of concrete. Delft: Delft University of Technology, 1991.

[55] Kitsutaka Y. Fracture parameters for concrete based on polylinear approximation analysis of tension softening diagram// Wittmann F H. Fracture mechanics of concrete structures. Freiburg: Aedificatio, 1995: 199-208.

[56] Kitsutaka Y. Fracture parameters by polylinear tension-softening analysis. Journal of Engineering Mechanics, 1997, 123(5): 444-450.

[57] Guo X H, Gilbert R I. The effect of specimen size on the fracture energy and softening function of concrete. Materials and Structures, 2000, 33(5): 309-316.

[58] 王宝庭, 徐道远. 混凝土拉伸软化曲线折线近似的逆解方法. 力学学报, 2001, 33(4): 535-541.

[59] 赵志芳, 李铭, 赵志刚. 逆推混凝土软化曲线及其断裂能的研究. 混凝土, 2010(7): 4-7.

[60] Hu X. Size effect on tensile softening relation. Materials and Structures, 2011, 44(1): 129-138.

[61] 陆洲导, 俞可权. 高温后混凝土断裂韧度及软化本构曲线确定. 同济大学学报(自然科学版), 2012, 40(9): 1306-1311.

[62] 丁晓唐, 郑艳, 丁鑫. 组合试验法推求混凝土拉伸软化曲线的研究. 水电能源科学, 2015(2): 124-126.

[63] Baant Z P. Concrete fracture models: Testing and practice. Engineering Fracture Mechanics, 2002, 69(2): 165-205.

[64] Su R K L, Chen H H N, Kwan A K H. Incremental displacement collocation method for the evaluation of tension softening curve of mortar. Engineering Fracture Mechanics, 2012, 88: 49-62.

[65] Chen H H, Su R K L. Tension softening curves of plain concrete. Constr Build Mater, 2013, 44: 440-451.

[66] Su R K L, Chen H H, Fok S L. Determination of the tension softening curve of nuclear graphites using the incremental displacement collocation method. Carbon, 2013, 57: 65-78.

[67] Horii H, Shin H C, Pallewatta T M. Mechanism of fatigue crack growth in concrete. Cement and Concrete Composites, 1992, 14(2): 83-89.

[68] Deng Z. The fracture and fatigue performance in flexure of carbon fiber reinforced concrete. Cement and Concrete Composites, 2005, 27(1): 131-140.

[69] Sinha B P, Gerstle K H, Tulin L G. Stress-strain relations for concrete under cyclic loading. Aci Structural Journal, 1964, 61(2): 195-212.

[70] Toumi A, Bascoul A. Mode I crack propagation in concrete under fatigue: Microscopic observations and modelling. International Journal for Numerical & Analytical Methods in Geomechanics, 2002, 26(13): 1299-1312.

[71] Sain T, Kishen J M C. Residual fatigue strength assessment of concrete considering tension softening behavior. International Journal of Fatigue, 2007, 29(12): 2138-2148.

[72] Sima J F, Roca P, Molins C. Cyclic constitutive model for concrete. Engineering Structures, 2008, 30(3): 695-706.

[73] Zhao L, Yan T, Bai X, et al. Implementation of fictitious crack model using contact finite element method for the crack propagation in concrete under cyclic load. Mathematical Problems in Engineering, 2013, 7: 206-226.

[74] Hamad W I, Owen J S, Hussein M F M. An efficient approach of modelling the flexural cracking behaviour of un-notched plain concrete prisms subject to monotonic and cyclic loading. Engineering Structures, 2013, 51: 36-50.

[75] Brake N A, Chatti K. Prediction of size effect and non-linear crack growth in plain concrete under fatigue loading.

Engineering Fracture Mechanics, 2013, 109: 169-185.

[76] Breccolotti M, Bonfigli M F, D'Alessandro A, et al. Constitutive modeling of plain concrete subjected to cyclic uniaxial compressive loading. Construction and Building Materials, 2015, 94: 172-180.

[77] Chen X, Xu L, Bu J. Experimental study and constitutive model on complete stress-strain relations of plain concrete in uniaxial cyclic tension. KSCE Journal of Civil Engineering, 2017, 21 (5): 1829-1835.

[78] Paris P C, Gomez M P, Anderson W E. A rational analytic theory of fatigue. The Trend in Engineering, 1961, 13 (1): 9-14.

[79] Bažant Z P, Planas J. Fracture and size effect in concrete and other quasibrittle materials. Boca: Raton CRC Press, 1998.

[80] 丁兆东, 李杰. 混凝土疲劳分析方法综述. 力学与实践, 2015 (1): 40-48.

第2章　断裂力学基本理论

作为科学研究，断裂力学理论的发展历程较短（不到 100 年的历史），旨在防止材料发生低应力脆性破坏[1]。尽管人们很早就意识到裂缝对断裂失效的影响，但直到 1913 年 Inglis[2]才对该影响的确切性质进行了研究，从此开启了对断裂力学的里程碑式研究。通过理论推导，Inglis 导出了板上椭圆孔周围应力的解析解。通过使椭圆率趋近于零，可以确定直裂缝周围的应力。

在三维构件中，有三种断裂模式：平面内纯张开模式（Ⅰ型）、平面内剪切模式（Ⅱ型）和平面外撕裂模式（Ⅲ型），如图 2-1 所示。几十年来，研究者主要对平面内断裂模式（Ⅰ型、Ⅱ型和 Ⅰ/Ⅱ混合型）进行分析，对Ⅲ型断裂研究的较少[3]。

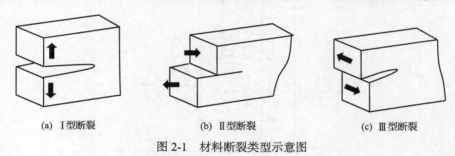

(a) Ⅰ型断裂　　　　　(b) Ⅱ型断裂　　　　　(c) Ⅲ型断裂

图 2-1　材料断裂类型示意图

断裂力学理论在不同材料中的适用性如图 2-2 所示。当有裂缝存在时，远离裂缝处基本处于线弹性变形区，而裂缝尖端附近会产生应力集中，进而形成非线性变形区。裂缝尖端附近的非线性变形区由非线性塑性区和断裂过程区组成。对于不同的材料，非线性塑性区和断裂过程区的尺寸不同。对于线弹性材料，非线

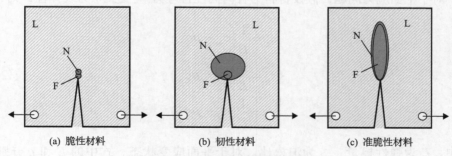

(a) 脆性材料　　　　　(b) 韧性材料　　　　　(c) 准脆性材料

图 2-2　不同材料的断裂特征[4]

L-线弹性变形区；N-非线性塑性区；F-断裂过程区

性塑性区和断裂过程区都很小，因此材料呈现脆性破坏，线弹性断裂力学理论可以用来解释脆性材料的断裂破坏行为；对于金属等韧性材料，非线性塑性区很大，而断裂过程区很小，可以采用传统的强度理论；对于准脆性材料如砂浆和混凝土，断裂过程区几乎占据了整个非线性变形区而非线性塑性区很小，断裂过程区的影响不容忽视，因此线弹性断裂力学理论和传统的强度理论均不适用，必须建立考虑了断裂过程区的非线性断裂力学模型。

2.1 弹性平面问题基本理论

在笛卡儿坐标系中，空间任意一点 (x_i, y_i, z_i) 的应力分量为 σ_x, σ_y, σ_z, τ_{xy}, τ_{xz}, τ_{yz}，相应的应变分量依次为 ε_x, ε_y, ε_z, ε_{xy}, ε_{xz}, ε_{yz}，如图 2-3 所示。在平面应力状态下，$\sigma_z = \tau_{xz} = \tau_{yz} = 0$，而在平面应变状态下，$\varepsilon_z = 0$。

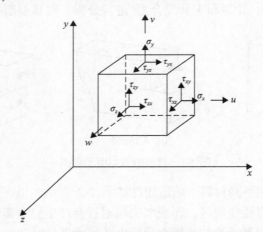

图 2-3 笛卡儿坐标系下的应力和位移分量

对于平面应力问题，假设材料为各向同性且应力-应变关系为线弹性，则有

$$\begin{cases} \varepsilon_x = \dfrac{1}{E}(\sigma_x - \mu\sigma_y) \\[2mm] \varepsilon_y = \dfrac{1}{E}(\sigma_y - \mu\sigma_x) \\[2mm] \gamma_y = \dfrac{1}{E}(\sigma_y - \mu\sigma_x) \end{cases} \tag{2-1}$$

式中，E 为弹性模量；μ 为泊松比。对于平面应变状态，式中的 E 和 μ 分别由 $E/(1-\mu^2)$ 和 $\mu/(1-\mu)$ 代替。

从应变与位移之间的关系可以得到平面几何方程：

$$\begin{cases} \varepsilon_x = \dfrac{\partial u}{\partial x} \\[2mm] \varepsilon_y = \dfrac{\partial v}{\partial y} \\[2mm] \gamma_{xy} = \dfrac{\partial u}{\partial y} + \dfrac{\partial v}{\partial x} \end{cases} \tag{2-2}$$

式中，u 和 v 分别为 x 和 y 方向的位移分量。

根据微元体的平衡条件，可得到平面问题的平衡微分方程：

$$\begin{cases} \dfrac{\partial \sigma_x}{\partial x} + \dfrac{\partial \tau_{xy}}{\partial y} + X = 0 \\[2mm] \dfrac{\partial \tau_{xy}}{\partial x} + \dfrac{\partial \sigma_y}{\partial y} + Y = 0 \end{cases} \tag{2-3}$$

式中，X 和 Y 分别为 x 和 y 方向的体积力。

式(2-1)~式(2-3)为平面弹性体的平衡控制方程，在已知边界条件下，联立式(2-1)~式(2-3)可以确定弹性体在外力作用下的应力和应变场。然而，直接利用以上平衡控制方程求解平面问题比较困难。在体积力 X 和 Y 为常数的情况下，通过引入 Airy 应力函数 ψ，可以对以上平衡微分方程进行简化。

$$\begin{cases} \sigma_x = \dfrac{\partial^2 \psi}{\partial y^2} - Xx \\[2mm] \sigma_y = \dfrac{\partial^2 \psi}{\partial x^2} - Yy \\[2mm] \tau_{xy} = -\dfrac{\partial^2 \psi}{\partial x \partial y} \end{cases} \tag{2-4}$$

将式(2-2)和式(2-4)代入式(2-1)，并做二次求导可得协调方程：

$$\frac{\partial^4 \psi}{\partial x^4} + 2\frac{\partial^4 \psi}{\partial x^2 \partial y^2} + \frac{\partial^4 \psi}{\partial y^4} = 0 \tag{2-5}$$

Airy 应力函数的引入简化了平面问题的求解，因此解决平面问题最终变成了寻找一个同时满足式(2-5)和边界条件的 Airy 应力函数。

2.2　线弹性断裂力学

2.2.1　应力强度因子和断裂韧度

1. 应力强度因子

Irwin[5]在考虑了裂缝尖端附近应力场的基础上，提出了应力强度因子的概念，使对裂缝的研究数学化。在二维平面问题中，裂缝尖端附近区域的应力场表达式如下：

$$\sigma_{ij} = \frac{K_m}{\sqrt{2\pi r}} f_{ij}(\theta) \tag{2-6}$$

式中，σ_{ij} 为应力分量；i，j 分别为 x，y 坐标；r，θ 为极坐标；$f_{ij}(\theta)$ 为与 θ 有关的方向参数；K_m 为常数，表示应力强度因子 K，表征裂缝尖端附近区域应力场的强弱程度。

由式 (2-6) 可知，σ_{ij} 存在对 r 的奇异性：在裂缝尖端 $r \rightarrow 0$ 处，应力 σ_{ij} 趋于无穷大。因此，用裂缝尖端处应力值无法建立材料的断裂判据。

当 r，θ 值一定时，应力的大小仅与 K_m 有关。通过量纲分析发现，应力强度因子 K 和应力 σ 呈线性关系，与裂缝长度的平方根相关，其关系可由式 (2-7) 给出：

$$K = \sigma\sqrt{\pi a}\, f\left(\frac{a}{w}\right) \tag{2-7}$$

式中，$f\left(\dfrac{a}{w}\right)$ 为试件的几何因子；a 为裂缝长度；w 为裂缝张开位移。

当裂缝形状、大小一定时，K 随着应力的增大而增大，当增大到临界值时发生断裂破坏，即

$$K = K_c \tag{2-8}$$

式中，K_c 为临界应力强度因子，又称断裂韧度，是断裂控制参数。

2. 断裂韧度

如上所述，应力强度因子 K 是描述裂缝尖端附近区域应力场强弱程度的物理量。与之相对应，裂缝失稳扩展时，应力强度因子应该有一个临界值，称为临界应力强度因子，记作 K_c。K_c 表示材料抵抗裂缝失稳扩展的能力，为材料的固有属性，对于一个确定的材料，K_c 应为一定值。因而，K_c 是断裂力学中又一个重

要的物理量，代表材料的断裂韧度。

由于断裂韧度 K_c 是应力强度因子 K 的临界值，故两者有着密切的联系。但是，应该注意，断裂韧度和应力强度因子的物理意义完全不同：K 是裂缝尖端应力场的度量，与裂缝长度、形状以及应力大小有关，它会随着外荷载的改变、裂缝的扩展等而变化；断裂韧度 K_c 是材料阻止宏观裂缝失稳扩展能力的度量，它是反映材料特性的一个物理量。

2.2.2　应变能释放率

裂缝扩展过程中要消耗能量。裂缝开裂前，能量主要储存在变形内，包括弹性变形和塑性变形。随着裂缝的起裂和扩展，弹性变形得到恢复，储存在弹性变形中的能量得到释放用于裂缝面的产生，塑性变形则保留下来。能量主要消耗在两个地方：一是产生新的裂缝面，这一部分能量主要通过弹性应变能的释放所得；二是产生塑性变形，这一部分能量最终储存在塑性变形中。所以，裂缝扩展单位面积所消耗的能量是以上两部分能量之和。

应力作用下单位体积内的应变能为

$$U_p = \frac{1}{V} \int F \mathrm{d}x = \int \frac{F}{A} \frac{\mathrm{d}x}{L} = \int \sigma \mathrm{d}\varepsilon \tag{2-9}$$

式中，V 为体积；A 为面积；F 为作用力。

对于线弹性材料来说，$\sigma = E \cdot \varepsilon$，积分后得到 $U_p = \dfrac{\sigma^2}{2E}$。由于是释放能量，值取为负。

裂缝形成过程中，表面能被材料所吸收，设单位面积的裂缝所需要的表面能为 γ，由于形成了两个自由表面，故需要表面能为 2γ。

随着荷载的增长，应力逐渐增大，应变能最终会超过表面能；当应变能超过表面能时，系统将使裂缝变得更长，以降低应变能，增大表面能。当未达到失稳扩展的临界值时，只有增加应力才会使裂缝继续增长；但当大于临界值时，裂缝的扩展将不受约束，扩展速度非常快。

进一步分析裂缝扩展面积 ΔA 时，系统提供用于使裂缝扩展的能量为 $-\Delta \varPi$，此能量恰好被新扩展的裂缝面 ΔA 吸收并以表面能的形式储存起来。在非弹性体中，设有外形尺寸完全相同而裂缝尺寸不同的两个试件，其裂缝厚度为 B，裂缝长度为 a，应变能释放率 G 定义为产生面积 ΔA 的新裂缝面所需要的能量，于是

$$G = -\frac{\mathrm{d}\varPi}{\Delta A} = -\lim_{\Delta A \to 0} \frac{\Delta \varPi}{\Delta A} = -\lim_{\Delta a \to 0} \frac{\Delta \varPi}{B \Delta a} = \frac{\partial S}{\partial A} - \frac{\partial U}{\partial A} = -\frac{1}{B} \frac{\partial \varPi}{\partial a} \tag{2-10}$$

式中，$\Pi = U - S$，为系统的势能；S 为外力功；U 为裂缝体应变能；Δa 为裂缝的扩展长度；$\dfrac{\partial S}{\partial A}$ 和 $\dfrac{\partial U}{\partial A}$ 分别为外力功和裂缝体应变能对裂缝面积 A 的偏导数；G 为应变能释放率，表示裂缝扩展单位面积时消耗的能量，也可以理解为裂缝每扩展一单位长度所需要的力。

对于一定材料而言，裂缝扩展所需能量和裂缝表面能都是材料常数，与加载方式及裂缝几何形状无关，故引入 G_c 表征材料抵抗裂缝扩展的能力，称为断裂韧性。因此，基于应变能释放率的断裂判据如下：

$$G = G_c \tag{2-11}$$

2.2.3 几种常见边界的应力强度因子解析式

Griffith[6]在玻璃脆性破坏研究中提出假设，当裂缝扩展过程中的应变能释放率超过临界水平时，脆性断裂就会发生。Griffith 方法针对的是玻璃，仅适用于脆性材料，对于工程应用来说过于原始。

之后，Irwin[5]通过分析裂缝尖端附近的应力场提出了应力强度因子，并将该因子用作断裂失效的准则。一般来说，应力强度因子是关于外加荷载、边界条件、裂缝尺寸、试件形状的函数。《应力强度因子手册》中给出了不同边界条件和几何形状的应力强度因子解析式[7,8]。

(1)考虑拉伸作用下无限大板中的 I 型裂缝，如图 2-4 所示。

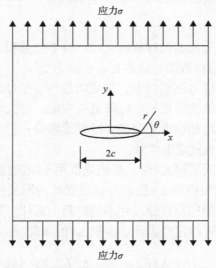

图 2-4　拉伸作用下带 I 型裂缝的无限大板

σ-外加均匀拉应力；$2c$-裂缝长度；(r, θ)-以裂缝尖端为极点的极坐标

裂缝尖端的弹性应力分量为

$$\sigma_x = \frac{K_I}{\sqrt{2\pi r}}\cos\frac{\theta}{2}\left(1 - \sin\frac{\theta}{2}\sin\frac{3\theta}{2}\right)$$

$$\sigma_y = \frac{K_I}{\sqrt{2\pi r}}\cos\frac{\theta}{2}\left(1 + \sin\frac{\theta}{2}\sin\frac{3\theta}{2}\right) \tag{2-12}$$

$$\tau_{xy} = \frac{K_I}{\sqrt{2\pi r}}\sin\frac{\theta}{2}\cos\frac{\theta}{2}\cos\frac{3\theta}{2}$$

式中，σ_x，σ_y 分别为 x，y 方向的正应力；τ_{xy} 为剪应力；K_I 为 I 型裂缝应力强度因子；r，θ 为极坐标。

平面应力条件下裂缝尖端的位移分量为

$$\begin{cases} u = 2(1+\mu)\dfrac{K_I}{E}\sqrt{\dfrac{r}{2\pi}}\cos\dfrac{\theta}{2}\left(1 - 2\mu + \sin^2\dfrac{\theta}{2}\right) \\[3mm] v = 2(1+\mu)\dfrac{K_I}{E}\sqrt{\dfrac{r}{2\pi}}\sin\dfrac{\theta}{2}\left(2 - 2\mu - \cos^2\dfrac{\theta}{2}\right) \end{cases} \tag{2-13}$$

式中，u，v 分别为 x，y 方向的位移分量；μ 为泊松比。

对于拉伸作用下带 I 型裂缝的无限大板，其 I 型裂缝的应力强度因子为

$$K_I = \sigma\sqrt{\pi c} \tag{2-14}$$

式中，c 为裂缝长度的一半；σ 为远端的均匀拉应力。

(2)考虑平面内剪切作用下无限大板中的 II 型裂缝，如图 2-5 所示。

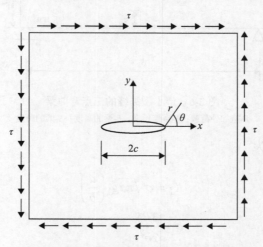

图 2-5　剪切作用下带 II 型裂缝的无限大板

τ-外加均匀剪应力；$2c$-裂缝长度；(r, θ)-以裂缝尖端为极点的极坐标

裂缝尖端的弹性应力分量为

$$\sigma_x = -\frac{K_{\mathrm{II}}}{\sqrt{2\pi r}}\sin\frac{\theta}{2}\left(1+\cos\frac{\theta}{2}\cos\frac{3\theta}{2}\right)$$

$$\sigma_y = \frac{K_{\mathrm{II}}}{\sqrt{2\pi r}}\sin\frac{\theta}{2}\cos\frac{\theta}{2}\cos\frac{3\theta}{2} \qquad (2\text{-}15)$$

$$\tau_{xy} = \frac{K_{\mathrm{II}}}{\sqrt{2\pi r}}\left(1-\sin\frac{\theta}{2}\sin\frac{3\theta}{2}\right)$$

式中，σ_x，σ_y 分别为 x，y 方向的正应力；τ_{xy} 为剪应力；K_{II} 为 II 型应力强度因子；r，θ 为极坐标。

对于剪切作用下带 II 型裂缝的无限大板，其 II 型裂缝的应力强度因子为

$$K_{\mathrm{II}} = \tau\sqrt{\pi c} \qquad (2\text{-}16)$$

式中，c 为裂缝长度的一半；τ 为远端的均匀剪应力。

根据线弹性断裂力学，可将应力强度因子 K_{I} 和 K_{II} 作为断裂参数，当 K_{I} 和 K_{II} 达到临界值 K_{Ic} 和 K_{IIc} 时，裂缝就会扩展。

(3)考虑三点弯曲梁中的 I 型裂缝，如图 2-6 所示。

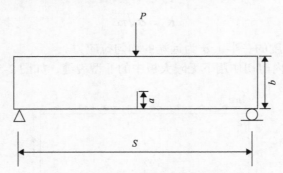

图 2-6　带 I 型裂缝的三点弯曲梁

P-施加外荷载；*a*-裂缝长度；*b*-梁的高度；*S*-梁的跨度

应力强度因子为

$$K_{\mathrm{I}} = \sigma\sqrt{\pi a}\, g_1\left(\frac{a}{b}\right)$$

$$\sigma = \frac{3PS}{2b^2 t} \qquad (2\text{-}17)$$

式中，P 为施加外荷载；S 为梁的跨度，b 为梁的高度；t 为梁的厚度；$g_1(a/b)$ 为

几何因子，取决于 S 与 b 之比。

对于 $S/b=4$ 的梁来说，几何因子 $g_1(a/b)$ 由式 (2-18)[9] 计算：

$$g_1\left(\frac{a}{b}\right) = \frac{1.99 - (a/b)(1-a/b)\left[2.15 - 3.93a/b + 2.70(a/b)^2\right]}{\sqrt{\pi}(1+2a/b)(1-a/b)^{3/2}} \quad (2\text{-}18)$$

基于线弹性断裂力学的断裂韧度参数可以为脆性材料的断裂性能提供合理的评估。然而，对于准脆性材料如混凝土，其断裂行为受断裂过程区的影响很大，因此分析断裂力学的适用性应该考虑相对于试件尺寸的断裂过程区尺寸。当断裂过程区尺寸远小于试件尺寸(裂缝长度)时，发生脆性破坏，线弹性断裂力学适用，断裂韧度参数(如应力强度因子)可以用来描述结构的断裂性能；当断裂过程区尺寸与试件尺寸(裂缝长度)相当时，则会发生准脆性断裂，基于线弹性断裂力学的断裂理论不足以解释结构的断裂行为。

2.3　混凝土非线性断裂力学

根据线弹性断裂力学理论，裂缝尖端处应力接近无穷大，裂缝的任何扩展都意味着结构的灾难性失效。然而，在许多工程材料中，在达到临界值之前裂缝会稳定扩展。与线弹性断裂力学中使用的应变能释放率类似，能量原理可以用来描述非线性材料中裂缝的稳定扩展。

对于非线性弹性材料，Rice[10] 提出了 J 积分的概念。J 积分是围绕裂纹尖端的一个闭合回路的线积分，它与积分路径无关，等同于弹性材料的应变能释放率，因此可以将其用作断裂准则。对于弹塑性或准脆性材料，由于非弹性区的存在，J 积分与路径有关，也不等于应变能释放率。

考虑非弹性区的裂缝止裂机制，断裂阻力 R 曲线可以用来表征裂缝的稳定扩展。当材料中的非弹性区较小时，R 曲线可视为材料属性。R 曲线取决于初始裂缝长度 a_0 和结构的特征尺寸 b。因此，从物理上讲，R 曲线可视为与特定尺寸结构的稳定裂缝扩展相关的断裂韧性；从数学上讲，R 曲线可视为某类结构在临界点的应变能释放率曲线的包络线。通过改变参数 a_0 和 b，可以得到三种应变能释放率曲线。因此，将 R 曲线分为三类应变能释放率曲线的包络线：针对具有相同尺寸但不同初始裂缝长度的构件，Krafft 等[11] 提出了第一类 R 曲线；针对不同尺寸但初始裂缝长度相同的构件，Ouyang 和 Shah[12] 提出了第二类 R 曲线；针对 a_0/b 为常数的几何相似构件，Bazant 和 Kazemi[13] 提出了第三类 R 曲线。

研究发现，由于裂缝前缘断裂过程区中存在显著的增韧机制，准脆性材料表现出复杂的断裂行为。在这种情况下，J 积分和 R 曲线均不足以解释材料中的裂缝扩展。因此，准脆性材料的非线性断裂力学模型是不可或缺的。

由于类混凝土材料的断裂行为是断裂过程区中的增韧机制造成的，因此断裂力学的研究主要集中在断裂过程区的特性上，但存在一些困难，例如，混凝土中的裂缝路径是曲折的，颗粒桥接导致很难识别裂缝尖端，以及断裂过程区沿试件厚度方向变化，还没有精确的三维断裂模型，并且目前大多数断裂模型是基于有效线裂缝的Ⅰ型断裂[14]。通常，考虑断裂过程区影响的断裂力学模型有以下几种。

2.3.1　黏聚裂缝模型

从宏-细观层次看，混凝土是由粗骨料、水泥砂浆及二者的胶结面组成的三相非均质材料。水泥基体硬化时会出现一些微裂缝、气孔和空隙等缺陷，导致混凝土抗拉强度降低。而粗骨料和水泥砂浆间的胶结面又是混凝土内部结构的薄弱环节，是容易引起材料破坏的关键部位。在外部拉力作用下，裂尖附近区域会发生复杂的损伤断裂过程，包括微裂缝生成、发展、聚集直至粗骨料与基体脱离形成宏观裂缝。这个过程的所有机制用断裂过程区来表示，断裂过程区是一个应力软化区，会发生材料刚度退化、微裂缝的现象，如图 2-7 所示。

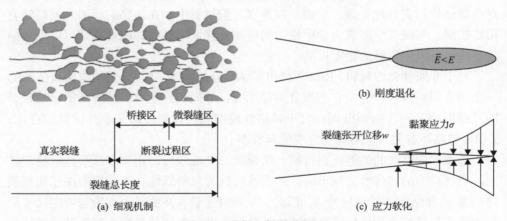

图 2-7　混凝土断裂过程区

$\bar{E}$ -损伤区弹性模量；E-初始弹性模量

基于断裂过程区的增韧机制，20 世纪 60 年代初 Dugdale[15]和 Barenblatt[16]引入了黏聚裂缝模型(cohesive crack model, CCM)。该模型认为非线性区可以简化为一条直裂缝，沿着裂缝面分布着随裂缝张开(应变)而改变的黏聚应力，当变形足够大以致裂缝张开(应变)达到临界值时，黏聚应力降为零。混凝土的黏聚裂缝模型主要包含虚拟裂缝模型和裂缝带模型。

1. 虚拟裂缝模型

1）虚拟裂缝模型简介

虚拟裂缝模型由 Hillerborg[17]于 1976 年提出，该模型将裂缝分为两部分：完全开裂的真实裂缝和微裂缝所形成的虚拟裂缝，其中真实裂缝上不传递应力，虚拟裂缝上存在着大小与裂缝张开位移有一定函数关系的内聚力。虚拟裂缝模型将该微裂区作为虚裂缝处理，该模型考虑了混凝土裂缝表面的黏聚作用，克服了线弹性断裂力学的局限性，可以用有限元模拟素混凝土梁的断裂过程。

2）虚拟裂缝模型的参数确定

虚拟裂缝模型有三个基本材料参数：材料的抗拉强度 f_t、断裂能 G_F，以及黏聚应力 σ 与裂缝张开位移 w 的关系，即 $\sigma(w)$。其中 G_F 为产生单位面积裂缝所需要的能量，是基于虚拟裂缝模型并考虑了混凝土软化特性的重要断裂参数。在虚拟裂缝模型中，产生新表面所需的能量与分离裂缝面所需的能量相比是可以忽略的。因此，断裂能主要消耗在抵抗黏聚应力使裂缝张开上。因此，断裂能 G_F 可通过 $\sigma(w)$ 曲线包围的面积确定，计算公式如下：

$$G_F = \int_0^{w_c} \sigma(w)\mathrm{d}w \tag{2-19}$$

式中，w 为裂缝张开位移；w_c 为特征裂缝张开位移，对应的黏聚应力为零；$\sigma(w)$ 为黏聚应力分布。

根据 RILEM TC 50-FMC[18]，断裂能通过三点弯曲梁的荷载-挠度曲线计算，计算时需考虑试件梁自重的影响。

设压力机施加的外荷载为 P_a，梁自重等价为一附加集中荷载 P_w，则总的荷载为 $P=P_a+P_w$，如图 2-8（a）所示。δ_0 对应于 $P_a=0$ 时的挠度，W_0 是 $P(\delta)$ 曲线和 $P=P_w$ 包围的区域，$W_1=P_w\delta_0$。

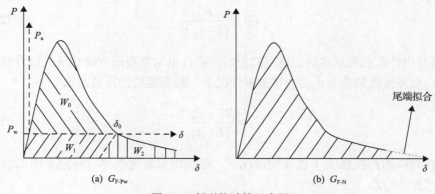

图 2-8 断裂能计算示意图

前期研究[19]发现 W_2 区域和 W_1 几乎相等，因此总的断裂能 W_t 可以通过式(2-20)计算：

$$W_t = W_0 + 2P_w\delta_0 \tag{2-20}$$

假设能量消耗过程仅发生在断裂区，单位面积上的断裂能由式(2-21)计算：

$$G_F = \frac{W_t}{(b-a_0)t} = \frac{W_0 + 2P_w\delta_0}{(b-a_0)t} \tag{2-21}$$

式中，a_0 为初始裂缝长度；b 为梁的高度；t 为梁的厚度。

钱觉时等在文献[20]中对 $W_2=W_1$ 的假设提出质疑，认为对荷载-挠度曲线尾部区域 W_2 的处理是产生断裂能误差及尺寸效应的重要原因。基于此，本书根据文献[21]中对尾部的处理方法，得到延伸后的荷载-挠度全曲线 $P(\delta)^*$，积分面积如图 2-8(b) 所示。因此，断裂能 $G_{F\text{-}N}$ 采用式(2-22)计算：

$$G_{F\text{-}N} = \frac{\int P(\delta)^* \mathrm{d}\delta}{(b-a_0)t} \tag{2-22}$$

值得注意的是，以上假设认为能量消耗只发生在断裂过程区，而断裂过程区以外的所有变形均为弹性变形。这个假设只有在梁的主要区域应力较低时才接近真实，为了保证试件梁的主要区域处于低应力状态，一般采用较大的初始切缝深度(如梁高的一半)。

此外，以上计算公式适用于外荷载、梁自重和梁变形的方向相同(向下)的情况。如果外荷载、梁自重和梁变形的方向不相同，则有以下两种情况需要考虑。

(1) 当对试件梁进行横向加载时，梁自重与梁变形相互垂直，重力做功为零。这种情况下[19]，断裂能的计算公式变为

$$G_F = \frac{W_0}{(b-a_0)t} \tag{2-23}$$

(2) 当外荷载和试件梁的挠度向上时，梁自重与梁变形方向相反，重力做功为负值，而外荷载做功为正值。在这种情况下，断裂能的计算公式如下：

$$G_F = \frac{W_0 - P_w\delta_0}{(b-a_0)t} \tag{2-24}$$

在材料的抗拉强度 f_t 已知的情况下，根据虚拟裂缝模型，可定义虚拟裂缝的特征长度 l_{ch} 为

$$l_{ch} = \frac{EG_F}{f_t^2} \tag{2-25}$$

式中，E 为混凝土的弹性模量；G_F 为断裂能。

特征长度 l_{ch} 反映了材料的韧性，l_{ch} 越大，材料越韧；l_{ch} 越小，材料越脆。一般来说，混凝土的 l_{ch} 在 $100\sim400\text{mm}$，与其断裂过程区长度 l_{FPZ} 基本成正比，l_{FPZ} 为 $0.3l_{ch}\sim0.5l_{ch}$[14]。

2. 裂缝带模型

1）裂缝带模型简介

为了较好地解决传统弥散裂缝模型在数值计算中的网格敏感性问题，有学者提出可以把形成单位长度裂缝需要的应变能释放率引入裂缝扩展过程，并使其与网格尺寸无关。基于此概念 Bažant 和 Oh 于 1983 年提出裂缝带模型[22]，该模型通过使用一条钝的裂缝带模拟断裂过程区发展。在裂缝带内，分布着一系列平行的密集微裂缝，稳定的裂缝扩展由一个应力-应变关系控制的渐进微裂缝来模拟，模型示意图如图 2-9 所示。

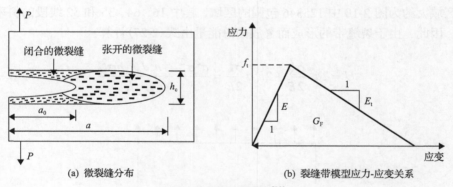

(a) 微裂缝分布　　　　　　(b) 裂缝带模型应力-应变关系

图 2-9　裂缝带模型[22]

a_0-初始裂缝长度；a-裂缝总长度；h_c-裂缝带宽度；G_F-断裂能；f_t-抗拉强度；E-弹性模量

裂缝带模型将断裂能作为混凝土材料的基本力学参数，并认为断裂能与网格划分无关，通过调整应力-应变软化曲线以适应不同的离散网格，使得断裂能保持唯一。然而，裂缝带宽度的测量非常困难，这限制了裂缝带模型的应用。裂缝带模型宏观上把混凝土视为连续匀质材料，考虑到混凝土材料是由水泥基体和骨料组成的非均匀材料，为了忽略材料非匀质性的影响，一般取 $3\sim5$ 倍最大骨料粒径（d_{max}）作为裂缝带模型的特征宽度 h_c。

虚拟裂缝模型和裂缝带模型均需借助有限元法求解裂缝的扩展问题，缺乏有效的解析解。当两者混凝土断裂参数相同时，把裂缝设定为直线或者带状，获得的应变能释放率基本一致，存在相互等效性。

2) 裂缝带模型的参数确定

基于能量的原则，裂缝前缘扩展单位面积所消耗的能量，即断裂能 G_F，等于应力-应变曲线包围的面积，由式(2-26)计算[14]：

$$G_F = h_c \left(1 + \frac{E}{E_t}\right)\frac{f_t^2}{2E} \tag{2-26}$$

式中，E 为弹性模量；E_t 为应变软化模量(这里取正值)；f_t 为材料的抗拉强度。

从式(2-26)可知，要应用裂缝带模型，除了弹性模量 E，还有 3 个参数 h_c、f_t 和 E_t 需要确定。为了确定 h_c，一般可采用近似公式 $h_c = n_a d_{max}$，其中 d_{max} 是混凝土的最大骨料粒径，n_a 是一个经验值，对于混凝土可取 3。

要采用裂缝带模型模拟准脆性材料的断裂，以一个受拉的中间带小孔的单位厚度长方形板为例，如图 2-10 所示。板的两端固结，板的宽度为 $2b$，裂缝带长度为 $2a$。在裂缝扩展之前，板中的能量密度为 $\sigma_N^2/(2E)$，其中 σ_N 为板所受的拉伸应力。裂缝带的形成会导致裂缝带附近区域的应变能和应力释放。这个能量释放的区域大约为图 2-10 中 125346 包围的区域，其中 16、64、35 和 52 线段的斜率相同。因此，由于裂缝带的形成而释放的总能量由式(2-27)计算：

$$U = 2a^2 \frac{\sigma_N^2}{2E} + 2h_c a \frac{\sigma_N^2}{2E} = \frac{a^2 \sigma_N^2}{E} + \frac{n_a d_{max} a \sigma_N^2}{E} \tag{2-27}$$

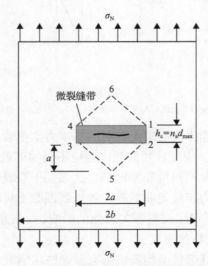

图 2-10　中心开孔受拉板中的裂缝带模型

由于板的两端固结，外荷载在边界上做功为零。因此，断裂能 G_f 可以通过形成单位长度裂缝带释放的能量来确定，G_F 等于 $\partial U / \partial a$，由式(2-28)计算：

$$G_F = \frac{\partial U}{\partial a} = \frac{2a\sigma_N^2}{E} + \frac{n_a d_{max}\sigma_N^2}{E} \tag{2-28}$$

2.3.2　等效弹性裂缝模型

将非线性裂缝面上分布着黏聚力的断裂问题等效为线弹性的应力自由裂缝断裂问题，然后按照线弹性断裂力学判定裂缝发展的方法称为等效弹性裂缝方法。等效的原则为等效前后具有相同的荷载-位移曲线，而对于等效后裂缝尖端的应力场则不做要求。目前这类模型主要包括两参数断裂模型、尺寸效应模型、等效裂缝模型和双 K 断裂模型。

1. 两参数断裂模型

1) 两参数断裂模型简介

基于结构的弹性断裂响应，由 Jenq 和 Shah 于 1985 年提出了两参数断裂模型[23]。该模型分析基于荷载-裂缝口张开位移(P-CMOD)曲线：在加载最初 P-CMOD 曲线呈线性，认为裂缝没有向前扩展；随着荷载的增加，P-CMOD 曲线表现出非线性增长，裂缝开始稳定扩展，直到达到临界点时，裂缝出现失稳扩展，并最终断裂。两参数断裂模型在临界点有两个控制参数：断裂韧度 K_{Ic}^s 和临界裂缝尖端张开位移 CTOD$_c$。该模型假定，裂缝尖端的应力强度因子达到断裂韧度的同时，裂缝尖端张开位移 CTOD 也达到了临界值。1990 年 RILEM 推荐了根据两参数断裂模型确定混凝土断裂参数的标准测试方法[24]。

2) 两参数断裂模型的参数确定

根据两参数断裂模型，三点弯曲梁峰值荷载时裂缝口张开位移 CMOD$_c$ 由式(2-29)计算：

$$CMOD_c = \frac{24P_c a_e}{tbE} F_2\left(\frac{a_e}{b}\right) \tag{2-29}$$

其中，

$$F_2\left(\frac{a_e}{b}\right) = 0.76 - 2.28\frac{a_e}{b} + 3.87\left(\frac{a_e}{b}\right)^2 - 2.04\left(\frac{a_e}{b}\right)^3 + \frac{0.66}{(1-a_e/b)^2} \tag{2-30}$$

式中，a_e 为临界等效裂缝长度；P_c 为峰值荷载；b 为梁的高度；t 为梁的厚度；

E 为混凝土弹性模量。

峰值荷载时裂缝尖端张开位移 $CTOD_c$ 由式(2-31)计算：

$$CTOD_c = CMOD_c \cdot U\left(\frac{a_e}{b}, \frac{a_0}{a_e}\right) \tag{2-31}$$

式中，

$$U\left(\frac{a_e}{b}, \frac{a_0}{a_e}\right) = \left\{\left(1 - \frac{a_0}{a_e}\right)^2 + \left(-1.149\frac{a_e}{b} + 1.081\right)\left[\frac{a_0}{a_c} - \left(\frac{a_0}{a_c}\right)\right]\right\}^{1/2} \tag{2-32}$$

其中，a_0 为初始裂缝长度。

由两参数断裂模型确定的临界失稳断裂韧度 K_{Ic}^s 可以通过式(2-33)计算：

$$K_{Ic}^s = 3\left(P_c + 0.5W_b\right)\frac{S\sqrt{\pi a_e}F_3(\alpha_e)}{2b^2 t} \tag{2-33}$$

式中，$W_b = W_s S/L$，W_s 为试件梁跨距内自重，S 为梁的跨度，L 为梁的长度；$F_3(\alpha_e)$ 为三点弯曲梁的几何因子，由式(2-34)计算：

$$F_3\left(\alpha_e = \frac{a_e}{b}\right) = \frac{1.99 - \frac{a_e}{b}\left(1 - \frac{a_e}{b}\right)\left[2.15 - 3.93\frac{a_e}{b} + 2.7\left(\frac{a_e}{b}\right)^2\right]}{\sqrt{\pi}\left(1 + 2\frac{a_e}{b}\right)\left(1 - \frac{a_e}{b}\right)^{3/2}} \tag{2-34}$$

为了便于使用两参数断裂模型评估混凝土的断裂性能，常常将断裂参数归一化处理。脆性指数 Q 和抗拉强度 f_t 是混凝土两参数断裂模型的两个归一化参数，其中材料的抗拉强度 f_t 可以用 K_{Ic}^s 和 $CTOD_c$ 来表示：

$$f_t = \frac{1.4705 \cdot \left(K_{Ic}^s\right)^2}{E \cdot CTOD_c} \tag{2-35}$$

脆性指数 Q 可以根据式(2-36)确定：

$$Q = \left(\frac{E \cdot CTOD_c}{K_{Ic}^s}\right)^2 \tag{2-36}$$

脆性指数 Q 反映了材料的脆性，Q 越小，材料越脆。

根据线弹性断裂力学，临界应变能释放率 G_{Ic} 可以通过式(2-37)计算：

$$G_{Ic} = \frac{K_{Ic}^2}{E^*} \tag{2-37}$$

平面应变时，弹性模量 E^* 由式(2-38)替换：

$$E^* = \frac{E}{1-\mu^2} \tag{2-38}$$

式中，μ 为泊松比。

2. 尺寸效应模型

1)尺寸效应模型简介

在混凝土结构中，由于断裂过程区的存在，裂缝尖端产生了钝化效应，因而结构破坏呈现出一定的尺寸效应现象。如图 1-5 所示，当试件尺寸较小时，结构破坏主要受材料强度控制；当结构尺寸较大时，其破坏受断裂韧度控制。在中间过渡区，结构表现出准脆性的断裂行为。1984 年 Bažant[25]通过量纲分析和相似性原理提出了尺寸效应模型来描述过渡区的断裂准则。

根据尺寸效应定律，混凝土破坏时的名义应力随构件尺寸以及构件尺寸与最大骨料粒径之比而变化。尺寸效应定律从数学上描述了混凝土从强度破坏准则到基于线弹性断裂力学理论的破坏准则的过渡。该模型是基于裂缝带模型提出的，因此断裂能 G_f 和临界断裂过程区长度 c_f 是两个重要的控制参数。1990 年 RILEM 推荐了测定 G_f 和 c_f 的标准试验方法[26]。

2)尺寸效应模型的参数确定

要根据试验确定尺寸效应模型的断裂参数，至少需要准备三组不同尺寸的试件。

Bažant 的尺寸效应模型可用数学表达为

$$(\sigma_N)_u = \frac{B_0 f_t}{\sqrt{1 + b/d_0}} \tag{2-39}$$

式中，$(\sigma_N)_u$ 为名义应力；f_t 为材料的抗拉强度；b 为梁的高度；B_0 和 d_0 分别为与断裂能 G_f 和临界断裂过程区长度 c_f 相关的参数，需要通过统计回归分析确定，但是对这两个参数并没有明确的物理解释。

$$B_0 = \frac{1}{f_t}\left[\frac{EG_f}{g'(\alpha_0)c_f}\right]^{1/2} \tag{2-40}$$

$$d_0 = c_f\left[\frac{g'(\alpha_0)}{g(\alpha_0)}\right] \tag{2-41}$$

式中，$\alpha_0 = a_0/b$；$g(\alpha_0) = \left(\dfrac{S}{b}\right)^2 \pi a_0\left[1.5g_1(\alpha_0)\right]^2$；$E$ 为弹性模量。

$g_1(\alpha_0)$ 是与试件梁跨高比有关的几何因子，当 $S/b=4$ 时，

$$g_1(\alpha_0) = \frac{1.99 - \alpha_0(1-\alpha_0)(2.15 - 3.93\alpha_0 + 2.70\alpha_0^{\ 2})}{\sqrt{\pi}(1-\alpha_0)^{3/2}(1+2\alpha_0)} \tag{2-42}$$

对于 $j = 1, 2, \cdots, n$ 个试件的结果，可对数据进行如下定义：

$$\begin{cases} Y_j = \dfrac{1}{(\sigma_N)_{uj}^2} \\ X_j = b_j \end{cases} \tag{2-43}$$

通过线性回归，可以得到 $Y_j = AX_j + C$ 直线的斜率和截距：

$$\begin{cases} A = \dfrac{1}{d_0 B_0^2 f_t^2} \\ C = Ad_0 \end{cases} \tag{2-44}$$

将式(2-40)和式(2-41)代入式(2-44)中，就可以得到断裂能 G_f 和临界断裂过程区长度 c_f：

$$\begin{cases} G_f = \dfrac{g(\alpha_0)}{AE} \\ c_f = \dfrac{g(\alpha_0)}{g'(\alpha_0)}\dfrac{C}{A} \end{cases} \tag{2-45}$$

3. 等效裂缝模型

1)等效裂缝模型简介

应用较广泛的模型是 Karihaloo 和 Nallathambi 的等效裂缝模型[27]以及 Swartz 和 Refai 的等效裂缝模型[28]。对于存在预先裂缝的试件，在断裂过程区发生的各

种能量消耗过程均由等效的能量消耗过程所取代，从而产生一个附加的无牵引裂缝。初始裂缝长度和附加的无牵引裂缝长度之和为等效裂缝长度 a。等效裂缝模型[27]采用临界等效裂缝长度 a_e 表征峰前荷载-挠度 $(P\text{-}\delta)$ 曲线的非线性行为，采用 a_e 和等效裂尖临界应力强度因子，即临界等效断裂韧度 K_{Ic}^e 作为断裂控制参数。1991 年 RILEM 推荐了测定 Karihaloo 和 Nallathambi 的等效裂缝模型 a_e 和 K_{Ic}^e 的标准试验方法[29]。

2）等效裂缝模型参数确定

临界等效裂缝长度 a_e 与临界等效断裂韧度是等效裂缝模型的两个断裂控制参数，其裂缝失稳断裂的判定准则为

$$a = a_e \tag{2-46}$$

$$K_I = K_{Ic}^e \tag{2-47}$$

式中，a 为等效裂缝长度；a_e 为临界等效裂缝长度；K_I 为应力强度因子；K_{Ic}^e 为临界等效断裂韧度。

在荷载-挠度曲线的线弹性段取一点 (P_i, δ_i)，将该点代入式(2-48)就可以求出初始弹性模量 E：

$$E = \frac{P_i}{4t\delta_i}\left(\frac{S}{b}\right)^3\left[1 + \frac{5qS}{8P_i} + \left(\frac{b}{S}\right)^2\left(2.70 + 1.35\frac{qS}{P_i}\right) - 0.84\left(\frac{b}{S}\right)^3\right] + \frac{9P_i}{2t\delta_i}\left(1 + \frac{qS}{2P_i}\right)\left(\frac{S}{b}\right)^2 F_1(\alpha_0) \tag{2-48}$$

式中，E 为初始弹性模量；S、b 和 t 分别为梁的跨度、高度和厚度；q 为梁单位长度的自重。$F_1(\alpha_0)$ 函数如下：

$$F_1(\alpha_0) = \int_0^{\alpha_0} xY(x)^2\,\mathrm{d}x \tag{2-49}$$

式中，$\alpha_0 = a_0/b$；$Y(x)$ 为三点弯曲梁的几何因子，由式(2-50)确定：

$$Y\left(x = \alpha = \frac{a}{b}\right) = 1.93 - 3.07\alpha + 14.53\alpha^2 - 25.11\alpha^3 + 25.80\alpha^4 \tag{2-50}$$

或等于

$$Y\left(x = \alpha = \frac{a}{b}\right) = \frac{1.99 - \alpha(1-\alpha)(2.15 - 3.93\alpha + 2.7\alpha^2)}{(1+2\alpha)(1-\alpha)^{3/2}} \tag{2-51}$$

为了得到 K_{Ic}^e，需要先求出临界等效裂缝长度 a_e。极限荷载 P_c 和与之对应的挠度 δ_c 能够由 a_e 表示如下：

$$\delta_c = \frac{P_c}{4tE}\left(\frac{S}{b}\right)^3\left[1+\frac{5qS}{8P_c}+\left(\frac{b}{S}\right)^2\left(2.70+1.35\frac{qS}{P_c}\right)-0.84\left(\frac{b}{S}\right)^3\right] \tag{2-52}$$
$$+\frac{9P_c}{2tE}\left(1+\frac{qS}{2P_c}\right)\left(\frac{S}{b}\right)^2 F_1(\alpha_e)$$

式中，$\alpha_e = a_e/b$。

将式(2-49)中的 a_0 换成 a_e，函数 $F_1(\alpha_e)$ 变成

$$F_1(\alpha_e) = \int_0^{\alpha_e} xY(x)^2 dx \tag{2-53}$$

将荷载-挠曲曲线的峰值点 (P_c, δ_c) 代入式(2-52)，即可求出 $F_1(\alpha_e)$。再结合式(2-53)，求出积分上限 $\alpha_e = a_e/b$，就可以获得临界等效裂缝长度 a_e。

通过对大量的三点弯曲梁试验结果进行回归分析，Karihaloo 和 Nallathambi[30] 给出了一个经验公式来确定临界等效裂缝长度 a_e：

$$\frac{a_e}{b} = \gamma_1\left[\frac{(\sigma_N)_u}{E}\right]^{\gamma_2}\left(\frac{a_0}{b}\right)^{\gamma_3}\left(1+\frac{d_{max}}{b}\right)^{\gamma_4} \tag{2-54}$$

式中，$(\sigma_N)_u = 6M_{max}/(tb^2)$，$M_{max} = (P_{max}+qS/2)S/4$；$d_{max}$ 为最大骨料粒径。当混凝土最大骨料粒径在 2~20mm，初始缝高比在 0.1~0.6，试件高度在 100~400mm，$\gamma_1 = 0.088\pm0.004$，$\gamma_2 = -0.208\pm0.010$，$\gamma_3 = -0.451\pm0.013$，$\gamma_4 = -1.653\pm0.109$。

得到临界等效裂缝长度 a_e 后，K_{Ic}^e 可以通过式(2-55)计算得到：

$$K_{Ic}^e = 6YM_{max}\sqrt{a_e}/(tb^2) \tag{2-55}$$

几何因子 Y 参见式(2-50)或式(2-51)计算。

式(2-55)可以进一步修正为

$$\overline{K_{Ic}^e} = 0.004697 + 1.137822K_{Ic}^e \tag{2-56}$$

4. 双 K 断裂模型

1) 双 K 断裂模型简介

国内外大量的试验研究表明，混凝土的断裂过程分为三个阶段：裂缝的起裂、

裂缝的稳定扩展和裂缝的失稳扩展。徐世烺和 Reinhardt 提出了以初始断裂韧度和失稳断裂韧度为断裂控制参数的双 K 断裂准则[31-33]。根据裂缝发展过程，断裂的控制参数有两个，分别定义为初始断裂韧度 K_{Ic}^{ini} 和失稳断裂韧度 K_{Ic}^{un}。

用这两个参数可以很好地描述混凝土断裂过程所经历的不同阶段，即

$K < K_{Ic}^{ini}$，裂缝不起裂；

$K = K_{Ic}^{ini}$，裂缝开始稳定扩展；

$K_{Ic}^{ini} < K < K_{Ic}^{un}$，裂缝处于稳定扩展阶段；

$K = K_{Ic}^{un}$，裂缝开始失稳扩展；

$K > K_{Ic}^{un}$，裂缝处于失稳扩展阶段。

在实际应用中，$K = K_{Ic}^{ini}$ 可作为主要结构裂缝扩展的判断准则；$K_{Ic}^{ini} < K < K_{Ic}^{un}$ 可作为主要结构失稳扩展前的安全警报；$K = K_{Ic}^{un}$ 可作为一般结构裂缝失稳扩展的判断准则。2021 年 RILEM 推荐了试验测定双 K 断裂模型参数的标准方法[34]。

此外，从能量层面出发，以应变能释放率为控制参数，徐世烺和 Reinhardt 还提出了双 G 断裂模型，与双 K 断裂模型存在相互等价性。为了描述断裂过程中材料抵抗裂缝扩展能力的变化，徐世烺和 Reinhardt 提出了 K_R 阻力曲线模型和 G_R 阻力曲线模型。其中 K_R 阻力曲线理论认为，在裂缝扩展过程中，裂缝的扩展阻力包含两部分：一个是代表基体性能的断裂韧度，即初始断裂韧度 K_{Ic}^{ini}，表示在基体水平下形成新裂缝需要的能量；另一个是断裂过程区上黏聚应力产生的扩展阻力，它随裂缝长度的变化而变化，与材料的抗拉强度、黏聚应力软化曲线 (σ-w) 及断裂过程区长度有关。

2) 双 K 断裂模型参数确定

初始断裂韧度 K_{Ic}^{ini} 和失稳断裂韧度 K_{Ic}^{un} 是评价混凝土断裂性能的两个重要参数，分别用于判定混凝土的裂缝起裂和失稳扩展，作为双 K 断裂模型的主要参数，K_{Ic}^{ini} 和 K_{Ic}^{un} 确定步骤如下。

(1) 试验测定起裂荷载 P_{ini}；

(2) 通过式 (2-57) 求得弹性模量 E：

$$E = \frac{1}{tc_i}\left[3.70 + 32.60\tan^2\left(\frac{\pi}{2}\frac{a_0 + H_0}{b + H_0} \right) \right] \tag{2-57}$$

式中，c_i 为初始柔度，$c_i = \text{CMOD}_i/P_i$，可从荷载-裂缝口张开位移曲线的线性段测得；H_0 为夹式位移计的刀口厚度；t 为试件厚度；b 为试件高度；a_0 为初始裂缝长度。

(3) 从荷载-裂缝口张开位移曲线上读取 P_{max} 和 CMOD_c，然后通过式 (2-58)

计算临界裂缝长度 a_c：

$$a_c = \frac{2}{\pi}(b + H_0)\arctan\sqrt{\frac{t \cdot E \cdot \text{CMOD}_c}{32.6P_{\max}} - 0.1135} - H_0 \tag{2-58}$$

式中，$P_{\max}$ 为峰值荷载；CMOD_c 为临界裂缝口张开位移。

(4)采用式(2-59)计算得到三点弯曲梁的断裂韧度：

$$K_{\text{Ic}} = \frac{1.5(P + W/2)S}{tb^2}\sqrt{a} \cdot F_1(\alpha) \tag{2-59}$$

式中，W 为梁自重；$F_1(\alpha) = \dfrac{1.99 - \alpha(1-\alpha)\left(2.15 - 3.93\alpha + 2.7\alpha^2\right)}{(1+2\alpha)(1-\alpha)^{3/2}}$。

计算初始断裂韧度 $K_{\text{Ic}}^{\text{ini}}$ 时，$P = P_{\text{ini}}$，$a = a_0$，$\alpha = a_0/b$；计算失稳断裂韧度 $K_{\text{Ic}}^{\text{un}}$ 时，$P = P_{\max}$，$a = a_c$，$\alpha = a_c/b$。

此外，还有一些断裂力学模型，如 Duan-Nakagawa 模型[35,36]。该模型利用复变量和加权积分方法提出，假设裂缝分为两部分：真实裂缝和虚拟裂缝，并建立了裂缝尖端有限应力分布的解析应力函数。裂缝尖端附近的应力奇异性问题通过虚拟过渡区内的积分来解决。Duan-Nakagawa 模型的理论比较明确，然而在工程应用中尚未得到证实，此处不做赘述。

2.4　黏聚裂缝模型本构关系

黏聚裂缝模型(CCM)相比于其他非线性断裂模型，具有以下优点：①两参数断裂模型、尺寸效应模型和等效裂缝模型等断裂模型适用于线弹性断裂力学，只能预测混凝土结构的不稳定断裂，而 CCM 可用于模拟结构的裂缝萌生、裂缝扩展和稳定断裂[37]；②CCM 假设的黏聚裂缝可以在任何地方形成，即使没有预先存在的宏观裂缝，它也能很好地模拟无裂缝结构从起裂到失效的行为；③CCM 适用于准脆性材料的 I 型断裂，即使采用大网格的有限元模型，也可以使用 CCM 分析裂缝的形成和扩展，从而消除网格的敏感性；④CCM 是局部断裂带的物理近似值，它是一个简单的数学过程，并保留了真实的物理过程。CCM 因其概念简单和有限元模型易于实现而被广泛采用，用来模拟准脆性材料的断裂行为。为了在断裂分析中使用 CCM，首先要确定黏聚应力关系。

2.4.1　黏聚裂缝模型假设

根据 CCM，假设整个断裂行为集中在一条直的黏聚裂缝上，裂缝以外的材料处于线弹性变形阶段,即无损材料[38]。黏聚裂缝的前缘是损伤和无损材料的分界点,而黏聚裂缝的尾端则是真实裂缝和黏聚裂缝的分界点。将黏聚应力关系视为一种本构模型,由于黏聚裂缝可以出现在结构的任何位置,而不仅限于初始裂缝尖端之前,因此该模型有较好的适应性,在断裂力学领域得到了广泛的应用[39]。

根据模型假设,增韧机制可通过作用于裂缝表面的黏聚应力进行建模,如图 2-11 所示。

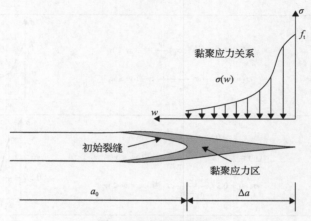

图 2-11 黏聚裂缝模型

a_0-初始裂缝长度;Δa-裂缝扩展长度;w-裂缝张开位移;σ-黏聚应力;f_t-抗拉强度

黏聚应力关系 $\sigma(w)$ 是裂缝张开位移 w 的单调递减函数。在黏聚裂缝尖端($w = 0$)处,黏聚应力 σ 等于材料的抗拉强度 f_t。施加的外荷载倾向于打开裂缝,而黏聚应力倾向于闭合裂缝。假设与抵抗裂缝张开所需的能量相比,创建新裂缝表面所消耗的能量可以忽略不计,因此外荷载产生的所有能量完全由黏聚应力平衡。

对于以 CCM 为断裂特征材料的一般数值模拟,应主要明确以下三个因素[40]。

(1)本构关系,为无损材料的应力-应变关系。

(2)起裂准则,用于确定裂缝形成条件和裂缝形成方向。

(3)黏聚裂缝的演化规律,将黏聚应力与裂缝面之间的相对位移关联起来。

在准脆性材料的数值模拟中,应力-应变关系一般假定为线弹性。裂缝的萌生准则为,最大主应力达到抗拉强度时起裂,裂缝方向垂直于最大主应力方向。对于 I 型断裂,黏聚裂缝的演化规律也称为黏聚应力关系或拉伸软化曲线。

2.4.2 黏聚应力关系的确定

为了利用 CCM 模拟准脆性材料的断裂行为,需要一个特定的黏聚应力关系 $\sigma(w)$。为了从试验结果中逆推黏聚应力关系,通常根据前人的结果来预设曲线的形状,常用的黏聚应力关系形状见表 2-1。

表 2-1　常用的黏聚应力关系形状

类型	黏聚应力关系表达式	形状
线性曲线[17]	$\sigma(w) = f_t\left(1 - \dfrac{w}{w_c}\right)$	
双线性曲线[19,41]	$\sigma(w) = f_t - (f_t - \sigma_1)\dfrac{w}{w_1}$ ，当 $w \leqslant w_1$ $\sigma(w) = \sigma_1 - \sigma_1\dfrac{w - w_1}{w_c - w_1}$ ，当 $w > w_1$	
三线型曲线[42,43]	$\sigma(w) = f_t$ ，当 $w \leqslant w_1$ $\sigma(w) = f_t - 0.7f_t\dfrac{w - w_1}{w_2 - w_1}$ ，当 $w_1 < w \leqslant w_2$ $\sigma(w) = 0.3f_t\dfrac{w_c - w}{w_c - w_2}$ ，当 $w_2 < w \leqslant w_c$	
指数曲线[44]	$\sigma(w) = f_t\exp\left(Aw^B\right)$ 式中，A 和 B 为常数，与混凝土的配比有关	
指数曲线[45,46]	$\sigma(w) = f_t\left[1 + \left(c_1\dfrac{w}{w_c}\right)^3\right]\exp\left(-c_2\dfrac{w}{w_c}\right) - \dfrac{w}{w_c}\left(1 + c_1^3\right)$ $w_c = 5.14\dfrac{G_F}{f_t}$ 式中，c_1 和 c_2 为拟合参数	
指数曲线[47]	$\sigma(w) = 0.4f_t\left(1 - \dfrac{w}{w_c}\right)^{1.5}$	

  Navalurkar 和 Hsu[48]开发了一个用于分析高强混凝土构件断裂的非线性模型。他们发现，黏聚应力关系的形状会影响抗弯强度、断裂过程区的尺寸、峰后的整体荷载-挠度和荷载-裂缝张开位移关系。由于黏聚应力关系的形状会显著影响结构响应的预测[49,50]，因此合理、准确地估计黏聚应力关系和相应参数对于 CCM 的应用至关重要。

  大致来说，确定混凝土材料黏聚应力关系的方法如下。

1. 直接拉伸试验

一些研究人员[44,51-53]通过直接拉伸试验获得混凝土的黏聚应力关系。混凝土试件的直接拉伸试验需要闭环位移控制加载系统，以确保稳定的裂缝扩展，否则试件可能会发生瞬间失效。由于试件应足够大以具有代表性，从两个边缘开始的裂缝轨迹可能偏离直线或出现多个裂缝。对于带缺口试件，从两个缺口尖端起裂的裂缝可能不会沿直线扩展。尽管试验得到了很好的控制，但从直接拉伸试验中获得的应力始终是平均值，这很难用于确定黏聚应力与裂缝张开位移的关系。综上所述，使用直接拉伸试验数据很难获得有效的黏聚应力关系。

2. J 积分法

一些研究人员[54,55]试图直接基于 J 积分提取黏聚应力关系。该方法的理论基础是在断裂过程区周围的轮廓上获得 J 积分，其表达式为

$$J = \int_0^{w_c} \sigma(w)\,\mathrm{d}w \tag{2-60}$$

式中，w 为裂缝张开位移；w_c 特征裂缝张开位移，对应的黏聚应力为 0；$\sigma(w)$ 为黏聚应力关系。

对式(2-60)中的 w 求导得到：

$$\partial J / \partial w = \sigma(w) \tag{2-61}$$

因此，黏聚应力关系能通过 J 积分相对于 w 的变化来获得。J 积分可以通过从两个相同的紧凑拉伸试件的柔度试验中获得荷载-裂缝尖端张开位移曲线下的面积差来计算。两个试件的裂缝长度分别为 a 和 $(a+\Delta a)$。

J 积分法在理论上是可行的；然而，两个相同试件中的材料存在差异，这会导致黏聚应力关系在计算中出现误差。

3. 预设黏聚应力关系形状的反演方法

通常来说，黏聚应力关系可从带缺口试件的断裂试验响应中逆分析确定[56]。在逆分析过程中，将数值模型的计算结果与试验结果进行对比。预先将 $\sigma(w)$ 曲线的形状设定为线性、双线性或指数等，通过与试验结果对比，对 $\sigma(w)$ 曲线的各控制参数进行调整，以及使用试错程序或基于最小二乘法的优化方法[38,57,58]，最终确定最优的 $\sigma(w)$ 曲线。一些研究人员[59]通过优化算法系统，应用逆分析确定黏聚应力关系。为了提高逆分析解的唯一性，一些补充试验被提出，如劈裂拉伸试验获得抗拉强度[60]和三点弯曲试验获取断裂能[61]。

　　为了预测素混凝土的断裂行为，混凝土的拉伸软化曲线多预设为双线性[62,63]，并且多数研究主要致力于确定双线性曲线中的转折点[59,64]。虽然在逆分析中假设一条简单的双线性曲线很方便，但研究发现如果 $\sigma(w)$ 曲线太简单，很难收敛到试验结果的良好解[65]。

4. 无预设黏聚应力关系形状的反演方法

　　基于 CCM，Uchida 等[66]及 Sitsutaka 等[67]开发了一种基于多段线近似确定拉伸软化曲线的方法，并用于评估不同材料的断裂性能[68,69]。采用多线性近似来确定混凝土材料的拉伸软化曲线，并且使用混合优化算法只需要三个未知参数[70]。同样地，可以通过将试件的数值结果与试验结果相匹配来确定黏聚应力关系。

　　基于多段线近似分析模型得到的拉伸软化曲线比基于双线性模型得到的拉伸软化曲线能更好地模拟混凝土的断裂响应[65]。然而，多段线近似分析模型假设拉伸软化曲线的起始部分为理想塑性，无法提供抗拉强度和曲线初始部分的准确估计[66,71]。此外，以前的研究只比较了试件的整体响应，而未检查裂缝尖端附近的局部变形，因此逆分析中的不适定问题相当严重。

2.4.3　逐点位移配合法

　　本书第 6 章将介绍一种逐点构建拉伸软化曲线的方法，即逐点位移配合法（incremental displacement collocation method, IDCM）[72]。在每个分析步骤中，先预设拉伸软化曲线的控制黏聚应力，结合实测的裂缝张开位移（crack opening displacement, COD），计算黏聚裂缝区域的应力分布。将计算的黏聚应力分布施加到有限元模型的断裂过程区的节点上，在已知外荷载和边界条件下，可以模拟试件的断裂行为。通过对比试验结果与有限元模拟结果，对预设的黏聚应力进行相应调整，逐点确定黏聚应力，最终构建出完整的拉伸软化曲线。

　　逐点位移配合过程中考虑了试件的整体和局部变形，此外，在计算黏聚应力时使用了实测的 COD。上述两种考量作为逆分析过程中附加的边界条件，大大减少了逆分析中的不适定情况，使得混凝土黏聚应力关系的评估更为可靠。

参 考 文 献

[1] Sanford R J. Principles of fracture mechanics. Prentice Hall: Upper Saddle River, 2003.

[2] Inglis C E. Stresses in a plate due to the presence of cracks and sharp corners. Transactions of the Institution of Naval Architects, 1913, 55: 219-241.

[3] Bažant Z P, Planas J. Fracture and Size Effect in Concrete and other Quasibrittle Materials. Boca Raton: CRC Press, 1998.

[4] American Concrete Insitute. ACI Report 446.1R-91: Fracture mechanics of concrete: Concepts, models and determination of material properties. American Concrete Insitute, Michigan. 1991.

[5] Irwin G R. Analysis of stresses and strains near the end of a crack traversing a plate. Journal of Applied Mechanics, 1957, 24: 361-364.

[6] Griffith A A. The phenomena of rupture and flow in solids. Philosophical Transactions of the Royal Society of London, 1921, A 221: 163-198.

[7] Tada H, Paris P, Irwin G R. The stress analysis of cracks handbook. New York: The American Society of Mechanical Engineers, 1985.

[8] Murakami Y. Stress intensity factors handbook. New York: Pergamon, 1987.

[9] Gettu R, Bazant Z P, Karr M E. Fracture properties and brittleness of high-strength concrete. ACI Materials Journal, 1990, 87(6): 608-618.

[10] Rice J R. A path independent integral and the approximate analysis of stress concentration by notches and cracks. ASME Journal of Applied Mechanics, 1968, 35: 379-386.

[11] Krafft J M, Sullivan A M, Boyle R W. Effect of dimensions on fast fracture instability of notched sheets. Proceedings of Cranfield Crack Propagation Symposium, 1961, 1: 8-28.

[12] Ouyang C, Shah S P. Geometry-dependent R-curve for quasi-brittle materials. Journal of the American Ceramic Society, 1991, 74(11): 2831-2836.

[13] Bazant Z P, Kazemi M T. Determination of fracture energy, process zone length and brittleness number from size effect, with application to rock and concrete. International Journal of Fracture, 1990, 44(2): 111-131.

[14] Shah S P, Swartz S E, Ouyang C. Fracture mechanics of concrete: Applications of fracture mechanics to concrete, rock and other quasi-brittle materials. New York: John Wiley & Sons, Inc., 1995.

[15] Dugdale D S. Yielding of steel sheets containing slits. Journal of the Mechanics and Physics of Solids, 1960, 8(2): 100-104.

[16] Barenblatt G I. The mathematical theory of equilibrium cracks in brittle fracture. Advances in Applied Mechanics, 1962, 7: 55-129.

[17] Hillerborg A, Modéer M, Petersson P E. Analysis of crack formation and crack growth in concrete by means of fracture mechanics and finite elements. Cement and Concrete Research, 1976, 6(6): 773-781.

[18] RILEM. TC 50-FMC fracture mechanics of concrete, determination of the fracture energy of mortar and concrete by means of three-point bend tests on notched beams. Materials and Structures, 1985, 18(4): 287-290.

[19] Petersson P E. Crack growth and development of fracture zones in plain concrete and similar materials report No TVBM 1006. Lund: Lund University, 1981.

[20] 钱觉时, 范英儒, 袁江. 三点弯曲法测定砼断裂能的尺寸效应. 重庆建筑大学学报, 1995(2): 1-8.

[21] 钱觉时. 论测定断裂能的三点弯曲法. 混凝土与水泥制品, 1996(6): 20-23.

[22] Bažant Z P, Oh B H. Crack band theory for fracture of concrete. Materials and Structures, 1983, 16(3): 155-177.

[23] Jenq Y S, Shah S P. Two parameter fracture model for concrete. Journal of Engineering Mechanics, 1985, 111(10): 1227-1241.

[24] RILEM. TC 89-FMT fracture mechanics of concrete, determination of fracture parameters (K_{Ic}^s and $CTOD_c$) of plain concrete using three-point bend tests. Materials and Structures, 1990, 23(6): 457-460.

[25] Bažant Z P. Size Effect in blunt fracture-concrete, rock, metal. Journal of Engineering Mechanics-Asce, 1984, 110(4): 518-535.

[26] RILEM. TC 89-FMT fracture mechanics of concrete, size-effect method for determining fracture energy andprocess zone size of concrete. Materials and Structures, 1990, 23: 461-465.

[27] Karihaloo B L, Nallathambi P. An improved effective crack model for the determination of fracture-toughness of concrete. Cement and Concrete Research, 1989, 19(4): 603-610.

[28] Swartz S E, Refai T M E. Influence of size effects on opening mode fracture parameters for precracked concrete beams in bending// Fracture of Concrete and Rock, 1988: 243-254.

[29] Karihaloo B L, Nallathambi P. Notched beam test: mode I fracture toughness// Shah S P, Carpineteri A. RILEM Report 5, Fracture Mechanics Test Methods for Concrete, 1991: 1-86.

[30] Karihaloo B L, Nallathambi P. Fracture toughness of plain concrete from three-point bend specimens. Materials and Structures, 1989, 22(3): 185-193.

[31] Xu S L, Reinhardt H W. Determination of double-K criterion for crack propagation in quasi-brittle fracture, Part I : Experimental investigation of crack propagation. International Journal of Fracture, 1999, 98(2): 111-149.

[32] Xu S L, Reinhardt H W. Determination of double-K criterion for crack propagation in quasi-brittle fracture, Part II : Analytical evaluating and practical measuring methods for three-point bending notched beams. International Journal of Fracture, 1999, 98(2): 151-177.

[33] Xu S L, Reinhardt H W. Determination of double-K criterion for crack propagation in quasi-brittle fracture, Part III : Compact tension specimens and wedge splitting specimens. International Journal of Fracture, 1999, 98(2): 179-193.

[34] Xu S L, Li Q H, Wu Y, et al. RILEM Standard: testing methods for determination of the double-K criterion for crack propagation in concrete using wedge-splitting tests and three-point bending beam tests, recommendation of RILEM TC265-TDK. Materials and Structures, 2021, 54(6): 1-11.

[35] Duan S J, Nakagawa K. Stress functions with finite stress-concentration at the crack tips for a central cracked panel. Engineering Fracture Mechanics, 1988, 29(5): 517-526.

[36] Duan S J, Nakagawa K. A mathematical approach of fracture macromechanics for strain-softening material. Engineering Fracture Mechanics, 1989, 34(5-6): 1175-1182.

[37] Kumar S, Barai S V. Concrete fracture models and applications. Heidelberg: Springer, 2011.

[38] Elices M, Rocco C, Rosello C. Cohesive crack modelling of a simple concrete: experimental and numerical results. Engineering Fracture Mechanics, 2009, 76(10): 1398-1410.

[39] Planas J, Elices M, Guinea G V, et al. Generalizations and specializations of cohesive crack models. Engineering Fracture Mechanics, 2003, 70(14): 1759-1776.

[40] Elices M, Planas J. Material Models// Elfgren L. Fracture mechanics of concrete structures: from theory to applications. London: Chapman and Hall, 1989: 16-66.

[41] Roelfstra P E, Wittmann F H. Numerical method to link strain softening with failure of concrete// Wittmann F H. Fracture Toughness and Fracture Energy of Concrete. Amsterdam: Elsevier Science, 1986: 163-175.

[42] Cho K Z, Kobayashi A S, Hawkins N M, et al. Fracture process zone of concrete cracks. Journal of Engineering Mechanics-Asce, 1984, 110(8): 1174-1184.

[43] Liaw B M, Jeang F L, Du J J, et al. Improved nonlinear model for concrete fracture. Journal of Engineering Mechanics-Asce, 1990, 116(2): 429-445.

[44] Gopalaratnam V S, Shah S P. Softening response of plain concrete in direct tension. Journal of the American Concrete Institute, 1985, 82(3): 310-323.

[45] Hordijk D A. Local approach to fatigue of concrete. Delft: Delft University of Technology, 1991.

[46] Reinhardt H W, Cornelissen H A W, Hordijk D A. Tensile tests and failure analysis of concrete. Journal of Structural Engineering-Asce, 1986, 112(11): 2462-2477.

[47] Du J, Yon J H, Hawkins N M, et al. Fracture process zone for concrete for dynamic loading. ACI Materials Journal, 1992, 89(3): 252-258.

[48] Navalurkar R K, Hsu C T T. Fracture analysis of high strength concrete members. Journal of Materials in Civil Engineering, 2001, 13(3): 185-193.

[49] Alvaredo A M, Torrent R J. The effect of the shape of the strain-softening diagram on the bearing capacity of concrete beams. Materials and Structures 1987, 20(6): 448-454.

[50] Song S H, Paulino G H, Buttlar W G. Influence of the cohesive zone model shape parameter on asphalt concrete fracture behavior. AIP Conference Proceedings, 2008, 973(1): 730-735.

[51] Cornelissen H A W, Hordijk D A, Reinhardt H W. Experimental determination of crack softening characteristics of normalweight and lightweight concrete. Heron, 1986, 31(2): 45-56.

[52] Wang Y J, Li V C, Backer S. Experimental determination of tensile behavior of fiber reinforced concrete. ACI Materials Journal, 1990, 87(5): 461-468.

[53] Reinhardt H W. Crack softening zone in plain concrete under static loading. Cement and Concrete Research, 1985, 15(1): 42-52.

[54] Li V C. Fracture resistance parameters for cementitious materials and their experimental determinations//Shah S P. Application of fracture mechanics to cementitious composites. Dordrecht: Springer, 1985: 431-449.

[55] Li V C, Maalej M, Hashida T. Experimental determination of the stress-crack opening relation in fiber cementitious composites with a crack-tip singularity. Journal of Materials Science, 1994, 29(10): 2719-2724.

[56] 赵志方, 王刚, 周厚贵, 等. 混凝土拉伸软化曲线确定方法的对比研究. 浙江工业大学学报, 2015(4): 455-459.

[57] Abdalla H M, Karihaloo B L. A method for constructing the bilinear tension softening diagram of concrete corresponding to its true fracture energy. Magazine of Concrete Research, 2004, 56(10): 597-604.

[58] Kwon S H, Zhao Z, Shah S P. Effect of specimen size on fracture energy and softening curve of concrete: Part II. Inverse analysis and softening curve. Cement and Concrete Research, 2008, 38(8-9): 1061-1069.

[59] Guinea G V, Planas J, Elices M. A general bilinear fit for the softening curve of concrete. Materials and Structures, 1994, 27(166): 99-105.

[60] Planas J, Guinea G V, Elices M. Size effect and inverse analysis in concrete fracture. International Journal of Fracture, 1999, 95(1-4): 367-378.

[61] Karihaloo B L, Abdalla H M, Imjai T. A simple method for determining the true specific fracture energy of concrete. Magazine of Concrete Research, 2003, 55(5): 471-481.

[62] Wittmann F H, Rokugo K, Brühwiler E, et al. Fracture energy and strain softening of concrete as determined by means of compact tension specimens. Materials and Structures, 1988, 21(1): 21-32.

[63] Roesler J, Paulino G H, Park K, et al. Concrete fracture prediction using bilinear softening. Cement & Concrete Composites, 2007, 29(4): 300-312.

[64] Park K, Paulino G H, Roesler J R. Determination of the kink point in the bilinear softening model for concrete. Engineering Fracture Mechanics, 2008, 75(13): 3806-3818.

[65] Löfgren I, Stang H, Olesen J F. Fracture properties of FRC determined through Inverse analysis of wedge splitting and three-point bending tests. Journal of Advanced Concrete Technology, 2005, 3(3): 423-434.

[66] Uchida Y, Kurihara N, Rokugo K, et al. Determination of tension softening diagrams of various kinds of concrete by means of numerical analysis// Wittmann F H. Fracture mechanics of concrete structures. Freiburg: Aedificatio, 1995: 17-30.

[67] Sitsutaka Y, Kamimura K, Nakamura S. Evaluation of aggregate properties on tension softening behavior of high-strength concrete. ACI Special Publication, 1994, SP149-40: 711-728.

[68] Kunieda M, Kurihara N, Uchida Y, et al. Application of tension softening diagrams to evaluation of bond properties at concrete interfaces. Engineering Fracture Mechanics, 2000, 65(2-3): 299-315.

[69] Kurihara N, Kunieda M, Kamada T, et al. Tension softening diagrams and evaluation of properties of steel fiber reinforced concrete. Engineering Fracture Mechanics, 2000, 65(2-3): 235-245.

[70] Hannawald J. Determining the tensile softening diagram of concrete-like materials using hybrid optimization. Measuring, Monitoring and Modeling Concrete Properties, 2006: 179-187.

[71] Uchida Y, Barr B I G. Tension softening curves of concrete determined from different test specimen geometries// Mihashi H, Rokugo K. Fracture mechanics of concrete structures, volume 1. Freiburg: Aedificatio, 1998: 387-398.

[72] Su R, Chen H, Kwan A. Incremental displacement collocation method for the evaluation of tension softening curve of mortar. Engineering Fracture Mechanics, 2012, 88(1): 49-62.

第3章 混凝土断裂力学特性试验研究

为了采用非线性断裂力学模型分析混凝土的断裂性能，通过试验方法确定混凝土的断裂参数很有必要。RILEM 自 1985 年以来，先后推荐不同的标准试验方法确定混凝土的断裂参数，主要为基于 Hillerborg 的虚拟裂缝模型[1]、Jenq 和 Shah 的两参数断裂模型[2]，Bažant 的尺寸效应模型[3]，以及我国学者徐世烺院士提出的双 K 断裂模型[4]。

3.1 混凝土 I 型断裂试验方法

目前常用的混凝土断裂参数测定方法主要有直接拉伸试验、楔入劈拉试验、紧凑拉伸试验[5]和三点弯曲试验，各种试验方法如图 3-1 所示。根据我国《水工混凝土断裂试验规程》（DL/T 5332—2005）[6]，水工混凝土的断裂韧度可以通过楔入劈拉试验和三点弯曲试验确定，而 RILEM 则推荐采用三点弯曲试验。

3.1.1 直接拉伸试验

直接拉伸试验和紧凑拉伸试验，最初用于测试金属材料的断裂参数，近年来也应用于混凝土断裂力学研究。由于直接拉伸试件安装不方便、对中较难、试件偏转等原因，目前在混凝土断裂力学研究中较少采用。

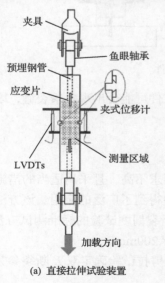

(a) 直接拉伸试验装置

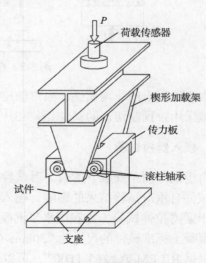

(b) 楔入劈拉试验装置

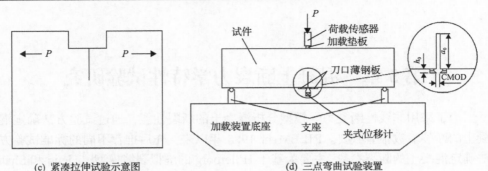

(c) 紧凑拉伸试验示意图　　　　　　　(d) 三点弯曲试验装置

图 3-1　各种试验方法试验装置示意图

LVDTs-位移传感器；P-荷载；h_0-夹式位移计的刀口厚度；a_0-初始裂缝长度；CMOD-裂缝口张开位移

直接拉伸试验需要刚度很大或采用位移控制的试验机，以保证黏聚区的稳定扩展。此外，试件尺寸还应足够大，能包含具有代表性的足够数量的骨料，但这会造成黏聚区偏离直线方向非对称发展，保证不了试验效果。拉伸试验中，为保证试件夹紧、对中和轴心受力，除了将试件制成特定的形状，还需要加工特制的夹具，如图 3-2 所示。

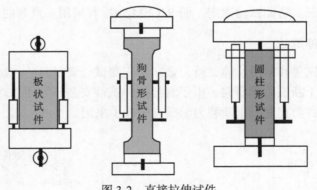

图 3-2　直接拉伸试件

由于混凝土的非均质性，当单轴拉伸时，试件可能会出现多条裂缝，因而多数文献采用带预制切口的试件(图 3-3)[7]。

3.1.2　楔入劈拉试验

由于试件便于安装、加载，对试验机刚度要求不高，且采用适当的措施能够消除试件自重对试验结果的影响，楔入劈拉试验得到了广泛的应用。该方法原理类似于紧凑拉伸试验，为我国水工混凝土 I 型断裂韧度试验的标准测试方法[6]。水工混凝土标准试件的尺寸为 230mm×200mm×200mm。

根据 RILEM TC 265-TDK[4]，可以采用楔入劈拉试验确定双 K 断裂参数。试件的尺寸与最大骨料粒径 d_{max} 相关，而 d_{max} 可以通过筛分法确定：当通过某一筛孔尺寸的骨料质量超过 95%时，这个筛孔尺寸就是 d_{max}。根据骨料粒径大小，试件尺寸示意图如图 3-4 所示，楔入劈拉试件的推荐尺寸见表 3-1。

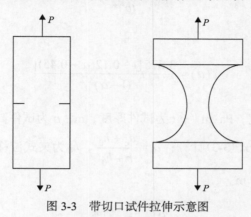

图 3-3　带切口试件拉伸示意图

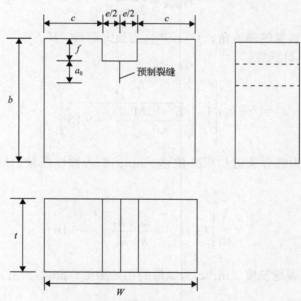

图 3-4　楔入劈拉试件尺寸

b-试件高度；W-试件宽度；t-试件厚度；a_0-初始裂缝长度；f-槽口深度；e-槽口宽度；c-试件宽度减去槽口宽度的一半

表 3-1　楔入劈拉试件的推荐尺寸

d_{max}/mm	b/mm	W/mm	t/mm	f/mm	e/mm	a_0/mm
0~5	200±2	200±2	200±2	40±1	50±1	80±2
5.1~10	300±2	300±2	200±2	60±1	50±1	120±2
10.1~40	450±2	450±2	200±2	90±1	50±1	180±2

混凝土材料失稳断裂韧度 $K_{\mathrm{Ic}}^{\mathrm{un}}$ 按式(3-1)计算:

$$K_{\mathrm{Ic}}^{\mathrm{un}} = \frac{P_{\mathrm{Hmax}}}{tb^{1/2}} f(\alpha) \tag{3-1}$$

式中,

$$f(\alpha) = \frac{3.675\left[1 - 0.12(\alpha - 0.45)\right]}{(1 - \alpha)^{3/2}} \tag{3-2}$$

$K_{\mathrm{Ic}}^{\mathrm{un}}$ 为失稳断裂韧度, $\mathrm{Pa \cdot m^{1/2}}$; t 为试件厚度, m; b 为试件高度, m; P_{Hmax} 为最大水平荷载, N, 按式(3-3)计算; $\alpha = \dfrac{a_c + h_0}{b + h_0}$, h_0 为夹式位移计的刀口厚度, m, a_c 为临界裂缝长度, m。

$$P_{\mathrm{Hmax}} = \frac{P_{\mathrm{max}}}{2\tan\theta} \tag{3-3}$$

式中, θ 为楔入装置的楔入角, (°); P_{max} 为最大荷载, N。

a_c 应按式(3-4)计算:

$$a_c = (b + h_0)\left[1 - \left(\frac{13.18}{\dfrac{E \cdot t \cdot \mathrm{CMOD_c}}{P_{\mathrm{Hmax}}} + 9.16}\right)^{1/2}\right] - h_0 \tag{3-4}$$

式中, $\mathrm{CMOD_c}$ 为临界裂缝口张开位移, μm; E 为弹性模量, MPa, 按式(3-5)计算:

$$E = \frac{1}{tc_i}\left[13.18\left(1 - \frac{a_0 + h_0}{b + h_0}\right)^{-2} - 9.16\right] \tag{3-5}$$

式中, a_0 为初始裂缝长度, m; c_i 为试件的初始柔度, μm/N, 由式(3-6)计算:

$$c_i = \frac{\mathrm{CMOD}_i}{P_{\mathrm{H}i}} \tag{3-6}$$

式中, CMOD_i 为试件 P-CMOD 曲线线性段任一点的位移, μm; $P_{\mathrm{H}i}$ 根据式(3-7)得到:

$$P_{\mathrm{H}i} = \frac{P_i}{2\tan\theta} \tag{3-7}$$

式中，P_i 为试件 P-CMOD 曲线上与 CMOD$_i$ 对应的荷载，N。

初始断裂韧度 $K_{\mathrm{Ic}}^{\mathrm{ini}}$ 应按式(3-8)计算：

$$K_{\mathrm{Ic}}^{\mathrm{ini}} = \frac{P_{\mathrm{Hini}}}{tb^{1/2}} f(\alpha) \tag{3-8}$$

式中，$K_{\mathrm{Ic}}^{\mathrm{ini}}$ 为初始断裂韧度，Pa·m$^{1/2}$；P_{Hini} 为起裂水平荷载，N，按式(3-9)计算：

$$P_{\mathrm{Hini}} = \frac{P_{\mathrm{ini}}}{2\tan\theta} \tag{3-9}$$

式中，P_{ini} 为起裂荷载，N。

对于楔入装置不与加载装置固定的情况，最大水平荷载由式(3-10)计算：

$$P_{\mathrm{Hmax}} = \frac{P_{\max} + mg}{2\tan\theta} \tag{3-10}$$

式中，$P_{\max}$ 为最大荷载，N；m 为楔入装置质量，kg；g 为重力加速度，取 9.8m/s^2。

临界裂缝长度 a_{c} 由式(3-11)计算：

$$a_{\mathrm{c}} = (b + h_0)\left[1 - \left(\frac{13.18}{\dfrac{E \cdot t \cdot \mathrm{CMOD}_{\mathrm{d}}}{P_{\mathrm{Hmax}}} + 9.16}\right)^{1/2}\right] - h_0 \tag{3-11}$$

式中，CMOD$_{\mathrm{d}}$ 为考虑楔入装置质量影响的裂缝口张开位移临界值，μm，按式(3-12)计算：

$$\mathrm{CMOD}_{\mathrm{d}} = \mathrm{CMOD}_{\mathrm{c}} + \frac{mgc_i}{2\tan\theta} \tag{3-12}$$

式中，CMOD$_{\mathrm{c}}$ 为临界裂缝口张开位移，μm。

对于楔入装置不与加载装置固定的情况，起裂水平荷载 P_{Hini} 由式(3-13)计算：

$$P_{\mathrm{Hini}} = \frac{P_{\mathrm{ini}} + mg}{2\tan\theta} \tag{3-13}$$

3.1.3 三点弯曲试验

三点弯曲试验是应用最广泛的混凝土 I 型断裂测试方法。相比于直接拉伸试验，三点弯曲试验对试验设备和试件本身的要求都大为降低，对断裂能和断裂韧度均有明确的计算公式。试验时，为保证测得断裂全过程的荷载-变形曲线，需要保持试验过程的稳定，因此要求试验机有一定的刚度。同时，为了减少测量误差，避开试验机支座、压头等部位变形的影响，试验时应直接测量三点弯曲梁试件的挠度。

1. 基于虚拟裂缝模型的 G_F 测试方法

Hillerborg[8]提出的虚拟裂缝模型包含三个断裂参数：材料的断裂能 G_F、抗拉强度 f_t 和特征裂缝张开位移 w_c。根据 RILEM TC 50-FMC[1]，混凝土的断裂能 G_F 可以通过三点弯曲试验获得。根据建议，试件梁的尺寸与混凝土的最大骨料粒径（d_{max}）须满足一定的关系，详细见表 3-2。

表 3-2　确定 G_F 的试件梁的建议尺寸

最大骨料粒径(d_{max})/mm	高度(b)/mm	厚度(t)/mm	长度(L)/mm	跨度(S)/mm
1.0~16	100±5	100±5	840±10	800±5
16.1~32	200±5	100±5	1190±10	1130±5
32.1~48	300±5	150±5	1450±10	1385±5
48.1~64	400±5	200±5	1640±10	1600±5

该方法假设能量消耗仅发生在断裂过程区，而断裂过程区以外的材料处于理想弹性变形阶段。当试件的大部分区域应力较低，无明显缺陷或者局部应力集中区时，该假设基本成立。

单位面积上的断裂能由式(2-21)计算：

$$G_F = \frac{W_t}{(b-a_0)t} = \frac{W_0 + 2P_w\delta_0}{(b-a_0)t}$$

式中，W_t 为考虑梁自重的荷载-挠度曲线所包围的面积；W_0 为荷载-挠度曲线包围的面积，如图 3-5(b)所示，可近似地取 $W_1 = W_2 = P_w\delta_0$；b、t 和 a_0 分别为梁的高度、梁的厚度和初始裂缝长度。

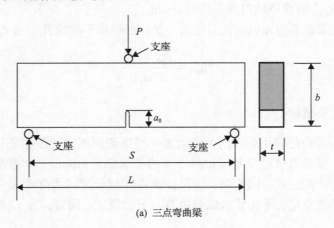

(a) 三点弯曲梁

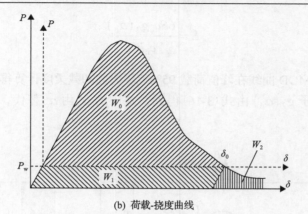

(b) 荷载-挠度曲线

图 3-5　三点弯曲试验确定断裂能

P-荷载；a_0-初始裂缝长度；b-梁的高度；t-梁的厚度；S-梁的跨度；L-梁的长度；P_w-由梁自重等价得到的附加集中荷载；δ_0-荷载挠度曲线上与 P_w 对应的挠度；W_0、W_1、W_2-各阴影区域的面积

2. 基于两参数断裂模型确定 K_{Ic}^s 和 CTOD$_c$

Jenq 和 Shah[9]提出的两参数断裂模型包含两个断裂参数：断裂韧度 K_{Ic}^s 和临界裂缝尖端张开位移 CTOD$_c$。根据 RILEM TC 89-FMT[2]，以上两个参数可以通过三点弯曲试验获得。根据建议，试件梁的尺寸与最大骨料粒径相关，且试件梁的跨度与高度之比（跨高比）取 4，初始缝高比取 1/3。

试验中，为了得到稳定的裂缝扩展，采用闭合回路的压力机及位移控制加载。使用夹式位移计测量裂缝口张开位移 CMOD，并采用 CMOD 作为控制位移，保持一定的加载速率使得梁在约 5min 时达到峰值。先使用单调加载方式直到峰值荷载，过了峰值荷载后，当荷载在峰值荷载 95% 范围内时开始卸载。

弹性模量 E 由式(3-14)计算：

$$E = \frac{6Sa_0 g_2(\alpha_0)}{c_i b^2 t} \tag{3-14}$$

几何因子 $g_2(\alpha_0)$ 由式(3-15)计算：

$$g_2(\alpha_0) = 0.76 - 2.28\alpha_0 + 3.87\alpha_0^2 - 2.04\alpha_0^3 + \frac{0.66}{(1-\alpha_0)^2} \tag{3-15}$$

式中，$\alpha_0 = (a_0 + h_0)/(b + h_0)$；S、$a_0$、$h_0$、b 和 t 的定义如图 3-6 (a) 所示。

基于线弹性断裂力学，临界裂缝长度 a_c 可以由峰值荷载 95% 范围内的卸载柔度 c_u 定义，因此，弹性模量 E 可由式(3-16)计算：

$$E = \frac{6Sa_c g_2(\alpha_c)}{c_u b^2 t} \tag{3-16}$$

式中，c_u 由 P-CMOD 曲线在峰值荷载 95%范围内的卸载柔度计算得到，如图 3-6(b)
所示；几何因子 $g_2(\alpha_c)$ 由式 (3-16) 得到，式中的 α_0 由 α_c 替代，即 $\alpha_c = (a_c + h_0)/(b + h_0)$。

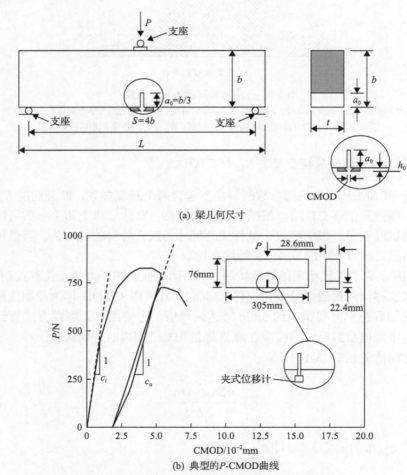

(a) 梁几何尺寸

(b) 典型的P-CMOD曲线

图 3-6 三点弯曲试验确定两参数断裂模型参数[2]

h_0-夹式位移计的刀口厚度；c_i-通过 P-CMOD 曲线计算得到的初始柔度；

c_u-P-CMOD 曲线在峰值荷载 95%范围内的卸载柔度

通过联立式 (3-14) 和式 (3-16)，可以得到试件梁的临界裂缝长度 a_c，计算公
式如下：

$$a_{\mathrm{c}} = a_0 \frac{c_{\mathrm{u}}}{c_i} \frac{g_2(\alpha_0)}{g_2(\alpha_{\mathrm{c}})} \tag{3-17}$$

然后利用式(3-19)计算得到断裂韧度：

$$K_{\mathrm{Ic}}^{\mathrm{s}} = 3(P_{\mathrm{c}} + 0.5W_{\mathrm{h}}) \frac{S\sqrt{\pi a_{\mathrm{c}}}\, g_1(a_{\mathrm{c}}/b)}{2b^2 t} \tag{3-18}$$

式中，P_{c} 为峰值荷载；$W_{\mathrm{h}} = W_{\mathrm{h}0}S/L$，$W_{\mathrm{h}0}$ 为梁的自重；$g_1(a_{\mathrm{c}}/b)$ 按式(3-19)计算：

$$g_1\left(\frac{a_{\mathrm{c}}}{b}\right) = \frac{1.99 - (a_{\mathrm{c}}/b)(1 - a_{\mathrm{c}}/b)\left[2.15 - 3.93a_{\mathrm{c}}/b + 2.70(a_{\mathrm{c}}/b)^2\right]}{\sqrt{\pi}(1 + 2a_{\mathrm{c}}/b)(1 - a_{\mathrm{c}}/b)^{3/2}} \tag{3-19}$$

临界裂缝尖端张开位移通过式(3-20)计算：

$$\mathrm{CTOD}_{\mathrm{c}} = \frac{6(P_{\mathrm{c}} + 0.5W_{\mathrm{h}})Sa_{\mathrm{c}}g_2(a_{\mathrm{c}}/b)}{Eb^2 t} \cdot \left[(1 - \beta_0)^2 + \left(1.081 - 1.149\frac{a_{\mathrm{c}}}{b}\right)(\beta_0 - \beta_0^2)\right]^{1/2} \tag{3-20}$$

式中，$\beta_0 = a_0/a_{\mathrm{c}}$；$g_2(a_{\mathrm{c}}/b)$ 根据式(3-16)计算，但 α_0 应该替换为 a_{c}/b。

3. 基于尺寸效应模型确定 G_{f} 和 c_{f}

根据 RILEM TC 89-FMT[3]，尺寸效应模型的断裂参数 G_{f} 和 c_{f} 可以通过一系列具有几何尺寸相似性的三点弯曲试验获得。试件梁的跨高比不小于 2.5，其尺寸如图 3-7 所示。初始切缝高度与梁高之比在 0.15～0.5，切缝宽度不应大于 0.5 倍最大骨料粒径 $d_{\max}$，梁的厚度 t 和高度 b 不应小于 $3d_{\max}$。

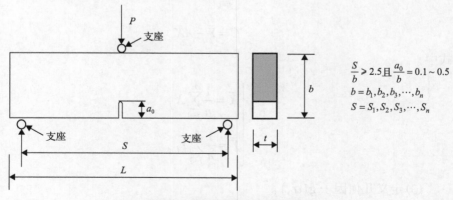

图 3-7　几何相似试件三点弯曲试验确定 G_{f}

　　试验应至少测试三组几何尺寸相似的试件，试件梁的高度 $b = b_1, b_2, b_3, \cdots, b_n$，跨度 $S = S_1, S_2, S_3, \cdots, S_n$，如图 3-7 所示。最小的试件高度 b_1 不应大于 $d_{\max}$，最大的试件高度 b_n 不应小于 $10d_{\max}$。b_n 与 b_1 之比不应小于 4，且每组至少测试三个试件，所有试件的 S/b、a_0/b 和 L/b 应该保持一致，而梁的厚度可以保持不变。加载过程宜采用位移控制加载，大约在 5min 时到达峰值荷载。

　　试验之后，G_f 的计算步骤如下。

　　(1) 首先考虑梁自重的影响，对施加的荷载 P_1^0，P_2^0，$\cdots$，P_n^0 进行校正，公式如下：

$$P_j^0 = P_j + \frac{2S_j - L_j}{2S_j} g m_j \quad (j = 1, 2, \cdots, n) \tag{3-21}$$

式中，P_j 为压力机对试件 j 施加的荷载，N；S_j 为试件 j 的跨度，m；L_j 为试件 j 的长度，m；m_j 为试件 j 的质量，kg；g 为重力加速度，取 9.8m/s^2；n 为几何相似的试件数。

　　(2) 定义 Y_j 和 X_j 如下：

$$\begin{cases} Y_j = \left(\dfrac{b_j t}{P_j^0} \right)^2 \\ X_j = b_j \end{cases} \tag{3-22}$$

对于 $j = 1, 2, \cdots, n$，利用线性回归分析可以画出 $Y_j = AX_j + C$。斜率 A 和截距 C 为

$$A = \frac{\sum\limits_{j=1}^{n} (X_j - \bar{X})(Y_j - \bar{Y})}{\sum\limits_{j=1}^{n} (X_j - \bar{X})^2} \tag{3-23}$$

$$C = \bar{Y} - A\bar{X} \tag{3-24}$$

式中，

$$\begin{cases} \bar{X} = \dfrac{1}{n} \sum\limits_{j=1}^{n} X_j \\ \bar{Y} = \dfrac{1}{n} \sum\limits_{j=1}^{n} Y_j \end{cases} \tag{3-25}$$

　　(3) 定义几何因子 $g(\alpha_0)$。

　　几何因子 $g(\alpha_0)$ 由式 (3-26) 计算：

$$g(\alpha_0) = \left(\frac{S}{b}\right)^2 \pi\alpha_0 \left[1.5g_1(\alpha_0)\right]^2 \tag{3-26}$$

式中，$\alpha_0 = a_0/b$；$g_1(\alpha_0)$ 根据 S/b 值确定，具体如下。

当 $S/b=2.5$ 时，

$$g_1(\alpha_0) = \frac{1.0 - 2.5\alpha_0 + 4.49\alpha_0^2 - 3.98\alpha_0^3 + 1.33\alpha_0^4}{(1-\alpha_0)^{3/2}} \tag{3-27}$$

当 $S/b=4$ 时，

$$g_1(\alpha_0) = \frac{1.99 - \alpha_0(1-\alpha_0)(2.15 - 3.93\alpha_0 + 2.70\alpha_0^2)}{\sqrt{\pi}(1+2\alpha_0)(1-\alpha_0)^{3/2}} \tag{3-28}$$

当 $S/b=8$ 时，

$$g_1(\alpha_0) = 1.11 - 1.552\alpha_0 + 7.71\alpha_0^2 - 13.55\alpha_0^3 + 14.25\alpha_0^4 \tag{3-29}$$

对于其他的跨高比 S/b，$g_1(\alpha_0)$ 可以采用线性插值确定。

材料的断裂能 G_f 可以通过式(3-30)确定：

$$G_f = \frac{g(\alpha_0)}{EA} \tag{3-30}$$

对于一个无限大的试件，其断裂过程区长度 c_f 可以通过式(3-31)确定：

$$c_f = \frac{g(\alpha_0)}{g'(\alpha_0)}\left(\frac{C}{A}\right) \tag{3-31}$$

式中，$g'(\alpha_0)$ 为 $g(a/b)$ 函数对 a/b 的一阶导数，并取 $a = a_0$ 时的值。

为了验证线性回归的有效性，需要计算试验数据的统计参数：

$$\begin{cases} s_X^2 = \dfrac{1}{n-1}\sum_{j=1}^{n}\left(X_j - \overline{X}\right)^2 \\[3mm] s_Y^2 = \dfrac{1}{n-1}\sum_{j=1}^{n}\left(Y_j - \overline{Y}\right)^2 \end{cases} \tag{3-32}$$

$$s_{X|Y}^2 = \frac{1}{n-2}\sum_{j=1}^{n}\left(Y_j - Y_j^*\right)^2 = \frac{n-1}{n-2}\sum_{j=1}^{n}\left(s_Y^2 - A^2 s_X^2\right) \tag{3-33}$$

$$\begin{cases} \omega_{X|Y} = \dfrac{s_{X|Y}}{\overline{Y}} \\[3mm] \omega_X = \dfrac{s_X}{\overline{X}} \end{cases} \tag{3-34}$$

$$\begin{cases} \omega_A = \dfrac{s_{X|Y}}{As_X\sqrt{n-1}} \\[3mm] \omega_C = \dfrac{s_{X|Y}}{C\sqrt{n-1}}\sqrt{1+\dfrac{1}{\omega_X^2}} \\[3mm] m = \dfrac{\omega_{X|Y}}{\omega_X} \end{cases} \tag{3-35}$$

近似值为

$$\omega_G^2 \approx \omega_A^2 + \omega_E^2 \tag{3-36}$$

式中，X_j 为试件尺寸；Y_j 为实际试验数据(不要取各组的平均值)；$Y_j - Y_j^*$ 为数据点离回归线的垂直偏差；ω_X 为所选尺寸的变异值；$\omega_{X|Y}$ 为误差的变异值；ω_A 为回归线斜率的变异值；ω_C 为回归线截距的变异值；m 为数据离散区域的相对宽度；ω_E 为弹性模量 E 的变异值；当 E 与 G_f 为理想相关时，G_f 的变异值 ω_G 大致与 ω_E 相当。

ω_A 的值应当不超过 0.1，ω_C 和 m 的值应当不超过 0.2。满足上面的条件，可以防止因数据离散导致试件尺寸范围不足，如图 3-8(a)所示。在这种情况下，通过数据点线性回归获得的直线斜率 A 具有高度不确定性。因此，当数据点过于离散时，必须进行更大尺寸范围的断裂试验以获得有效的回归数据，如图 3-8(b)所示。相反，当数据点离散性较小时，可以采用较小尺寸范围的试验数据进行线性回归，如图 3-8(c)所示。因此，要想不进行大尺寸范围的试验，必须严格控制试验，以获得比较一致的试验数据。

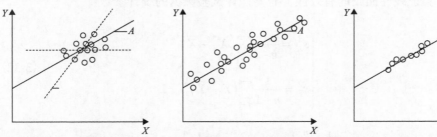

(a) 离散性大且尺寸范围不足的数据　　(b) 离散性大但尺寸范围足够的数据　　(c) 离散性小的小尺寸范围的数据

图 3-8　用于尺寸效应线性回归的数据点

以上 RILEM 建议的三种方法均是通过三点弯曲试验获得材料的断裂韧度，分别用 G_F、G_{Ic}^s 和 G_f 来表示，其中 G_f 通过尺寸效应模型获得。G_{Ic}^s 是由 K_{Ic}^s 和 E 间接确定的，$G_{Ic}^s = K_{Ic}^{s\,2}/E$，$G_f$ 和 G_{Ic}^s 均是基于等效弹性裂缝，二者在数值上具有可比性[10]。G_F 是基于虚拟裂缝模型，其数值约等于 G_{Ic}^s 或 G_f 的 2 倍[11]。究其原因，G_F 是通过整体施加荷载和加载点位移的曲线得到，因此不仅是形成新的裂缝表面所需能量，还包含形成断裂过程区所需能量以及断裂过程区以外所有机制的耗能。因此，以此得到的断裂能 G_F 比真实断裂能高。

4. 基于双 K 断裂模型确定 K^{ini} 和 K^{un}

徐世烺和 Reinhardt 提出的双 K 断裂模型包含两个断裂控制参数[12-14]：K^{ini} 和 K^{un}。根据 RILEM TC 265-TDK[4]，以上两个参数可以通过三点弯曲试验确定，三点弯曲梁示意图如图 3-9 所示。根据 RILEM 建议，试件梁的尺寸与最大骨料粒径 d_{max} 相关，根据骨料粒径的大小，试件梁的建议尺寸见表 3-3。试件梁的跨高比取 4，初始缝高比取 0.4。

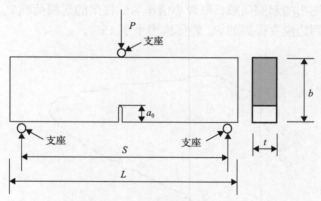

图 3-9　三点弯曲梁尺寸示意图

表 3-3　试件梁的建议尺寸

d_{max}/mm	L/mm	b/mm	t/mm	S/mm	a_0/mm
0~2	250±10	50±2	25±2	200±2	20±2
2.1~5	500±10	100±2	50±2	400±2	40±2
5.1~20	900±10	200±2	100±2	800±2	80±2
20.1~40	1500±10	350±2	150±2	1400±2	140±2

三点弯曲试验中，为保证在试件厚度方向均匀施加荷载，压力机压头的厚度至少等于试件厚度，如果不能满足，则需要在压头和试件中间垫一个钢片，宽度 10mm，厚度 5mm，长度等于试件厚度。采用夹式位移计测量裂缝口张开位移

CMOD。

　　为了确定起裂荷载，需要对试件表面进行抛光，并在切缝尖端高度距离中间切缝左右 10mm 处贴应变片；此外，在距离切缝尖端 20mm 高度再贴一对应变片，应变片的位置如图 3-10 所示。

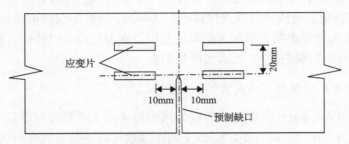

图 3-10　应变片位置示意图

　　(1)确定起裂荷载。加载全过程的荷载-应变曲线图 3-11。当切缝尖端起裂时，伴随着裂缝的扩展，裂缝两边的材料会经历卸载，因此应变会开始下降。根据左右两边应变片测出的起裂荷载，取较小值作为试件梁的起裂荷载 P_{ini}。需要注意的是，通过左右两边应变得到的 P_{ini} 差异应当小于 15%。

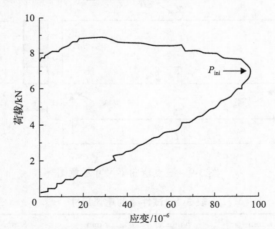

图 3-11　典型的荷载-应变曲线(P_{ini} 起裂荷载)

　　(2)确定峰值荷载 P_{max} 和初始柔度 c_i。加载全过程的 P-CMOD 曲线如图 3-12 所示。

　　三点弯曲梁初始柔度计算公式如下：

$$c_i = \frac{CMOD_i}{P_i} \tag{3-37}$$

式中，P_i 和 $CMOD_i$ 为 P-CMOD 曲线线性段上任意一点。

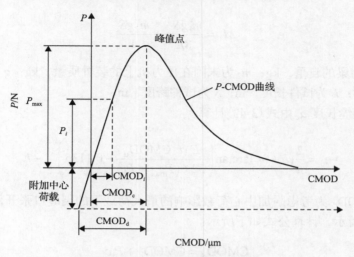

图 3-12　典型的 P-CMOD 曲线

P_{max}-峰值荷载；$CMOD_i$-线性上升段任一点的裂缝口张开位移；P_i-与 $CMOD_i$ 对应的荷载；$CMOD_c$-峰值点的裂缝口张开位移；$CMOD_d$-考虑附加中心荷载影响的最大荷载下的裂缝口张开位移

（3）断裂韧度计算。失稳断裂韧度 K_{Ic}^{un} 由式（3-38）计算：

$$K_{Ic}^{un} = \frac{1.5\left(P_{max} + P_d\right)Sa_c^{1/2}}{tb^2} f(\alpha) \tag{3-38}$$

式中，

$$f(\alpha) = \frac{1.99 - \alpha(1-\alpha)\left(2.15 - 3.93\alpha + 2.7\alpha^2\right)}{(1+2\alpha)(1-\alpha)^{3/2}} \tag{3-39}$$

$$\alpha = \frac{a_c + h_0}{b + h_0} \tag{3-40}$$

P_{max} 为最大荷载，N；h_0 为夹式位移计的刀口厚度，m；t 为梁的厚度，m；b 为梁的高度，m；a_c 为临界裂缝长度，m；P_d 为产生与 (M_1-M_2) 相同中心弯矩的附加集中荷载，N，由式（3-41）计算：

$$P_d = \frac{4\left(M_1 - M_2\right)}{S} \tag{3-41}$$

式中，M_2 为由支承力矩补偿的中心弯矩，N·m；M_1 为由支架之间的梁自重和未附在压力机上的装置质量引起的中心弯矩，N·m，由式(3-42)计算：

$$M_1 = \frac{m_1 g S^2}{8L} + \frac{m_2 g S}{4}$$ (3-42)

式中，m_1 为梁的自重，kg；m_2 为未附在压力机上的装置质量，kg；g 为重力加速度，9.8m/s²；L 为试件长度，m；S 为试件跨度，m。

临界裂缝长度 a_c 由式(3-43)计算：

$$a_c = \frac{2}{\pi}(b + h_0)\arctan\left(\frac{E \cdot t \cdot \mathrm{CMOD_d}}{32.6(P_{max} + P_d)} - 0.1135\right)^{1/2} - h_0$$ (3-43)

式中，$\mathrm{CMOD_d}$ 为考虑附加中心荷载影响的最大荷载下的裂缝口张开位移，μm，如图 3-12 所示，计算公式如下所示：

$$\mathrm{CMOD_d} = \mathrm{CMOD_c} + P_d c_i$$ (3-44)

式中，$\mathrm{CMOD_c}$ 为临界裂缝口张开位移，μm。

E 为弹性模量，MPa，可由式(3-45)计算：

$$E = \frac{1}{tc_i}\left[3.70 + 32.60\tan^2\left(\frac{\pi}{2}\frac{a_0 + h_0}{b + h_0}\right)\right]$$ (3-45)

式中，a_0 为初始裂缝长度，m；c_i 为初始柔度，μm/N。

初始断裂韧度 K_{Ic}^{ini} 由式(3-46)计算：

$$K_{Ic}^{ini} = \frac{1.5(P_{ini} + P_d)S a_0^{1/2}}{tb^2}f(\alpha)$$ (3-46)

式中，

$$f(\alpha) = \frac{1.99 - \alpha(1 - \alpha)(2.15 - 3.93\alpha + 2.7\alpha^2)}{(1 + 2\alpha)(1 - \alpha)^{3/2}}$$ (3-47)

式中，$\alpha = \dfrac{a_0 + h_0}{b + h_0}$；$P_{ini}$ 为起裂荷载，N。

3.2　混凝土裂缝的观测方法

在许多工程设计中，材料的应变/应力特性常用来评估结构的安全性和优化结构，一般采用计算机辅助工具来获取这些特性。然而，对于复杂的边界条件或各向异性材料，计算机辅助工具并不适用。因此，采用有效的物理测试技术以确定材料变形（位移、应变等）仍然是必要的[15]。

由于混凝土断裂过程区存在微裂缝、骨料互锁以及裂缝分叉等复杂机理，使得其断裂行为变得极为复杂。为研究混凝土的断裂行为，对混凝土断裂过程区的变形测量尤为关键。LVDTs 是测量位移常见的仪器，但需要固定在试件的特定位置上，故仅能测量特定位置的变形，难以检测裂缝扩展过程中的局部变形。应变片是应用最广泛的变形测量仪器，稳定且测量精度较高，但是它只能测量特定标距内的平均应变，无法获得应力集中区域（如裂缝尖端附近）的局部变形。此外，由于实际裂缝扩展路径在试验前一般是未知的，因此很难完全依赖应变片测得敏感区域的变形。一些学者采用光纤传感器检测材料中的微小变形，但光纤传感器只能安装在预先估计的裂缝位置，而混凝土裂缝扩展路径具有随机性，影响了光纤传感器的有效使用。

随着科学技术的发展，各种高精度测量技术应运而生，适用于材料的变形和裂缝发展观测，如 X 射线[16]、扫描电子显微镜（scanning electron microscope, SEM）[17]、声发射（AE）[18,19]、电子散斑干涉（ESPI）技术[20]和数字图像相关（DIC）技术[18,21]等。ESPI 技术作为一种非接触的光学观测技术，与上述技术相比具有一些优势。首先，不像 X 射线和 SEM 那样可能会损坏被测物体，ESPI 不会以任何方式影响被测物体。此外，AE 技术虽然可以很好地识别材料的内部损伤，但不能提供定量的变形信息。DIC 技术通过对数字图像[22]进行连续的后处理，可以方便地可视化材料的表面变形，在混凝土断裂特性研究中得到了广泛的应用[23,24]。然而，DIC 技术的测量精度低于 ESPI 技术，并且在很大程度上取决于与图像有关的许多因素，如被测物体表面的随机灰度分布和成像系统的质量[25]。值得注意的是，ESPI 技术易受外界振动影响从而发生"去相关"现象，因此对实验室的要求较高，而 DIC 技术则相对稳定，对实验条件的要求不高。

综上所述，ESPI 和 DIC 技术均可以提供高精度、非接触、实时的全场测量，能测量不同材料的变形，特别适用于变化梯度较大的局部变形测量，如缺陷部位或裂缝尖端附近的变形，是研究混凝土断裂过程区特性的一种非常有效的测量技术。由于笔者在研究中主要采用 ESPI 和 DIC 技术，因此本章主要介绍这两种技术。考虑到目前国内采用 ESPI 技术来研究材料断裂特性的相对较少，本章重点介绍 ESPI 技术。

3.2.1　ESPI 技术

1. ESPI 技术的测量原理

ESPI 技术的测量原理是基于两个相干激光束经过测量表面散射后发生干涉，

通过全场干涉相位发生的变化来确定测量表面的变形[26]。测量物体因变形或刚体移动而发生位移，导致两个相关光束的干涉相位发生变化。使用电荷耦合器件(charge coupled device, CCD)相机记录干涉光斑图案(即散斑)。ESPI 装置有两种类型，分别用于测量平面内和平面外的位移分量，其中平面内位移测量装置如图 3-13 所示。

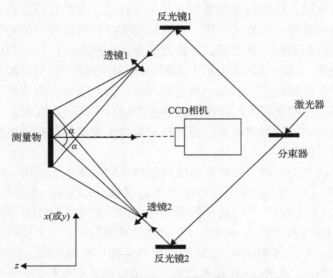

图 3-13　用于测量平面内位移的 ESPI 装置

如图 3-13 所示，激光二极管发出的光束被分束器分为两束，分别称为参考光束和测量光束，这两束光经测量表面的反射和散射以后产生相互干涉，从而形成散斑图。

取测量表面上一点为研究对象，设变形前两束光的干涉相位为 ϕ，变形后两束光的干涉相位为 ϕ'。使用四步相移法，两个光束在每种状态下的干涉相位可以由四个强度来确定，这四个强度由 π/2 的相移进行划分[27]。

要得到变形前的干涉相位 ϕ，在某一状态下，CCD 相机同时拍摄四张干涉光斑图，每张干涉光斑图的强度 I_m 由式(3-49)确定：

$$I_m = I_A + I_B + 2\sqrt{I_A I_B} \cos(\phi + \varphi_m) \tag{3-48}$$

式中，I_A 和 I_B 分别为测量光束和参考光束的强度；ϕ 为两个相干光束的干涉相位；φ_m 为引入相移。

考虑每种状态下的四个强度 I_1、I_2、I_3 和 I_4，分别对应引入相移 0、π/2、π 和 3π/2 的干涉光斑强度，则两个相干光束的干涉相位为

$$\phi = \arctan\left(\frac{I_4 - I_2}{I_1 - I_3}\right) \tag{3-49}$$

假设变形前后两个状态之间的相位差为 Δ，也称为包裹相位，可以通过关系式 $\phi' - \phi$ 进行计算：

$$\Delta = \phi' - \phi = \arctan\left(\frac{I_{4\text{after}} - I_{2\text{after}}}{I_{1\text{after}} - I_{3\text{after}}}\right) - \arctan\left(\frac{I_{4\text{before}} - I_{2\text{before}}}{I_{1\text{before}} - I_{3\text{before}}}\right) \tag{3-50}$$

式中，$I_{1\text{before}}$、$I_{2\text{before}}$、$I_{3\text{before}}$ 和 $I_{4\text{before}}$ 分别为变形前的四个强度；$I_{1\text{after}}$、$I_{2\text{after}}$、$I_{3\text{after}}$ 和 $I_{4\text{after}}$ 分别为变形后的四个强度。

通过相移（$\pm 2\pi$）处理，可以得到与测量物体变形相关的解包裹相位图。

平面内位移 u（或 v）可通过式(3-51)计算：

$$u = \frac{\Delta \cdot \lambda}{4\pi \sin\alpha} \tag{3-51}$$

式中，α 为照射光的入射角；λ 为激光波长；Δ 为两个状态间的相位差。

类似地，平面外位移 h 可通过式(3-52)获得

$$h = \frac{\Delta \cdot \lambda}{2\pi(1 + \cos\alpha)} \tag{3-52}$$

测量表面的平面内应变场可通过式(3-53)计算：

$$\begin{pmatrix} \varepsilon_{xx} & \gamma_{yx} \\ \gamma_{xy} & \varepsilon_{yy} \end{pmatrix} = \begin{pmatrix} \dfrac{\mathrm{d}u}{\mathrm{d}x} & \dfrac{\mathrm{d}v}{\mathrm{d}x} \\ \dfrac{\mathrm{d}u}{\mathrm{d}y} & \dfrac{\mathrm{d}v}{\mathrm{d}y} \end{pmatrix} \tag{3-53}$$

2. ESPI 技术的测量流程

对于平面内测量，激光由分束器分成两束（测量光束和参考光束），分别打向粗糙的测量表面，经散射后相互干涉；对于平面外测量，测量光束由激光器发出后经测量面的散射，与未经散射的参考光束相互干涉。测量光束和参考光束发生干涉后，由于相位差异会发生破坏性干涉和建设性干涉，从而使物体表面形成具有暗区和亮区的"散斑"图案，即散斑图，由 CCD 相机拍摄、记录下来。散斑图代表了两束光的干涉相位图，反映的是测量表面点的位置状态。如果观测表面发生变形，则斑点的亮度将发生变化，变形前后的散斑差会形成干涉条纹。把两个状态（变形后与变形前）的散斑图相减，可以得到有规律的明暗相间的干涉条纹图。

得到干涉条纹图之后，通过四步相移法，可以得到包裹相位图。经过相移处理进行解包裹，之后可以进一步得到实际的位移云图。

综上，ESPI 的测量流程如图 3-14 所示。

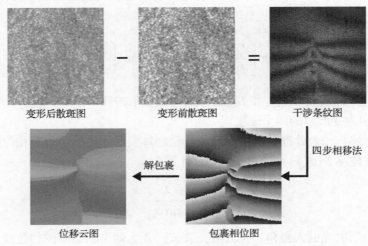

变形后散斑图　　　　　变形前散斑图　　　　　干涉条纹图

位移云图　　　　　　　包裹相位图

图 3-14　ESPI 的测量流程图

3.2.2　DIC 技术

1. 基本原理

DIC 技术是一种基于数值分析的图像测量方法，通过对比散斑图在变形前后灰度值的变化，从而获得试件表面的全场位移。根据测量范围的不同，DIC 技术可分为二维(2D)和三维(3D)DIC 测量两种。2D DIC 用于平面内位移和应变的测量，3D DIC 用于试件三维位移或者表面为曲面时的位移测量。由于混凝土三点弯曲试验只需要测量试件平面内的位移，而且 2D DIC 只需要采用单个相机，操作简便，因此选用 2D DIC 技术进行混凝土表面的测量。与 ESPI 技术相比，DIC 分析用的散斑图一般选取物体表面的自然纹路或者人工绘制而成。由于无需干涉光源，DIC 测量的光路比较简单，如图 3-15(a)所示。

采用 DIC 进行试件表面变形测量，一般需要三个步骤。①准备试件和仪器设备。采用 2D DIC 测量系统时，需要准备存储设备(计算机)、图像采集设备(DIC 相机)、光源(直流 LED 补光灯)，此外还需在试件表面待测区域喷涂随机散斑。②图像采集(包括变形前和变形后)。以变形前图像作为参考图像，变形后图像为目标图像。③分析处理图像，得到试件的表面变形，获得试件表面测量区域的应变场和位移场。

在 DIC 软件分析处理图像过程中,首先需要在参考图像中设定分析区域(region of interest, ROI),然后将已设定好的 ROI 均匀地划分为若干个虚拟的小方格,最后通过对虚拟方格内点位移的计算,得到整个试件表面的变形,如图 3-15(b)所示。图中白色网格组成的区域为 ROI,角部带箭头小方格表示进行"图像搜寻"或"图像匹配"的子区。假设子区中心点上下左右各有 M 个像素,则子区的尺寸为 $(2M+1)\times(2M+1)$ 像素。

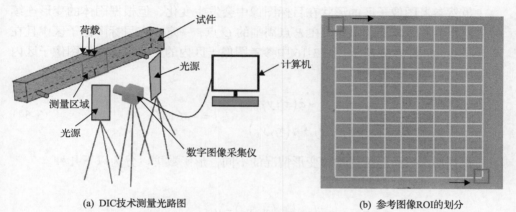

(a) DIC技术测量光路图　　　　　　　　(b) 参考图像ROI的划分

图 3-15　DIC 技术测量分析原理

在 DIC 分析过程中,以相关函数为判断依据,在目标图像中从左至右、从上到下地逐行进行搜寻,找到与参考图像子区的相关函数匹配最佳的子区。如图 3-16 所示,以 $P(x_0, y_0)$ 为中心在参考图像中选取子区 S,该子区包含了 $P(x_0, y_0)$ 及其周围散斑点的信息。通过求解参考图像与目标图像上散斑点相关系数的最大值,可确定目标图像上对应的子区 S' 和点 $P(x_0', y_0')$。通过参考图像和目标图像中同一点的坐标 $P(x_0, y_0)$ 和 $P(x_0', y_0')$ 即可确定该点的位移值。

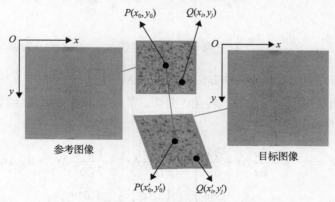

图 3-16　变形前后的子区

在进行相似度判定时，需要采用交叉相关性准则和亚平方差相关准则。当图像匹配程序寻找到相关系数峰值点的位置，目标图像中相应点的位置也就确定了。参考图像中的点与目标图像中的相应点就形成了一个位移向量，通过该位移向量便可得到目标点在平面内的位移。

2. 形函数

虽然参考图像子区的形状在目标图像中会发生变化，但根据固体的变形连续性假定，参考图像子区中分布在 P 点周围的 Q 点，一定也在目标图像子区中且在 P 点周围，如图 3-16 所示。图 3-16 中参考图像子区内的点映射到目标图像子区内的相同点，即形成形函数：

$$\begin{cases} x_i' = x_i + \xi(x_i, y_j) \\ y_j' = y_j + \eta(x_i, y_j) \end{cases} \quad (i, j = -M : M) \tag{3-54}$$

根据形函数所能描述物体变形情况的不同，形函数可以分为以下几种。

（1）零阶形函数：

$$\begin{cases} \xi_0(x_i, y_j) = u \\ \eta_0(x_i, y_j) = v \end{cases} \tag{3-55}$$

零阶形函数适用于参考图像子区与目标图像子区之间只有刚体位移的情况。

（2）一阶形函数：

$$\begin{cases} x_i' = x_i + u + \dfrac{\partial u}{\partial x}\Delta x + \dfrac{\partial u}{\partial y}\Delta y \\ y_j' = y_j + v + \dfrac{\partial v}{\partial x}\Delta x + \dfrac{\partial v}{\partial y}\Delta y \end{cases} \tag{3-56}$$

式中，$\dfrac{\partial u}{\partial x}$，$\dfrac{\partial u}{\partial y}$，$\dfrac{\partial v}{\partial x}$，$\dfrac{\partial v}{\partial y}$ 为图像子区的位移梯度；Δx，Δy 为参考图像子区内点 $P(x_0, y_0)$ 与 $Q(x_i, y_i)$ 沿坐标轴方向的距离，$\Delta x = x_i - x_0$，$\Delta y = y_j - y_0$。

一阶形函数可以表示位移、转角、剪切、常应变以及它们复合状态下的变形。

（3）二阶形函数：

$$\begin{cases} x_i' = x_i + u + \dfrac{\partial u}{\partial x}\Delta x + \dfrac{\partial u}{\partial y}\Delta y + \dfrac{1}{2}\dfrac{\partial^2 u}{\partial x^2}\Delta x^2 + \dfrac{1}{2}\dfrac{\partial^2 u}{\partial y^2}\Delta y^2 + u_{xy}\Delta x\Delta y \\ y_j' = y_j + v + \dfrac{\partial v}{\partial x}\Delta x + \dfrac{\partial v}{\partial y}\Delta y + \dfrac{1}{2}\dfrac{\partial^2 v}{\partial x^2}\Delta x^2 + \dfrac{1}{2}\dfrac{\partial^2 v}{\partial y^2}\Delta y^2 + v_{xy}\Delta x\Delta y \end{cases} \tag{3-57}$$

二阶形函数可以表示比一阶形函数更复杂的变形状态。虽然形函数的阶数越高，其所能表示的变形状态越多，但函数的运算也越复杂。因此，DIC 分析过程中常用一阶形函数。

由于 DIC 分析过程中，散斑图是试件表面位移和应变的承载体，因此散斑图的质量将直接影响 DIC 软件的分析精度。为了得到较高的测量精度，需要在试件表面提前制作人工散斑。

3.3　ESPI 技术测量误差分析

近几十年来，ESPI 技术已广泛应用于各种材料的变形测量。Celdolin 等[28]使用干涉测量仪器测量混凝土试件梁的变形，得到试件梁切口尖端附近的局部应力-应变分布关系。徐世烺和赵国藩[29]以电测法为辅助，采用激光散斑照相法观测含有预制切口的混凝土梁，得到试件梁的微裂缝扩展全过程以及相应的变形特征和应变场。Cao 等[30]利用 ESPI 对 FRP 混凝土双剪试件进行观测，得出复合材料与混凝土界面的黏结-滑移关系。Chen 和 Su[31,32]采用 ESPI 技术对三点弯曲混凝土和砂浆试件梁表面的场位移进行测量，从试件梁的整体和局部变形逆分析得到混凝土的黏聚应力关系。Jia 等[33]将二维 ESPI 系统用于监测混凝土的断裂过程，获得了一些定量参数来描述裂缝特征，如细裂缝的宽度和用于检测第一条裂缝时的最小裂缝张开位移。ESPI 技术还用于研究岩石[34]、核工程石墨[35]等准脆性材料的断裂力学特性。尽管上述研究表明，ESPI 技术能够测量不同材料的表面变形，比其他测量仪器具有更高的精度，但设备昂贵，且试件的刚体位移会引起较大的测量误差，限制了该技术在工业上的广泛应用[15]。

刚体运动对 ESPI 测量结果的影响表现在两个方面：大刚体位移和小刚体位移。当刚体位移大于 CCD 相机的像素尺寸时，为大刚体运动，这可能会导致散斑的"去相关"[36-38]效应。通过使用足够小的加载步长，可以有效地消除这种"去相关"效应。当刚体位移小于 CCD 相机的像素尺寸时，为小刚体位移。在 ESPI 测量中，微小的刚体位移会导致测量结果产生虚假变形和应变误差。为了减少小刚体位移的影响，应将光学测量传感器与试件固定在一起，使二者能同步移动[39]。

理论上，干涉变形测量仅适用于准直照明或近轴区域的非共轴照明[40]。这是因为，当使用非共轴光束时，根据光束几何路径定义的灵敏度矢量实际上随近轴区域外每个点的空间位置变化而变化。即使没有变形，灵敏度矢量的方向和大小也会在测量对象上发生变化[41]。小刚体运动时，由于近轴区域外非共轴光束的灵敏度矢量发生了变化，如果使用固定的灵敏度矢量，则会出现误差。多位研究者对灵敏度矢量变化引起的位移误差进行了研究[41-43]。然而，这些研究大多集中在光学参数的误差，如条纹或相位等。从工程应用的角度看，以上结果不够直观，不能直接用于评估位移、应变等与力学相关的参数误差。因此，对小刚体运动引起的变形误差进行定量分析很有必要。

3.3.1　消除 ESPI 测量误差的方法

以三点弯曲梁为例，采用 ESPI 技术测量试件梁变形时，随着外荷载的增加，梁发生挠曲变形，支座处还可能存在虚位，导致梁位置发生改变，从而产生明显的竖向刚体位移。此外，试件梁还可能发生转动，从而产生转动刚体位移。由于 ESPI 技术假定测量区域是不变的，因而采用固定的灵敏度矢量。值得注意的是，当外界环境中有振动时，试件梁会发生抖动，干涉条纹图将随之抖动、扭曲，甚至发生散斑的"去相关"。因此，要降低 ESPI 技术的测量误差，除了降低外界干扰，主要措施是减小试件的刚体位移。

要减小试件刚体位移的影响，理想的方法是将 ESPI 传感器直接固定到试件上，以便两者同步运动[15]，从而消除它们之间的相对刚体位移。实际采用的试验装置如图 3-17 所示，其中 ESPI 传感器(CCD 相机)通过一个铁板安装在 Dantec Dynamcis 公司提供的特殊夹具上，夹具固定在压力机作动器上。当压力机作动器移动时，在皮带的牵引下，铁板带动 CCD 相机沿着夹具轨道上下移动，从而消除竖直方向刚体位移的影响。

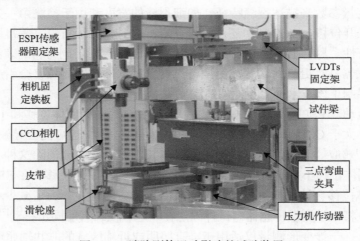

图 3-17　消除刚体运动影响的试验装置

此外，夹具框架非常稳定，皮带固定还可以减少振动的影响，确保 ESPI 测量的准确性。为了消除试件与支撑点处的空隙和虚位，采用石膏填充，以有效地改善试件表面与支座的接触，减少虚位的影响。

综上所述，特制的夹具和支座处石膏垫层可以在一定程度上减少试件刚体运动的影响。一般来说，采用以上措施可以获得较为可靠的 ESPI 测量结果。然而，从研究的角度看，要弄清刚体位移如何影响 ESPI 的测量结果，有必要对刚体运动引起的误差进行定量分析。

3.3.2 刚体运动产生的位移误差

对于只有刚体运动而未发生变形的物体，测量面上没有任何相对位移，这意味着不存在应变。然而，由于灵敏度矢量的变化，ESPI 会测出虚假条纹或相位，这样经过处理后就会得到虚假的应变。下面将重点讨论各种模式的刚体运动在 x 方向上产生的面内位移和应变信息。

假定被测物体未发生变形，而只有六种刚体运动模式，包含三个平移位移（S_x、S_y 和 S_z）和三个旋转位移（R_x、R_y 和 R_z），如图 3-18 所示。其中图 3-18（a）定义了测量表面的六种刚体运动模式，而图 3-18（b）为由六种刚体运动模式形成的组合运动。

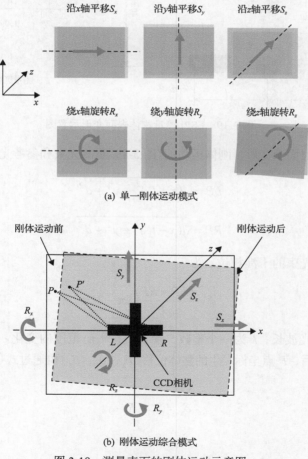

（a）单一刚体运动模式

（b）刚体运动综合模式

图 3-18 测量表面的刚体运动示意图

L-左透镜；*R*-右透镜

图 3-19 为 ESPI 测量物体表面变形示意图。假设 CCD 相机的中心位于笛卡儿坐标系 (x, y, z) 的原点 $(0, 0, 0)$，而测量表面位于平面 $z = d$ （d 为相机距离），测量光束和参考光束分别从左透镜 $L(-l_x, 0, 0)$ 和右透镜 $R(l_x, 0, 0)$ 发出。在不丧失一般性的情况下，考虑到测量表面上 (x, y, d) 处的点 P，在刚体运动后，点 P 移动到 $(x+ \delta_x, y+\delta_y, d+\delta_z)$，其中 δ_x、δ_y、δ_z 是点 P 因刚体运动而产生的整体位移。

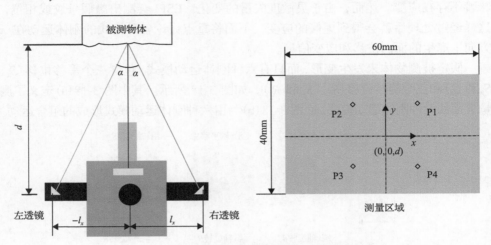

图 3-19 ESPI 测量物体表面变形示意图

由于测量表面未变形，刚体运动前（图 3-19）观测光束和参考光束的光路长度为

$$LP = \sqrt{(x + l_x)^2 + y^2 + d^2} \tag{3-58}$$

$$RP = \sqrt{(x - l_x)^2 + y^2 + d^2} \tag{3-59}$$

P 点处两光束的干涉相位 ϕ 为

$$\phi = \frac{(LP - RP)}{\lambda} 2\pi - 2k\pi \tag{3-60}$$

式中，λ 为激光波长；k 为一个整数，使 ϕ 在 $(-\pi, \pi)$ 范围内变化。

刚体运动后，P 点坐标发生的整体位移 $(\delta_x, \delta_y, \delta_z)$ 可通过式(3-61)～式(3-63)计算：

$$\delta_x = S_x + R_z \cdot y \tag{3-61}$$

$$\delta_y = S_y + R_z \cdot x \tag{3-62}$$

$$\delta_z = S_z + R_x \cdot y + R_y \cdot x \tag{3-63}$$

相应地，刚体运动后观测光束和参考光束的光路长度为

$$LP' = \sqrt{\left(x + l_x + \delta_x\right)^2 + \left(y + \delta_y\right)^2 + \left(d + \delta_y\right)^2} \tag{3-64}$$

$$RP' = \sqrt{\left(x - l_x + \delta_x\right)^2 + \left(y + \delta_y\right)^2 + \left(d + \delta_y\right)^2} \tag{3-65}$$

P' 点处两光束的干涉相位 ϕ' 为

$$\phi' = \frac{LP' - RP'}{\lambda} 2\pi - 2k'\pi \tag{3-66}$$

式中，k' 为一个整数，使 ϕ' 在 $(-\pi \sim \pi)$ 范围内变化。

刚体运动前后的相位变化：

$$\Delta = \phi' - \phi = \frac{\left[(LP' - RP') - (LP - RP)\right]}{\lambda} 2\pi - m \cdot \pi \phi' = \frac{LP' - RP'}{\lambda} 2\pi - 2k'\pi \tag{3-67}$$

式中，$m = k' - k$，为一个整数。

将式(3-67)代入式(3-51)，刚体运动后 P 点在 x 方向上的位移为

$$u(P) = \frac{(LP' - RP') - (LP - RP) - m\lambda / 2}{2\sin\alpha} \tag{3-68}$$

式中，α 为照射光的入射角。

同样，与 P 点相邻的 O 点位移可以通过式(3-69)确定：

$$u(O) = \frac{(LO' - RO') - (LO - RO) - n\lambda / 2}{2\sin\alpha} \tag{3-69}$$

式中，$n = k' - k$，为一个整数。

假设测量表面尺寸为 60mm×40mm，平移和旋转刚体位移分别为 0.01mm 和 0.02°，相机位置 $d = 300$mm，照明臂长度 $l_x = 70$mm，计算得到六种刚体运动模式在 x 方向上引起的平面内位移误差，其分布如图 3-20 所示。

如图 3-20 所示，不同模式的刚体运动会导致位移误差的分布不同。沿 x 轴和 y 轴平移 0.01mm 不会产生显著的位移误差（<0.2μm）。其他刚体运动，包括沿 z 轴平移、绕 x 轴和 y 轴旋转，引起的位移误差小于 2μm。当刚体绕 z 轴旋转 0.02° 时，位移误差范围为 -8～8μm，因此，绕 z 轴旋转是影响 x 方向位移最关键的因素。

在相同的试验装置和刚体运动下，不同位置的像素点具有不同的位移误差。在所有刚体运动模式中，周边区域都有较高的位移误差。因此，将被测物体放置在 CCD 相机照明区的中心是消除刚体运动影响的有效方法。

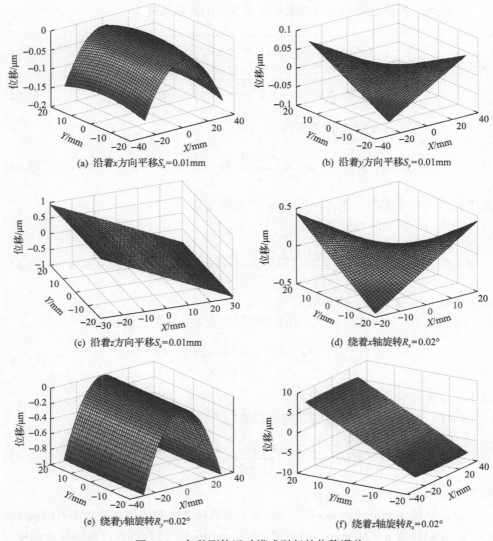

(a) 沿着x方向平移S_x=0.01mm　　　　　　(b) 沿着y方向平移S_y=0.01mm

(c) 沿着z方向平移S_z=0.01mm　　　　　　(d) 绕着x轴旋转R_x=0.02°

(e) 绕着y轴旋转R_y=0.02°　　　　　　(f) 绕着z轴旋转R_z=0.02°

图 3-20　各种刚体运动模式引起的位移误差

此外，从图 3-20 可以观察到，当测量表面绕 x 轴旋转或沿 y 轴平移时，四个角的位移表现出反对称，因此会产生虚假的弯曲变形。

3.3.3　刚体运动产生的应变误差

当刚体运动较小且 P 点和 O 点之间的距离 Δx 较短时，整数 n 约等于 m。因此，P 点和 O 点之间的应变误差（ε）可从式（3-70）中获得

$$\varepsilon = \frac{u(P) - u(O)}{\Delta x} = \frac{[(LP' - RP') - (LP - RP)] - [(LO' - RO') - (LO - RO)]}{2\sin\alpha \cdot \Delta x} \qquad (3\text{-}70)$$

假设平移和旋转刚体位移已知，x 方向上的应变误差可通过式 (3-70) 确定。计算得到了六种刚体运动模式引起的应变误差，其分布如图 3-21 所示。

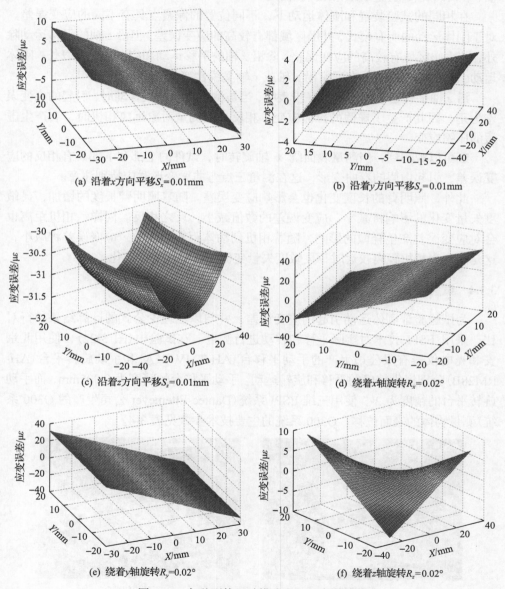

图 3-21　各种刚体运动模式引起的应变误差

从图 3-21 中可以看出，沿 z 轴平移 0.01mm 会导致 36$\mu\varepsilon$～39$\mu\varepsilon$ 的应变误差，且越靠近测量中心，数值越高；而沿 x 轴和 y 轴的平移不会导致显著的应变误差。此外，当刚体绕 x 轴（或 y 轴）旋转 0.02°时，应变误差分布呈线性变化，最大误差约为 20$\mu\varepsilon$（或 30$\mu\varepsilon$），而绕 z 轴旋转对应变没有显著的影响。沿 z 轴的平移和绕 x 轴、y 轴的旋转对应变误差的影响较大。

在相同的试验装置和刚体运动下，不同位置的像素点具有不同的应变误差。对于刚体运动的所有模式，外围区域都有较高的应变误差，但沿 z 轴的平移运动除外，其中心区域有较高的应变误差。除沿 z 轴的平移运动和绕 z 轴旋转以外，刚体运动引起的应变误差分布通常沿 x 轴或 y 轴呈线性变化。

沿 z 轴平移运动的结果进一步表明，当被测物体向相机移动时，引起的应变误差为正，因此产生了虚假的拉伸应变；相反，当测量对象远离相机时，会产生虚假的压缩应变。

还可以观察到，当测量表面绕 x 轴旋转时，试件的上部和下部具有相反的应变误差，引起虚假的弯曲变形，这在测量三点弯曲梁变形时应特别注意。

此外，照明臂的长度变化也会影响应变误差。随着照明臂长度的增加，灵敏度矢量变化的影响将减小，应变误差的数值减小；反之相反。同样，相机距离也会对应变误差产生轻微的影响，随着相机到物体距离的增加，应变误差将减小，这是因为当相机距离较远时，灵敏度矢量变化的影响将会被弱化。

3.3.4　试验验证

为试验验证刚体运动引起的应变误差，并与以上理论公式的计算结果进行对比，采用 ESPI 技术对实际平移和转动进行测量。在试验中（图 3-22），使用北京安和光电仪器有限公司生产的手动平移台（AH-TMV125A）和手动旋转平台（AH-RM28B）分别提供精确的平移和旋转运动。手动平移台的精度为 0.005mm，而手动旋转平台的精度为 2′。使用三维 ESPI 系统（Dantec-Ettemeyer 公司生产的 Q300 系统）测量物体的表面位移。Q300 系统的主要技术参数见表 3-4。

　　　　　(a) 手动平移台　　　　　　　　　　　　(b) 手动旋转平台

图 3-22　试验装置

表 3-4　Q300 系统的技术参数

参数	技术规格
位移精度	可调节，0.03～1μm
CCD 相机分辨率	1380 像素×1035 像素
测量范围	可调节，每个测量步在 10～100μm
测量面积	内置激光器可达 200mm×300mm，要测量更大面积需要外部激光器
工作距离	可调节，0.2～1.0m
激光（内置）	二极管，功率 2×75mW，激光波长 λ = 785nm
后处理软件	Dantec Dynamics 公司 ISTRA 软件

在测量表面上选择四个控制点 P1、P2、P3、P4，如图 3-19 所示，这四个点的坐标分别为 (10, 10)、(−10, 10)、(−10, −10) 和 (10, −10)。

试验中照明臂的长度分别采用 l_x = 70mm 和 l_x =144mm。使用后处理软件 ISTRA 将 ESPI 原始数据转换为平面内位移和应变分布。由于位移误差与应变误差相比并不显著，本节仅对应变误差进行验证。

针对这四个点，由一组已知刚体运动引起的 x 方向的理论和实测应变误差 ε_{xx} 见表 3-5。从表 3-5 中可以看出，理论预测的应变误差与实测结果吻合较好，最大误差约为 $1.63\mu\varepsilon$（小于 5%），证实了上述应变误差理论计算公式的可靠性。

表 3-5　刚体运动引起的应变误差 ε_{xx} 的理论值和实测值

刚体运动		相机距离/mm	实测值/μɛ				理论值/μɛ				平均差异/μɛ
			1	2	3	4	1	2	3	4	
S_x	0.01mm（L）	275	−2.5	2.4	2.4	−2.5	−2.5	2.4	2.4	−2.5	0.0
	0.01mm（S）	300	−3.0	3.0	2.9	−2.9	−3.0	3.0	3.0	−3.0	0.1
S_y	0.01mm（L）	230	−1.4	−1.4	1.4	1.4	−1.4	−1.4	1.4	1.4	0.0
	0.01mm（S）	225	−1.7	−1.7	1.7	1.7	−1.8	−1.8	1.8	1.8	0.1
S_z	0.01mm（L）	240	−30.2	−29.9	−30.1	−30.1	−30.5	−30.5	−30.5	−30.5	0.5
	0.01mm（S）	240	−35.7	−37.1	−35.8	−37.1	−38.1	−38.1	−38.1	−38.1	1.6
R_x	0.02°（L）	284	−10.4	−10.4	10.3	10.3	−11.8	−11.8	11.7	11.7	1.1
	0.02°（S）	349	−8.6	−8.6	8.6	8.6	−9.6	−9.6	9.6	9.6	1.0
R_y	0.03°（L）	270	−16.8	16.4	16.4	−16.8	−16.3	16.3	16.3	−16.3	0.3
	0.027°（S）	238	−18.6	16.8	16.8	−18.6	−18.1	18.1	18.1	−18.1	0.9
R_z	0.027°（L）	230	−2.2	1.7	−2.4	1.8	−2.0	2.0	−2.0	2.0	0.3
	0.02°（S）	230	−1.8	2.2	−2.0	2.5	−2.3	2.2	−2.2	2.3	0.2

注：L 表示采用长的照明臂，l_x=144mm；S 表示采用短的照明臂，l_x=70mm。

3.3.5 位移和应变误差的修正步骤

为消除小刚体运动引起的位移和应变误差，本书提出一种修正方法，修正步骤如下。

（1）计算由刚体运动的单位位移引起的理论位移误差和应变误差分量。以 x 方向的面内位移为例，位移误差分量包括 X_{Sx}、X_{Sy}、X_{Sz}、X_{Rx}、X_{Ry} 和 X_{Rz}，分别代表六种刚体运动模式下单位运动量引起的虚假位移分量。

（2）测量物体表面的实际刚体运动，即 S_x、S_y、S_z、R_x、R_y 和 R_z。

（3）分别使用式（3-71）和式（3-72）计算由刚体运动引起的实际位移误差（ΔX）和应变误差（$\Delta\varepsilon$）。

$$\Delta X = X_{Sx} \cdot S_x + X_{Sy} \cdot S_y + X_{Sz} \cdot S_z + X_{Rx} \cdot R_x + X_{Ry} \cdot R_y + X_{Rz} \cdot R_z \quad (3\text{-}71)$$

$$\Delta\varepsilon = \varepsilon_{Sx} \cdot S_x + \varepsilon_{Sy} \cdot S_y + \varepsilon_{Sz} \cdot S_z + \varepsilon_{Rx} \cdot R_x + \varepsilon_{Ry} \cdot R_y + \varepsilon_{Rz} \cdot R_z \quad (3\text{-}72)$$

式中，ε_{Sx}、ε_{Sy}、ε_{Sz}、ε_{Rx}、ε_{Ry}、ε_{Rz} 分别为六种刚体运动模式下单位运动量引起的应变误差分量。

（4）根据式（3-73）和式（3-74）校正 ESPI 测量的位移 X_0 和应变 ε_0。

$$X_C = X_0 - \Delta X \quad (3\text{-}73)$$

$$\varepsilon_C = \varepsilon_0 - \Delta\varepsilon \quad (3\text{-}74)$$

式中，X_C 和 ε_C 分别为校正后的位移和应变。

y 和 z 方向上的位移和应变误差分析与 x 方向的分析步骤类似，此处不再赘述。

参 考 文 献

[1] RILEM. TC 50-FMC fracture mechanics of concrete, determination of the fracture energy of mortar and concrete by means of three-point bend tests on notched beams. Materials and Structures, 1985, 18(4): 287-290.

[2] RILEM. TC 89-FMT fracture mechanics of concrete, determination of fracture parameters (K_{Ic}^s and CTOD$_c$) of plain concrete using three-point bend tests. Materials and Structures, 1990, 23(6): 457-460.

[3] RILEM. TC 89-FMT fracture mechanics of concrete, size-effect method for determining fracture energy andprocess zone size of concrete. Materials and Structures, 1990, 23: 461-465.

[4] Xu S L, Li Q H, Wu Y, et al. RILEM standard: testing methods for determination of the double-K criterion for crack propagation in concrete using wedge-splitting tests and three-point bending beam tests, recommendation of RILEM TC 265-TDK. Materials and Structures, 2021, 54(6): 1-11.

[5] 李铭. 基于三点弯曲切口梁试验的混凝土软化本构关系研究. 杭州: 浙江工业大学, 2010.

[6] 中华人民共和国国家发展和改革委员会. 水工混凝土断裂试验规程: DL/T5332—2005. 北京: 中国电力出版社, 2006.

[7] 陈瑛, 姜弘道, 乔丕忠, 等. 混凝土黏聚开裂模型若干进展. 力学进展, 2005 (3): 377-390.

[8] Hillerborg A. The theoretical basis of a method to determine the fracture energy G_F of concrete. Materials and Structures, 1985, 18 (4): 291-296.

[9] Jenq Y S, Shah S P. Two parameter fracture model for concrete. Journal of Engineering Mechanics, 1985, 111 (10): 1227-1241.

[10] Karihaloo B L, Nallathambi P. Notched beam test: Mode I fracture toughness// Shah S P, Carpineteri A. RILEM report 5, fracture mechanics test methods for concrete. London: Chapman and Hall, 1991: 1-86.

[11] Planas J, Elices M. Fracture criteria for concrete: Mathematical approximations and experimental validation— ScienceDirect. Engineering Fracture Mechanics, 1990, 35 (1-3): 87-94.

[12] Xu S L, Reinhardt H W. Determination of double-K criterion for crack propagation in quasi-brittle fracture, Part I: Experimental investigation of crack propagation. International Journal of Fracture, 1999, 98 (2): 111-149.

[13] Xu S L, Reinhardt H W. Determination of double-K criterion for crack propagation in quasi-brittle fracture, Part II: Analytical evaluating and practical measuring methods for three-point bending notched beams. International Journal of Fracture, 1999, 98 (2): 151-177.

[14] Xu S L, Reinhardt H W. Determination of double-K criterion for crack propagation in quasi-brittle fracture, Part III: Compact tension specimens and wedge splitting specimens. International Journal of Fracture, 1999, 98 (2): 179-193.

[15] Yang L X, Ettemeyer A. Strain measurement by three-dimensional electronic speckle pattern interferometry: Potentials, limitations, and applications. Optical Engineering, 2003, 42 (5): 1257-1266.

[16] Otsuka K, Date H. Fracture process zone in concrete tension specimen. Engineering Fracture Mechanics, 2000, 65 (2-3): 111-131.

[17] Hadjab-Souag H, Thimus J F, Chabaat M. Detecting the fracture process zone in concrete using scanning electron microscopy and numerical modelling using the nonlocal isotropic damage model. Canadian Journal of Civil Engineering, 2007, 34 (4): 496-504.

[18] Alam S Y, Loukili A, Grondin F, et al. Use of the digital image correlation and acoustic emission technique to study the effect of structural size on cracking of reinforced concrete. Engineering Fracture Mechanics, 2015, 143: 17-31.

[19] Li S, Fan X, Chen X, et al. Development of fracture process zone in full-graded dam concrete under three-point bending by DIC and acoustic emission. Engineering Fracture Mechanics, 2020, 230 (3): 106972.

[20] Pan B, Qian K, Xie H, et al. Two-dimensional digital image correlation for in-plane displacement and strain measurement: A review. Measurement Science and Technology, 2009, 20 (6): 062001.

[21] Dong W, Wu Z, Zhou X, et al. An experimental study on crack propagation at rock-concrete interface using digital image correlation technique. Engineering Fracture Mechanics, 2017, 171: 50-63.

[22] Skarżyński Ł, Syroka E, Tejchman J. Measurements and calculations of the width of the fracture process zones on the surface of notched concrete beams. Strain, 2011, 47 (s1): e319-e332.

[23] Li T, Xiao J, Zhang Y, et al. Fracture behavior of recycled aggregate concrete under three-point bending. Cement and Concrete Composites, 2019, 104 (11): 103353.

[24] Liu Q, Looi T W, Chen H H, et al. Framework to optimise two-dimensional DIC measurements at different orders of accuracy for concrete structures. Structures, 2020, 28: 93-105.

[25] Bhowmik S, Ray S. An experimental approach for characterization of fracture process zone in concrete. Engineering Fracture Mechanics, 2019, 211: 401-419.

[26] Jones R, Wykes C. Holographic and Speckle Interferometry. Cambridge: Cambridge University Press, 1989.

[27] Huntley J M, Saldner H. Temporal phase-unwrapping algorithm for automated interferogram analysis. Applied Optics, 1993, 32(17): 3047-3052.

[28] Cedolin L, Poli S D, Iori I. Tensile behavior of concrete. Journal of Engineering Mechanics-Asce, 1987, 113(3): 431-449.

[29] 徐世烺, 赵国藩. 混凝土裂缝的稳定扩展过程与临界裂缝尖端张开位移. 水利学报, 1989(4): 33-44.

[30] Cao S Y, Chen J F, Pan J W, et al. ESPI measurement of bond-slip relationships of FRP-concrete interface. Journal of Composites for Construction, 2007, 11(2): 149-160.

[31] Chen H H, Su R K L. Study on fracture behaviors of concrete using electronic speckle pattern interferometry and finite element method//Proceedings of ICCE'10, 2010: 77-88.

[32] Chen H H, Su R K L. Tension softening curves of plain concrete. Construction and Building Materials, 2013, 44: 440-451.

[33] Jia Z, Shah S P, Cordell T M, et al. Crack detection in concrete using real-time ESPI technology//Proceedings of SPIE-The International Society for Optical Engineering, 1995, 2455: 385-391.

[34] Haggerty M, Lin Q, Labuz J F. Observing deformation and fracture of rock with speckle patterns. Rock Mechanics and Rock Engineering, 2010, 43(4): 417-426.

[35] Chen H H N, Su R K L, Fok S L, et al. Fracture behavior of nuclear graphite under three-point bending tests. Engineering Fracture Mechanics, 2017, 186: 143-157.

[36] Maji A K, Zawaydeh D S. Assessment of electronic shearography for structural inspection. Experimental Mechanics, 1997, 34(2): 197-204.

[37] Haellstig E, Svanbro A. Characterization and compensation of decorrelations in interferometric set-ups using active optics// Proceedings of SPIE, Optical Measurement Systems for Industrial Inspection V, 2007, 6616: 661619-1-661619-9.

[38] Molimard J, Cordero R, Vautrin A. Signal-to-noise based local decorrelation compensation for speckle interferometry applications. Applied Optics, 2008, 47(19): 3535-3542.

[39] Mujeeb A, Ravindran V R, Nayar V U. Application of ESPI for the NDE of low-modulus materials using mechanical loading. OR Insight, 2007, 49(1): 21-25.

[40] Kreis T. Handbook of holographic interferometry: Optical and digital methods. Berlin: Wiley, 2005.

[41] Farrant D I, Petzing J N. Sensitivity errors in interferometric deformation metrology. Applied Optics, 2003, 42(28): 5634-5641.

[42] DeVeuster C, Slangen P, Renotte Y, et al. Influence of the geometry of illumination and viewing beams on displacement measurement errors in interferometric metrology. Optics Communications, 1997, 143(1-3): 95-101.

[43] Hack E, Bronnimann R. Electronic speckle pattern interferometry deformation measurement on lightweight structures under thermal load. Optics and Lasers in Engineering, 1999, 31(3): 213-222.

第 4 章　混凝土断裂行为数值模拟

近年来，随着混凝土结构的规模越来越大，混凝土的开裂及结构的断裂失效已成为不容忽视的问题。研究混凝土断裂问题最常用的方法是试验，因为试验直观性强，有助于人们认识结构的开裂和破坏过程，能解释实际中发生的一些断裂现象，是获得第一手资料最直接的方法。然而，由于一般的混凝土构件较大，且边界和受力条件复杂，断裂试验过程不易实现。此外，由于混凝土断裂过程往往发展较快，使用常规仪器精确测量材料中的裂缝发展并不容易，因此采用试验方法研究混凝土的断裂问题比较困难。

随着计算机技术和数值分析技术的发展，数值模拟方法弥补了传统试验方法的不足。利用数值模拟方法研究混凝土的断裂行为有以下优点。

(1)除了能精确地分析混凝土结构从加载到破坏的全过程，还能获得大量的变形和应力信息，从而为设计提供依据，并且能对现有受损的结构(存在宏观裂缝)进行性能评估，对裂缝的扩展特性进行描述和预测。

(2)对混凝土裂缝扩展情况的模拟可以使人们更清楚地认识混凝土破坏过程的发生机制，为改善混凝土的力学性能和研制高性能混凝土材料提供科学依据。

(3)在证明数值模拟方法可靠和有效的前提下，用数值模拟取代部分试验，可以节省大量的人力、物力和财力。

(4)更重要的是，对于试验技术难以模拟的复杂边界和荷载条件、缩尺模型试验中多种相似率难以同时满足等问题，用数值模拟有望很好地解决。

此外，数值模拟方法可以突破断裂试验和裂缝量测手段的局限性，易于对影响结构性能的重要参数做系统的研究。因此，采用数值模拟方法配合试验方法研究混凝土结构的断裂行为很有必要，对材料的断裂力学特性进行精细化分析具有很大的理论和工程价值。

4.1　数值模拟解决裂缝扩展的常用方法

由于混凝土是一种多相非匀质材料，其断裂破坏介于脆性和塑性之间，断裂机理非常复杂。此外，在工程和科技领域内，许多力学和物理问题可以通过数学推导得到相对准确的解析解。然而，能用解析方法求出精确解的只是少数，仅适用于方程性质比较简单且几何形状相当规则的情况。对于大多数情况，由于方程的非线性性质或求解域的几何形状比较复杂，只能采用数值模拟方法。目前可以成功用于分析裂缝扩展的数值模拟方法主要包括有限元法、数值流形法、无网格法、边界元法、扩展有限元法等。

4.1.1 有限元法

有限单元法（finite element method, FEM），又称有限元法，是一种在电子计算机技术发展后迅速兴起的现代计算方法。有限元法的基本思想是将连续的求解域离散为有限个单元的组合体，这些单元可以按照一定的方式组合在一起。由于各个单元能按不同的联结方式进行组合，且单元本身又可以有不同的形状，因此可以将几何形状复杂的求解域进行模型化。在各单元中假定近似场函数（位移函数或应力函数），并对其中的场函数用该单元各个节点上的数值进行函数插值表示。这样一来，未知的场函数及其导数在单元内各个节点上的数值就成为新的未知量（其个数称为自由度），从而将一个连续的无限自由度问题转化为离散的有限自由度问题。求解出以上未知量后，就可以通过插值函数求出各个单元内场函数的近似值，从而得到整个求解域上的近似解。在满足收敛的条件下，模型单元划分得越细，所求的近似解就越逼近精确解。有限元法的主要缺点来源于网格：首先，不是所有的网格上都能构造出合适的插值函数，因为网格出现内凹或者变形过大时会引起网格的奇异性；其次，在构造有限元插值函数时还需考虑网格的连续性，而这种连续性有时很难保证；最后，在计算过程中若需要重新划分网格，譬如解决裂缝扩展问题，网格的拓扑结构会发生变化，计算成本会随之大幅提高。

4.1.2 数值流形法

数值流形法（numerical manifold method, NMM）是石根华在块体理论（block theory, BT）和非连续变形分析（discontinuous deformation analysis, DDA）的基础上，首创的一种更新的、层次更高的现代数值方法[1]。该方法以数值流形为核心，在非连续变形分析的块体系统非连续运动学理论的基础上，融入了有限元法和解析法的连续分析方法，从而创立了可在一切空间至少包括有限元、非连续变形分析和解析法在内的一种新的统一计算形式[2]。该方法基于有限覆盖技术，利用有限覆盖系统，可以对非连续的、裂缝的或块体的材料用一个数学上协调的方法进行计算。有限覆盖技术的基本思想是在求解域上构造一组覆盖函数，这使它具有两个基本性质：①局部非零性，覆盖函数只在局部区域内不为 0，即只在局部区域有解；②在求解区域内，覆盖函数之和为 1，即局部区域内的所有覆盖函数组成总体位移函数。将有限覆盖系统连接在一起，即可覆盖全部材料体。进而，对于材料的总体性状，就可用局部覆盖所定义的函数来计算。另外，当各个覆盖上的覆盖位移函数连接在一起后，在整个材料体上就形成了一个总体的覆盖位移函数。其中，总体的覆盖位移函数是由几个覆盖的交集（公共区域）内的局部独立覆盖函数的加权求和所得。

4.1.3　无网格法

无网格法(meshfree methods, MMs)起源于 20 世纪 70 年代 Lucy 提出的光滑粒子流体动力学(smoothed particle hydrodynamics, SPH)方法[3]。其基本思想是在求解区域上设置有限个离散的节点,采用节点权函数(或核函数)来表征节点及其影响域内的物理和力学量,即利用节点权函数近似地表示其影响域内的位移函数和物理场函数。进而形成与节点位移和节点物理场相关的系统刚度方程,并进行求解。该方法只需要节点的信息,而无需将节点连成单元,这摆脱了单元的限制;离散节点之间的联系可以不断改变,其完全抛弃了网格重构,极大地简化了断裂、自由表面等相关方面的分析。无网格方法有很多种类,各类方法的主要区别在于节点近似方法及方程的离散方式[4]。从离散方式看,无网格法主要有配点型、Galerkin 积分型和局部 Petrov-Galerkin 型。对于配点型,以光滑粒子流体动力学为例,其多以点插值或径向基函数来逼近场函数。其将任意域内节点的未知函数用一定数量节点的函数集合来表示,直接在离散点上满足微分方程或边界条件,建立求解问题的代数方程。这种方法的特点是计算工作量小,但求解精度和稳定性较低。对于 Galerkin 型,以无网格伽辽金法(element free Galerkin, EFG)为例,其以移动最小二乘法构造插值基函数,并从微分方程的弱变分形式原理出发构建离散方程,进而导出求解问题的代数方程。这种方法的特点是求解精度较高,数值结构稳定,因此应用较广泛。

4.1.4　边界元法

边界元法(boundary element method, BEM)是继有限元法之后发展起来的一种分析力学问题的新型数值方法[5]。该方法与有限元法在连续求解域内划分单元的基本思想不同,BEM 只需在求解域的边界上划分单元,用满足控制方程的函数去逼近边界条件。通过把求解域的边界划分为数个单元,并将求函数解简化为求单元节点上的函数值,求解积分方程简化为求解一组线性代数方程。该方法的基本思想包含三部分。①选择基本解及其特性。大部分的基本解是前人得到的带有奇异性的某些特殊问题的解。边界元法的发展对基本解的继续探求有着很强的依赖性。②问题的离散化和选取边界单元。根据 Somigliana 公式[6]把求解问题的控制方程转换成边界上的积分方程,然后引入位于边界上的有限个单元,并将积分方程离散。③叠加法与求解技术。边界单元离散以后,把有限个奇异解累加,使它在节点的结果与节点给定的边界条件相等,得到基本方程,从而解得奇异解里的待定常数[7]。由于离散后的方程组只包含边界上的节点未知量,从而降低了问题的维数。此外,又因求解方程的阶数较低,所以该方法具有数据准备简单、运算时间短的优点。

4.1.5　扩展有限元法

扩展有限元法(extended finite element method, XFEM)是以美国西北大学 Belytschko 教授为代表的研究组于 1999 年提出来的[8]。该方法的基本原理是基于单位分解的思想,在常规有限元法位移模式中增加了一些改进函数项来解决特殊问题(如裂缝、夹杂和孔洞等)的位移场,其位移逼近由连续和不连续两部分组成,连续位移采用常规有限元法获得,不连续位移则需根据不连续问题的类型选取相应的改进函数来确定。为了确定模型中不连续处的位置,该方法常采用水平集法来描述和追踪移动界面位置。由于所使用的计算网格与结构内部无关,无须对网格进行重新划分,大大降低了计算成本,因此扩展有限元法是迄今为止求解不连续问题最新最有效的数值方法[9]。

4.2　利用 ABAQUS 软件的裂缝扩展模拟

有限元求解断裂问题有两种基本模型:断裂力学模型和损伤力学模型。断裂力学模型是基于线弹性断裂力学和非线性断裂力学理论发展起来的方法;损伤力学模型是指基于损伤力学建立的方法。要模拟材料中的裂缝扩展,ABAQUS 软件目前主要提供三种技术:①基于节点松绑的原理,即虚拟裂缝闭合技术(virtual crack closure technique, VCCT);②基于裂缝区内聚力软化原理,即内聚力模型(cohesive zone model, CZM);③基于扩展有限元法,即 XFEM。

VCCT 基于线弹性断裂力学的应变能释放率判据,适用于模拟脆性断裂中的裂缝扩展,且裂缝只能沿着预定的路径扩展[10]。CZM 属于损伤力学模型,最先由 Barenblatt 引入,使用牵引-分离法则来模拟裂缝扩展,通过黏聚力单元的刚度退化失效,直至删除该单元来实现裂缝的扩展。因此使用 CZM 模拟裂缝扩展时同样需要预先设置裂缝的扩展路径。XFEM 所使用的网格与结构内部的几何或物理界面无关[11],从而克服了诸如裂缝尖端高应力和需要对变形集中区进行高密度网格划分所带来的困难,在模拟裂缝扩展时也无须对网格进行重新划分,且裂缝可以沿任意路径扩展。

由于三点弯曲试验常用于测试准脆性材料的 I 型断裂韧性参数,本章将分别采用 VCCT、CZM 和 XFEM 建立模型对三点弯曲梁的断裂行为进行有限元模拟,并将三种方法进行对比。

4.2.1　虚拟裂缝闭合技术

1. 虚拟裂缝闭合技术简介

Raju[12]、Shivakumar 等[13]以及 Rybicki 和 Kanninen[14]给出了关于 VCCT 的公

式推导，随后 Xie 和 Biggers[15]、Qian 等[16]以及范里夫[17]对 VCCT 断裂单元进行研究，VCCT 示意图如图 4-1 所示。其中，裂缝由一个长度为"a"的裂缝和一个增量为"Δa"的虚拟裂缝组成。Irwin 的应变能释放率积分[18]可以写为

$$G_{\mathrm{I}} \cong \lim_{\Delta a \to 0} \frac{1}{2B\Delta a} \int_0^{\Delta a} \sigma_{yy}^{(1)}(\Delta a - r, 0)\Delta v^{(2)}(r,\pi)\mathrm{d}r \tag{4-1}$$

$$G_{\mathrm{II}} \cong \lim_{\Delta a \to 0} \frac{1}{2B\Delta a} \int_0^{\Delta a} \tau_{xy}^{(1)}(\Delta a - r, 0)\Delta u^{(2)}(r,\pi)\mathrm{d}r \tag{4-2}$$

式中，B 为平面厚度；$\sigma_{yy}^{(1)}$ 和 $\tau_{xy}^{(1)}$ 分别为裂缝尖端前面的正应力和剪应力分量；$\Delta u^{(2)}$ 和 $\Delta v^{(2)}$ 分别为虚拟裂缝面上点的相对滑动位移和张开位移；r 为距离裂缝尖端的极径；G_{I} 和 G_{II} 分别对应 I 型和 II 型断裂模式下的应变能释放率分量。

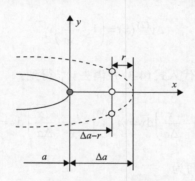

图 4-1　VCCT 示意图

a-裂缝长度；Δa-虚拟裂缝增量；r-距离裂缝尖端的极径

如图 4-2 所示，在二维有限元网格中，虚拟裂缝的应力功等于节点力在节点位移上做的功：

$$\int_0^{\Delta a} \sigma_{yy}^{(1)}(x)\Delta v^{(2)}(x)\mathrm{d}x = F_{y1}^{(1)} v_{1,1'}^{(2)} \tag{4-3}$$

式中，$v_{1,1'} = v_1 - v_{1'}$，为节点 1 和 1'间竖直位移的变化；F_{y1} 为节点 1 上 y 方向的节点力（竖直方向）；上标(1)和(2)分别为第一分析步（对应初始裂缝）和第二分析步（对应虚拟裂缝）。在下文中，除非特别说明，均采用这种约定符号。

裂缝尖端区域的应力可以表示为

$$\sigma_{yy}^{(1)}(x) = \frac{A}{\sqrt{x}} \tag{4-4}$$

式中，A 为一个常数；x 为距离裂缝尖端的水平距离。

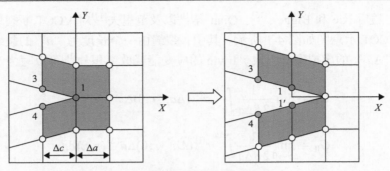

图 4-2　虚拟裂缝体的应变能释放率
Δa-虚拟裂缝增量；Δc-裂缝扩展增量

对于线性四边形单元，裂缝面张开位移 $\Delta v^{(2)}(x)$ 可以通过插值计算：

$$\Delta v^{(2)}(x) = \left(1 - \frac{x}{\Delta a}\right) v_{1,1'}^{(2)} \tag{4-5}$$

将式 (4-5) 和式 (4-4) 代入式 (4-3) 并消去 $v_{1,1'}^{(2)}$ 得到：

$$\int_0^{\Delta a} \frac{A}{\sqrt{x}} \left(1 - \frac{x}{\Delta a}\right) \mathrm{d}x = A \int_0^{\Delta a} \left(\frac{1}{\sqrt{x}} - \frac{\sqrt{x}}{\Delta a}\right) \mathrm{d}x = \frac{4}{3} A \sqrt{\Delta a} \tag{4-6}$$

式 (4-1) 可以进一步写为

$$G_{\mathrm{I}} = \lim_{\Delta a \to 0} \frac{1}{2B\Delta a} \int_0^{\Delta a} \sigma_{yy}^{(1)}(\Delta a - r, 0) \Delta v^{(1)}(r, \pi) \mathrm{d}r \tag{4-7}$$

裂尖前缘的应力分布为

$$\sigma_{yy}^{(1)}(\Delta a - r) = \frac{A}{\sqrt{\Delta a - r}} \tag{4-8}$$

裂尖前缘的张开位移可通过插值函数获得

$$\Delta v^{(1)}(r) = \left(\frac{r}{\Delta a}\right) \Delta v_{3,4}^{(1)} \tag{4-9}$$

式中，$v_{3,4} = v_3 - v_4$，为节点 3 和节点 4 间竖直位移的变化；Δa 为虚拟裂缝增量；r 为距离裂缝尖端的极径。

将式 (4-8) 和式 (4-9) 代入式 (4-7) 中得

$$G_{\text{I}} = \lim_{\Delta a \to 0} \frac{1}{2B\Delta a} \int_0^{\Delta a} \frac{A}{\sqrt{\Delta a - r}} \left(\frac{r}{\Delta a}\right) \Delta v_{3,4}^{(1)} \mathrm{d}r$$

$$= \lim_{\Delta a \to 0} \frac{1}{2B\Delta a} \left(\frac{A}{\Delta a} \int_0^{\Delta a} \frac{r}{\sqrt{\Delta a - r}} \, \mathrm{d}r\right) \Delta v_{3,4}^{(1)} \tag{4-10}$$

式(4-10)中括号里的部分进一步简化为

$$\frac{A}{\Delta a} \int_0^{\Delta a} \frac{r}{\sqrt{\Delta a - r}} \, \mathrm{d}r = \frac{4}{3} A \sqrt{\Delta a} = F_y^{(1)} \tag{4-11}$$

于是，可以得到：

$$G_{\text{I}} = \lim_{\Delta a \to 0} \frac{1}{2B\Delta a} F_{y1}^{(1)} \Delta v_{3,4}^{(1)} \tag{4-12}$$

按照极限分析的原则，要求裂缝尖端的单元足够小。一般来说，单元越小，G_{I} 越精确。然而，大量的数值分析表明，式(4-12)的计算结果对有限元网格尺寸并不敏感。因此，式(4-12)可以近似为

$$G_{\text{I}} \cong \frac{F_{y1}\Delta v_{3,4}}{2B\Delta a} \tag{4-13}$$

通过类似的分析过程得到：

$$G_{\text{II}} \cong \frac{F_{x1}\Delta u_{3,4}}{2B\Delta a} \tag{4-14}$$

对于 $\Delta c \neq \Delta a$ 的情况，式(4-13)和式(4-14)修正为

$$\begin{cases} G_{\text{I}} \cong \dfrac{F_{y1}\Delta v_{3,4}}{2B\Delta a} \dfrac{\sqrt{\Delta c}}{\sqrt{\Delta a}} \\[3mm] G_{\text{II}} \cong \dfrac{F_{x1}\Delta u_{3,4}}{2B\Delta a} \dfrac{\sqrt{\Delta c}}{\sqrt{\Delta a}} \end{cases} \tag{4-15}$$

2. VCCT 在 ABAQUS 中的实现

VCCT 基于线弹性断裂力学理论，适用于在预先定义面上产生脆性开裂的问题。该技术假设裂缝扩展产生的应变能释放率与使裂缝闭合的应变能释放率相等，在有限元法中，利用节点分离技术来模拟裂缝的扩展[19]。裂缝扩展准则见式(4-16)：

$$G_{\text{equiv}} / G_{\text{equivC}} \geqslant 1 \tag{4-16}$$

式中，G_{equiv} 为等效应变能释放率；G_{equivC} 为临界等效应变能释放率。

当式(4-16)满足时，节点在相同位置分成两个节点，并且释放耦合在一起的自由度。

ABAQUS(Standard)提供三种混合模式的准则来计算临界等效应变能释放率[19]，分别为 BK 准则、Power 准则和 Reeder 准则。

(1)BK 准则：

$$G_{equivC} = G_{Ic} + \left(G_{IIc} - G_{Ic}\right)\left(\frac{G_{II} + G_{III}}{G_{Ic} + G_{IIc} + G_{IIIc}}\right)^{\eta} \tag{4-17}$$

(2)Power 准则：

$$\frac{G_{equiv}}{G_{equivC}} = \left(\frac{G_{I}}{G_{Ic}}\right)^{a_m} + \left(\frac{G_{II}}{G_{IIc}}\right)^{a_n} + \left(\frac{G_{III}}{G_{IIIc}}\right)^{a_o} \tag{4-18}$$

(3)Reeder 准则：

$$G_{equivC} = G_{Ic} + \left(G_{IIc} - G_{Ic}\right)\left(\frac{G_{II} + G_{III}}{G_{Ic} + G_{IIc} + G_{IIIc}}\right)^{\eta}$$
$$+ \left(G_{IIIc} - G_{IIc}\right)\left(\frac{G_{III}}{G_{II} + G_{III}}\right)\left(\frac{G_{II} + G_{III}}{G_{Ic} + G_{IIc} + G_{IIIc}}\right)^{\eta} \tag{4-19}$$

式中，G_{I}、G_{II} 和 G_{III} 分别对应 I 型、II 型和 III 型断裂的应变能释放率；G_{Ic}、G_{IIc} 和 G_{IIIc} 分别对应 I 型、II 型和 III 型断裂的应变能释放率临界值；η 为 BK 准则和 Reeder 准则中定义的指数；a_m、a_n 和 a_o 为 Power 准则中定义的三个指数。

3. 算例 1

三点弯曲梁尺寸：长度 710mm、跨度 600mm、高度 150mm、厚度 70mm、预制切缝高度 60mm，梁模型示意图如图 4-3 所示。材料参数：弹性模量 $E = 22.7$GPa，泊松比 $\mu = 0.2$，最大主应力取 $\sigma_{max} = 1.7$MPa，断裂能为 0.13×10^{-3}J/mm^2，应变能释放率为 0.05×10^{-3}J/mm^2。

1)有限元模型

为了节约时间成本，模型采用二维可变形壳单元(shell)建立部件。首先在 part 模块建立尺寸为 355mm×150mm 的半结构部件，并将部件拆分为上下两部分(图 4-4)。在 property 模块设置模型的材料参数，在 interaction 模块添加断裂参数(表 4-1)，然后在 assembly 模块将两个半结构部件组装为一个完整模型，如图 4-5 所示。在 mesh 模块划分网格，共创建 1080 个四节点双线性平面应变四边形单元

（CPE4R）。在 interaction 模块创建具有断裂参数的面对面（surface to surface）接触，如图 4-6 所示，并建立基于 VCCT 的 debond 裂缝，如图 4-7 所示。

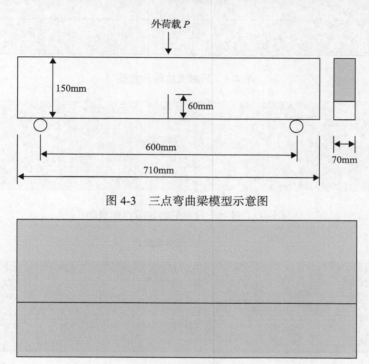

图 4-3　三点弯曲梁模型示意图

图 4-4　VCCT 的模型部件图

表 4-1　VCCT 的模型参数取值

弹性模量/GPa	泊松比	G_{Ic}/(J/mm²)	G_{IIc}/(J/mm²)	G_{IIIc}/(J/mm²)
22.7	0.2	0.05×10^{-3}	0.05×10^{-3}	0

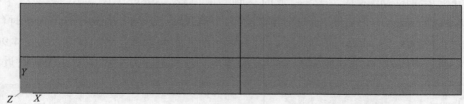

图 4-5　VCCT 的模型组装图

为了模拟简支约束，在模型的左端设置固定铰支座，右端设置滚动支座，如图 4-8 所示。为防止加载点应力集中而造成计算不收敛，在跨中上端设置耦合点，以该耦合点控制竖向位移加载，加载位移为 1mm。

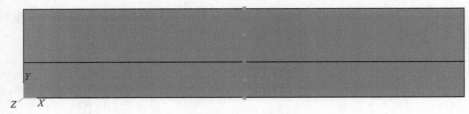

图 4-6 面对面接触示意图

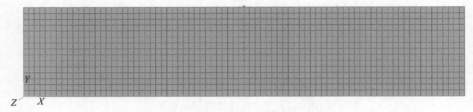

图 4-7 接触中设置的绑定节点示意图

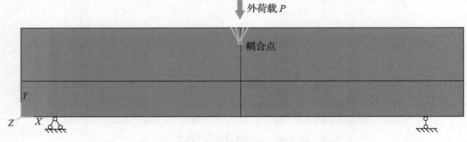

图 4-8 VCCT 的模型边界条件示意图

2) 有限元分析结果

该模拟过程共 112 个分析步，图 4-9～图 4-11 为不同时刻试件的 Mises 应力云图。沿预设裂缝路径方向第一个单元扩展时对应第 20 个分析步，图 4-9 为第 21 个分析步时的 Mises 应力云图，此时达到峰值荷载 3.896kN；图 4-10 是第 25 个分析步时的 Mises 应力云图，此时达到荷载为 1.851kN；图 4-11 是试件即将失效时（荷载为 0.179kN）的 Mises 应力云图，此时裂缝已发展到梁的上部加载端。从图 4-9～图 4-11 中可以直观地观测到裂缝的发展情况，最大主应力主要集中在裂尖附近和

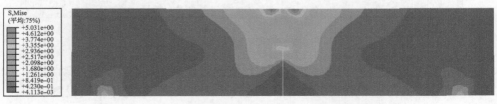

图 4-9 第 21 个分析步时的 Mises 应力云图（峰值荷载时）

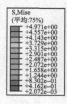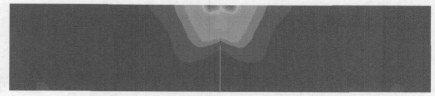

图 4-10　第 25 个分析步时的 Mises 应力云图(峰值荷载后)

图 4-11　第 112 个分析步时的 Mises 应力云图(即将失效时)

加载耦合线两端。由于边界条件左右对称,应力云图也基本对称。

模型计算的 P-CMOD 曲线如图 4-12 所示。荷载随着裂缝口张开位移的增加先增长,当达到峰值点后开始下降。在峰值以前,P-CMOD 曲线基本呈线性关系,通过拟合得到二者的关系为 $P = 80.520\text{CMOD} - 1.383^{-5}$,拟合度 $R^2 = 1$。在曲线的下降段,随着裂缝的扩展,裂缝两侧绑定的节点逐渐得到释放,同时节点所占有的一个单元长度的裂缝得到释放。这种跳跃式的节点释放,伴随而来的是突然的卸荷,导致荷载出现直线形式的下降。当节点释放时,荷载同时也得到释放,下一个节点因未达到开裂的临界状态,还可以继续承受一定的荷载,所以荷载又出现小幅度的回升。然而,梁的整体承载能力随着裂缝的扩展会越来越小,总体呈下降趋势。

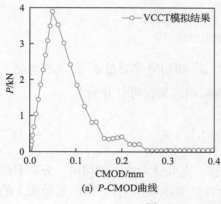
(a) P-CMOD曲线

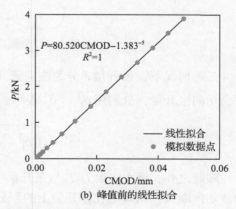
(b) 峰值前的线性拟合

图 4-12　VCCT 的 P-CMOD 曲线

4.2.2　内聚力模型

1. 内聚力模型简介

众所周知，线弹性断裂力学中把裂尖视为应力的奇异点，即应力在此处为无穷大。但这在现实材料中是不可能的，为数值模拟的实现带来了困惑。为了克服裂尖的应力奇异性问题，Dugdale[20]和 Barenblatt[21]把裂缝分为两部分：一部分为自由表面，另一部分作用有内聚力。二者对裂尖的应力取值略有不同：Dugdale 的内聚力模型，裂尖处的内聚力为屈服应力，而 Barenblatt 的内聚力模型，其内聚力的大小为到裂缝尖端距离的函数。

新近发展的模型与以上二者均有所不同，认为界面上的内聚力是裂缝上下界面张开量 δ 的函数，这将更有利于数值建模[22]。如图 4-13 所示，裂缝的开展通过 Cohesive 单元的失效删除来实现，而裂缝的张开量 δ 则通过裂缝上下表面的位移变化 $[u]$ 来计算：

$$\delta = [u] = u^+ - u^- \tag{4-20}$$

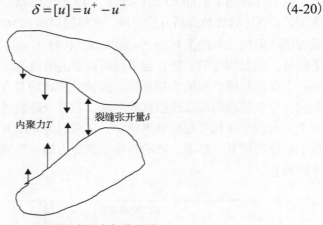

内聚力 T　　　裂缝张开量 δ

图 4-13　裂缝内聚力与张开量

二维情况下，张开量 δ 分为法向张开量 δ^N 和切向张开量 δ^T；三维情况下有两个切向张开量，分别用 δ_1^T、δ_2^T 表示。为简单起见，可合并为

$$\delta^T = \sqrt{\left(\delta_1^T\right)^2 + \left(\delta_2^T\right)^2} \leqslant \delta_c^T \tag{4-21}$$

除此之外，最大内聚力 T_c 与张开量一样，也可分为法向和切向，分别引起法向或切向断裂。内聚力在张开量上的积分(在法向或切向上)，即内聚单元上的能量损耗 $\varGamma_0$：

$$\Gamma_0 = \int_0^\infty T(\delta)\mathrm{d}\delta \tag{4-22}$$

式中，$T(\delta)$ 曲线为材料的内聚力关系。

由于内聚力模型的唯象性，不同的作者可能采用不同的曲线形状，但有两点是一致的，即都含有最大张开量 δ_c 和最大内聚力 T_c 两个材料参数，以及内聚力单元完全失效后，内聚力为零，即 $T(\delta > \delta_c) \equiv 0$。

材料的损伤情况可用式(4-23)来表示：

$$D = \frac{\delta}{\delta_c} \tag{4-23}$$

考虑了法向张开量 δ^N 与切向张开量 δ^T 的相互作用，损伤情况可如下表示：

$$D = \sqrt[m]{\left(\frac{\delta^N}{\delta_c^N}\right)^m + \left(\frac{\delta^T}{\delta_c^T}\right)^m} \tag{4-24}$$

式中，m 为关系参数。$m = 1$ 就是线性关系，$m \to \infty$ 则无关系。一般采用 $m = 2$ 时的 D 作为损伤参数。

在复合型断裂情况下，为了考虑法向张开量与切向张开量的相互影响，通常可写成如下形式：

$$\begin{cases} T^N = T^N\left(\delta^N, D, \delta^T\right) \\ T^T = T^T\left(\delta^T, D, \delta^N\right) \end{cases} \tag{4-25}$$

2. 内聚力模型在 ABAQUS 中的实现

1) 牵引-分离准则

ABAQUS 中的牵引-分离模型假设在损伤起始和演化之前，材料变形服从线弹性关系[19]。线弹性关系用界面处的名义应力与名义应变的弹性本构矩阵表示。名义应力是每一个积分点上的力除以原面积，而名义应变是每一个积分点上的分离量除以原厚度。如果采用牵引-分离准则，原始本构厚度的默认值是 1.0，这样能保证名义应变等于分离量(界面上下表面的相对位移)。因此，这里用于牵引-分离的本构厚度通常不同于试件几何厚度。

若定义 T_0 为内聚力单元的原始厚度，则名义应变为

$$\begin{cases} \varepsilon_n = \dfrac{\delta_n}{T_0} \\[2mm] \varepsilon_s = \dfrac{\delta_s}{T_0} \\[2mm] \varepsilon_t = \dfrac{\delta_t}{T_0} \end{cases} \tag{4-26}$$

式中，δ_n、δ_s 和 δ_t 分别为法向应力和两个切向应力；对应的 ε_n、ε_s 和 ε_t 分别为法向应变和两个切向应变。

本构方程如下：

$$\boldsymbol{t} = \begin{Bmatrix} t_n \\ t_s \\ t_t \end{Bmatrix} = \begin{bmatrix} K_{nn} & K_{ns} & K_{nt} \\ K_{sn} & K_{ss} & K_{st} \\ K_{tn} & K_{ts} & K_{tt} \end{bmatrix} \begin{Bmatrix} \varepsilon_n \\ \varepsilon_s \\ \varepsilon_t \end{Bmatrix} \tag{4-27}$$

式中，t_n、t_s 和 t_t 分别为法向应力和两个切向应力；K_{nn}、K_{ss} 和 K_{tt} 分别为法向刚度和两个切向刚度。ABAQUS 中设置为 K_{nn}、K_{ss} 和 K_{tt} 不产生相互耦合关系，也就是说纯法向分离不会引起切向力，纯切向滑动不会引起法向力，则式(4-27)变为

$$\boldsymbol{t} = \begin{Bmatrix} t_n \\ t_s \\ t_t \end{Bmatrix} = \begin{bmatrix} K_{nn} & 0 & 0 \\ 0 & K_{ss} & 0 \\ 0 & 0 & K_{tt} \end{bmatrix} \begin{Bmatrix} \varepsilon_n \\ \varepsilon_s \\ \varepsilon_t \end{Bmatrix} \tag{4-28}$$

2)损伤起始准则

一般来说，材料的失效破坏与裂缝的扩展判据分为两种情况，即损伤起始判据和损伤演化判据。本节中，损伤起始就意味着材料退化的开始。

损伤起始准则[19]主要有以下几种。

(1)最大名义应力准则：

$$\max \left\{ \frac{t_n}{t_c^n}, \frac{t_s}{t_c^s}, \frac{t_t}{t_c^t} \right\} = 1 \tag{4-29}$$

(2)最大名义应变准则：

$$\max \left\{ \frac{\varepsilon_n}{\varepsilon_c^n}, \frac{\varepsilon_s}{\varepsilon_c^s}, \frac{\varepsilon_t}{\varepsilon_c^t} \right\} = 1 \tag{4-30}$$

(3)二次名义应力准则：

$$\left\{\frac{t_{\mathrm{n}}}{t_{\mathrm{c}}^{\mathrm{n}}}\right\}^2 + \left\{\frac{t_{\mathrm{s}}}{t_{\mathrm{c}}^{\mathrm{s}}}\right\}^2 + \left\{\frac{t_{\mathrm{t}}}{t_{\mathrm{c}}^{\mathrm{t}}}\right\}^2 = 1 \tag{4-31}$$

（4）二次名义应变准则：

$$\left\{\frac{\varepsilon_{\mathrm{n}}}{\varepsilon_{\mathrm{c}}^{\mathrm{n}}}\right\}^2 + \left\{\frac{\varepsilon_{\mathrm{s}}}{\varepsilon_{\mathrm{c}}^{\mathrm{s}}}\right\}^2 + \left\{\frac{\varepsilon_{\mathrm{t}}}{\varepsilon_{\mathrm{c}}^{\mathrm{t}}}\right\}^2 = 1 \tag{4-32}$$

式中，t_{n}、t_{s} 和 t_{t} 分别为变形是纯法向、纯剪切 1 方向和纯剪切 2 方向时的名义应力；对应的 $t_{\mathrm{c}}^{\mathrm{n}}$、$t_{\mathrm{c}}^{\mathrm{s}}$ 和 $t_{\mathrm{c}}^{\mathrm{t}}$ 分别为各名义应力的临界值；ε_{n}、ε_{s} 和 ε_{t} 分别为变形是纯法向、纯剪切 1 方向或者纯剪切 2 方向时的名义应变；对应的 $\varepsilon_{\mathrm{c}}^{\mathrm{n}}$、$\varepsilon_{\mathrm{c}}^{\mathrm{s}}$ 和 $\varepsilon_{\mathrm{c}}^{\mathrm{t}}$ 分别为各名义应变的临界值。

3）损伤演化准则

损伤演化是指材料在出现起始损伤之后，材料力学性能的退化过程，通常用刚度弱化来描述。引入刚度弱化系数 D，D 取 0～1 之间的数值：当 $D=0$ 时代表材料未发生损伤，而 $D=1$ 时代表材料完全破坏失效。因此，材料损伤后的刚度为

$$t_{\mathrm{n}} = \begin{cases} (1-D)\overline{t}_{\mathrm{n}} & (\overline{t}_{\mathrm{n}} \geqslant 0) \\ \overline{t}_{\mathrm{n}} & (\overline{t}_{\mathrm{n}} < 0) \end{cases} \tag{4-33}$$

式中，$\overline{t}_{\mathrm{n}}$ 为法向力。不考虑法向力 $\overline{t}_{\mathrm{n}}$ 为压缩时带来的损伤作用，因此当法向力小于零时，$D=0$。

材料刚度退化常常使有限元分析不容易收敛，为了解决这个问题，ABAQUS 在本构方程中引入了黏性正则化方法，以保证刚度矩阵的正定性。通过引入黏性损伤变量 D_{μ}，损伤演化方程如下：

$$\dot{D}_{\mu} = \frac{1}{\mu}\left(D - D_{\mu}\right) \tag{4-34}$$

式中，μ 为黏性系数。

这样，具有黏滞特性材料的损伤响应由式（4-35）给出：

$$t_{\mathrm{c}} = \left(1 - D_{\mu}\right)\overline{t}_{\mathrm{c}} \tag{4-35}$$

式中，t_{c} 为裂缝表面上的名义应力；$\overline{t}_{\mathrm{c}}$ 为裂缝表面上的实际应力。

3. 算例 2

三点弯曲梁试件尺寸与材料参数与 4.2.1 节的算例 1 相同。

1) 有限元模型

为了节约时间成本，模型采用二维可变形壳单元(shell)建立部件。在 part 模块建立尺寸为 710mm×150mm 的部件(跨度为 600mm)，通过切削功能在梁截面中部建立尺寸为 60mm×0.2mm 的裂缝，并通过拆分得到梁裂缝扩展路径部位的 cohesive 单元，如图 4-14 所示。在 property 模块设置模型的材料属性，材料参数见表 4-2。模型共包含 1050 个四节点双线性平面应力四边形单元(CPS4I)和 9 个四节点二维黏结单元(COH2D4)，通过网格编辑将黏结单元左右两侧的节点合并在一起，合并前后的节点对比如图 4-15 所示。

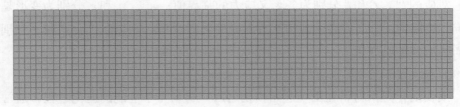

图 4-14　CZM 的模型部件图

表 4-2　CZM 模型材料参数取值

CPE4I		COH2D4							
		弹性			Maxs 损伤				
弹性模量/GPa	泊松比	E_{nn}/GPa	E_{ss}/GPa	E_{tt}/GPa	N_{max}/MPa	T_{max}/MPa	S_{max}/MPa	法向断裂能/(J/mm²)	第一方向切向断裂能/(J/mm²)	第二方向切向断裂能/(J/mm²)
22.7	0.2	22.7	22.7	22.7	1.7	1.7	1.7	$0.13×10^{-3}$	$0.13×10^{-3}$	0

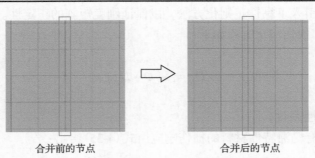

合并前的节点　　　　　　　　　　合并后的节点

图 4-15　黏结单元合并前后的节点示意图

如图 4-16 所示，模型的左支座为固定铰支座，右支座为滚动支座。为防止加载点应力集中，在跨中上端设置耦合点，并以该耦合点控制竖向位移加载，加载位移设定为 1mm。

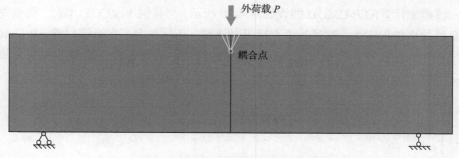

图 4-16　CZM 的模型边界条件示意图

2) 有限元分析结果

该模拟过程共 112 个分析步，图 4-17～图 4-19 为不同分析步试件的最大主应力云图。图 4-17 为沿预设裂缝路径第一个单元扩展时(第 13 个分析步)的最大应力云图，此时荷载为 0.685kN；图 4-18 是峰值荷载时(第 26 个分析步)的最大应力云图，峰值荷载为 2.289kN；图 4-19 是试件即将失效时(第 112 个分析步)的最大应力云图。由于模型边界左右对称，最大应力云图也基本对称分布在裂缝的两侧，应力集中区主要集中在裂尖附近。

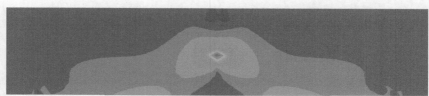

图 4-17　第 13 个分析步时的最大主应力图(开始扩展时)

图 4-18　第 26 个分析步时的最大主应力图(峰值荷载时)

图 4-19　第 112 个分析步时的最大主应力图(即将失效时)

该模型计算的 P-CMOD 曲线如图 4-20 所示。与算例 1（VCCT）类似，荷载先随着变形的增加而增大，达到峰值点后开始下降。不同的是，在峰值以前，P-CMOD 曲线并非线性关系，而是呈上凸状，类似抛物线。通过拟合，二者的关系大致为 $P = -787.227\text{CMOD}^2 + 78.570\text{CMOD}$，拟合度 $R^2=0.9989$。

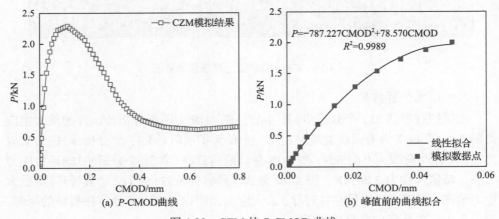

(a) P-CMOD曲线　　　　　　　　　　　　(b) 峰值前的曲线拟合

图 4-20　CZM 的 P-CMOD 曲线

4.2.3　扩展有限元法

1. 扩展有限元法简介

1）水平集法

水平集法（level set method, LSM）是 Osher 和 Sethian[23]提出的一种确定界面位置和追踪界面移动的数值技术。其主要思想是将研究的曲线或曲面嵌入高一维空间的水平集函数中去。在一定的速度场驱动下，通过求解水平集方程，实现曲线或曲面的边界运动分析与跟踪[24]。首先设裂缝为一条未封闭的曲线 $\varGamma_\text{c}$，如图 4-21 所示[25,26]。将该曲线用两个正交的水平集函数表示。其中，记与裂缝方向平行的水平集函数为 $\psi(x,t)$，当 $\psi = 0$ 时该函数与裂缝曲线重合；记与裂缝方向垂直的水平集函数为 $\varPhi(x,t)$，当 $\varPhi = 0$ 时为裂缝尖端位置。这样，该裂缝曲线 $\varGamma_\text{c}$ 可表示为

$$\varGamma_\text{c} = \left\{ x \in R^2 \,\middle|\, \psi(x,t)=0, \varPhi(x,t) \leqslant 0 \right\} \tag{4-36}$$

另外，若裂缝完全处于结构内部，则需要两个垂向水平集函数 $\varPhi_1$ 和 $\varPhi_2$ 来分别表示裂缝曲线两端裂尖的位置。

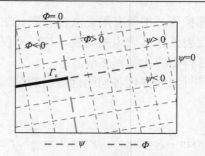

图 4-21　水平集法示意图

Γ_c-裂缝曲线；Φ-与裂缝方向垂直的水平集函数；ψ-与裂缝方向平行的水平集函数

2) 单位分解法

单位分解法（partition of unity method, PUM）是 Melenk 和 Babuka[27]及 Duarte
和 Oden[28]先后于 1996 年提出的。它的主要求解思想是先分片，尽可能准确地逼
近局部函数，再将各片整合，实现对函数的全局逼近。对于求解区域 Ω，单位分
解法用一些相互交叉的子域 Ω_I 来覆盖，每个子域都与一个函数 $\varphi_I(x)$ 相联系[29]。
函数 $\varphi_I(x)$ 仅在 Ω_I 内非零，且满足单位分解条件：

$$\sum_I \varphi_I(x) = 1 \tag{4-37}$$

单位分解可以如下来构造：

$$u^h(x) = \sum_I \varphi_I^K(x) \cdot \left[u_I + \sum_{i=1}^{m} b_{iI} \cdot q_i(x) \right] \tag{4-38}$$

单位分解也可以采用扩展形式：

$$u^h(x) = \sum_{I=1}^{n_1} \varphi_I^K(x) \cdot u_I + \sum_{i}^{n_2} \varphi_I^0 \cdot \sum b_{iI} \cdot q_i(x) \tag{4-39}$$

式中，$\varphi_I(x)$ 为标准有限元形函数；I 为求解域的节点集；$u^h(x)$ 为位移场函数；
$\varphi_I^K(x)$ 为单位分解函数；u_I 为标准有限元位移未知量；i 为富集节点集；$q_i(x)$ 为
加强基函数；b_{iI} 为相应的基函数的系数，扩展有限元法就是采用这种形式。

Melenk 和 Babuka 已证明了单位分解法的收敛性，因此只要是基于单位分解
法构造的数值方法就能保证其收敛性。

3) 扩展有限元法

从理论上讲，单元内部的位移函数可以是任意形状的，有限元法采用插值函
数来描述单元内部的位移场。由于形函数的连续性，单元内部不可能存在间断，

因此裂缝不能在单元内部扩展。扩展有限元法在有限元法的基础上，用扩展带有不连续性质的形函数来代表计算区域内的间断。这样不仅可以模拟沿任意路径扩展的裂缝，还可以模拟材料中的孔洞和夹杂。

Belytschko 和 Black[8]针对线弹性各向同性材料裂缝问题，提出裂缝尖端的富集函数 $F_\alpha(x)$：

$$F_\alpha(x) = \left[\sqrt{r}\sin\frac{\theta}{2}, \sqrt{r}\cos\frac{\theta}{2}, \sqrt{r}\sin\theta\sin\frac{\theta}{2}, \sqrt{r}\sin\theta\cos\frac{\theta}{2} \right] \tag{4-40}$$

式中，r，θ 为以裂缝尖端为原点的极坐标。

Moës 等[30]引入阶跃函数作为富集函数来表示被裂缝面所截断的单元：

$$H(x) = \begin{cases} 1 & \text{（裂缝面上）} \\ -1 & \text{（裂缝面下）} \end{cases} \tag{4-41}$$

因此，部件内的任意单元均可由以下有限元位移表达式描述：

$$u = \sum_{i=1}^{N} N_i(x)\left[u_i + H(x)a_i + \sum_{\alpha=1}^{4} F_\alpha(x)b_i^\alpha \right] \tag{4-42}$$

式中，$N_i(x)$ 为通常的节点位移形函数；u_i 为通常的节点位移；a_i 为被裂缝尖端贯穿的单元节点附加自由度；$H(x)$ 为 Heaviside 函数；b_i^α 为裂缝尖端嵌入单元的节点附加自由度；$F_\alpha(x)$ 为裂缝尖端位移场函数的近似表达式。

2. 扩展有限元法在 ABAQUS 中的实现

在 XFEM 的框架中，其中一种方法基于牵引-分离的黏性行为，可以用于计算脆性或韧性断裂问题，这是一种非常通用的建模方法；另一种可选的基于 XFEM 框架的移动裂缝建模方法是基于线弹性断裂力学，因此该方法更适用于脆性材料的裂缝扩展问题。

根据定义，基于 XFEM 的模拟方法需要模型中存在裂缝，裂缝可以预先存在或者在分析中集结出现。裂缝的集结出现由六种裂缝起始准则决定，它们分别是最大主应力准则、最大主应变准则、最大正应力准则、最大正应变准则、二次牵引影响准则和二次分离影响准则。用户需要定义裂缝扩展方向，当裂缝起始准则满足时，裂缝就开始扩展。裂缝扩展方向可以沿着最大切应力方向或垂直于单元局部坐标轴 1，或是单元局部坐标轴 2。默认的裂缝扩展方向为最大切应力方向。

3. 算例 3

三点弯曲梁试件尺寸与材料参数与 4.2.1 节算例 1 相同。

1) 有限元模型

在 part 模块建立尺寸为 710mm×150mm 的梁部件（跨度为 600mm），以及 60mm 的线部件作为裂缝。在 property 模块设置模型的材料属性，材料参数见表 4-3。在 assembly 模块将梁部件和裂缝部件组装在一起后，在 interaction 模块建立硬性接触，并设置 XFEM 裂缝，模型的组装和接触设置如图 4-22 所示。其中，为方便上部加载线的设置，在裂缝两边设置间隔距离为 20mm 的平行线。在 mesh 模块划分网格，共建立了 1080 个四节点双线性平面应力四边形单元（CPS4R），如图 4-23 所示。

表 4-3　XFEM 的模型参数取值

弹性模量/GPa	泊松比	σ_{max}/MPa	法向断裂能/(J/mm²)	第一方向切向断裂能/(J/mm²)	第二方向切向断裂能/(J/mm²)
22.7	0.2	1.7	0.13×10^{-3}	0.13×10^{-3}	0

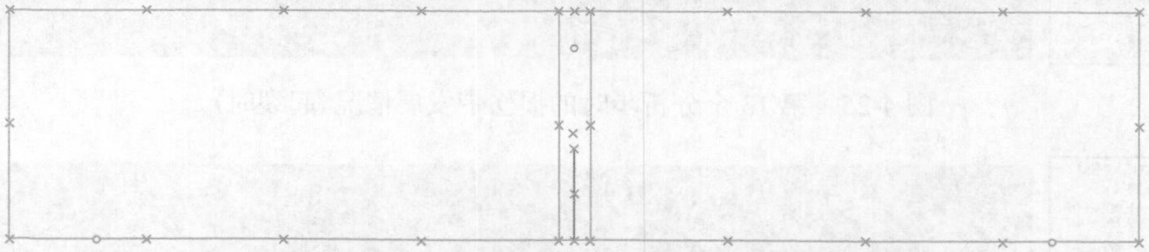

图 4-22　消隐状态下的组装和接触设置示意图

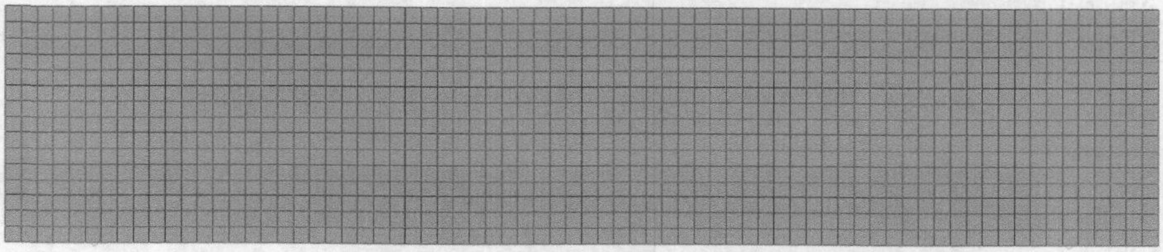

图 4-23　模型网格划分示意图

如图 4-24 所示，在模型的左端设置固定支座，右端设置滚动支座。跨中上端设置耦合点控制竖向位移加载，加载位移为 1mm。

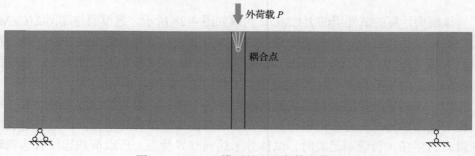

图 4-24　XFEM 模型的边界条件示意图

2) 有限元分析结果

该模拟过程共 142 个分析步,图 4-25～图 4-27 为不同分析步的损伤带发展情况。图 4-25 为第一个单元扩展时(第 13 个分析步)的损伤带发展情况,此时试件起裂,对应起裂荷载为 0.673kN。由于该单元内部裂缝表面上存在内聚力,故此处的裂缝并不是真实裂缝,而被视为断裂过程区。图 4-26 是荷载达到峰值点时(第 39 个分析步)的损伤带发展情况,对应荷载 2.281kN。图 4-27 是试件即将失效时(第 142 个分析步)的损伤带发展情况。从图 4-25～图 4-27 中可以直观地观察到裂缝路径上单元的损伤情况,本次模拟的断裂过程区长度约为 30mm。

图 4-25　第 13 个分析步时的损伤带发展情况(起裂时)

图 4-26　第 39 个分析步时的损伤带发展情况(峰值荷载时)

图 4-27　第 142 个分析步时的损伤带发展情况(即将失效时)

该模型计算的试件梁的 P-CMOD 曲线如图 4-28 所示。该模型与算例 2(CZM)的计算结果比较接近,荷载先随变形的增加而增大,达到峰值点后开始下降。在材料未起裂(对应第 13 个分析步)之前,P-CMOD 曲线基本为线性关系,通过拟合得到二者的关系为 $P = 77.268\text{CMOD} - 1.710^{-7}$,拟合度 $R^2=1$。

XFEM 的裂缝扩展过程是裂缝逐渐贯穿各个单元,但与 VCCT 相比,XFEM 裂缝通过的单元面上存在内聚力,单元逐渐损伤为完全破坏单元。因为裂缝表面内聚力的存在,裂缝刚起裂时,试件并未达到临界状态,所以荷载远没有达到峰值。同时 XFEM 得到的 P-CMOD 曲线在峰后并没有像 VCCT 那样出现锯齿段，而是平滑地下降。

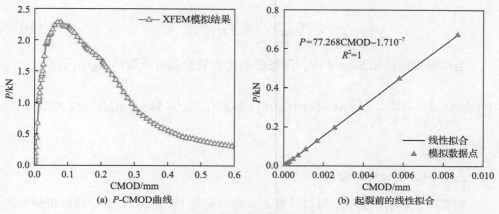

(a) P-CMOD曲线   (b) 起裂前的线性拟合

图 4-28   XFEM 的 P-CMOD 曲线

4.2.4   三种方法的对比分析

1. 三点弯曲梁断裂参数的解析解

以单边切口三点弯曲梁为例，根据 Tada 等[31]的裂缝应力分析手册，试件梁的裂缝口张开位移 CMOD 由式(4-43)计算：

$$\text{CMOD}=\frac{4\sigma a_0}{E}V_1\left(\frac{a_0}{b}\right) \tag{4-43}$$

$$\sigma=\frac{6M}{b^2} \tag{4-44}$$

梁的跨中弯矩 M 为

$$M=\frac{PS}{4} \tag{4-45}$$

式中，σ 为应力；a_0 为初始裂缝长度；b 为梁的高度；E 为弹性模量；$V_1(a_0/b)$ 为考虑缝高比影响的几何函数；P 为跨中集中荷载；S 为梁的跨度。

当试件梁跨高比 $S/b=4$ 时，

$$V_1\left(a_0/b\right)=0.76-2.28\left(a_0/b\right)+3.87\left(a_0/b\right)^2-2.04\left(a_0/b\right)^3+\frac{0.66}{\left(1-a_0/b\right)^2} \tag{4-46}$$

忽略剪切作用的影响，梁的跨中挠度 δ 由两部分组成，即不含裂缝的梁挠度 δ_0

和裂缝引起的附加挠度 δ_{crack}。

$$\delta = \delta_0 + \delta_{\text{crack}} \tag{4-47}$$

$$\delta_{\text{crack}} = \frac{\sigma}{E} S \cdot V_2\left(\frac{a_0}{b}\right) \tag{4-48}$$

当试件梁跨高比 $S/b = 4$ 时，考虑缝高比影响的几何函数 $V_2\left(a_0/b\right)$ 表示为

$$V_2\left(a_0/b\right) = \left(\frac{a_0/b}{a_0 - a_0/b}\right)^2 \left[5.58 - 19.57\left(a_0/b\right) + 36.82\left(a_0/b\right)^2 - 34.94\left(a_0/b\right)^3 + 12.77\left(a_0/b\right)^4\right]$$

$$\tag{4-49}$$

2. 不同方法的对比分析

根据以上解析解公式，可以计算三点弯曲梁的 P-CMOD 曲线，将解析解与采用 VCCT、CZM 和 XFEM 模型的模拟结果进行对比，如图 4-29(a)所示。由此可见，三种方法的模拟结果在加载前期与解析解非常接近，但 VCCT 不能有效地模拟梁试件的起裂状态。图 4-29(b)为不同方法得到的 P-CMOD 曲线的局部放大图，可以发现在加载前期(裂缝未起裂之前)荷载 P 与 CMOD 呈线性关系，且 P-CMOD 曲线为过原点的直线，解析解与三种模拟结果比较吻合。在裂缝起裂以后，由于裂缝长度 a 发生变化，试件梁的抗弯刚度发生变化，因此 P-CMOD 曲线不再保持线性关系。

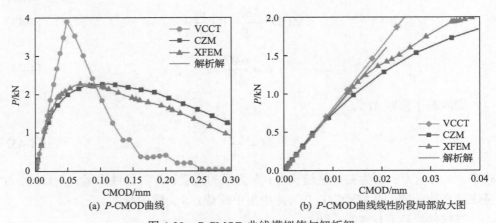

(a) P-CMOD曲线　　　　　　　(b) P-CMOD曲线线性阶段局部放大图

图 4-29　P-CMOD 曲线模拟值与解析解

三种数值模拟结果表明，试件梁在达到峰值荷载后承载力会下降。在峰值荷载之前，VCCT 为线性增长，CZM 为非线性增长，而 XFEM 分成两部分，裂缝起裂前为线性增长，起裂后为非线性增长。从与解析解的匹配程度来看，采用 CZM

和 XFEM 模拟得到的混凝土试件的 *P*-CMOD 曲线均比较理想。

CZM 考虑了破坏单元内部的内聚力，对于像混凝土等准脆性材料，学术界众多学者对于材料内部的内聚力和断裂过程区是相当认可的。从模拟混凝土断裂这方面来说，CZM 有其独到之处。XFEM 则整合了 VCCT 和 CZM 两个方法的优点：既像 CZM 一样考虑了单元扩展面的内聚力和材料的损伤，又采用了 VCCT 节点松绑方法来实现裂缝的扩展。它的强大之处在于可以实现裂缝的自由扩展，而对于 CZM 和 VCCT，则必须预先规定裂缝的扩展路径才能顺利实现裂缝的扩展模拟。由此可见，XFEM 是一种非常有效的方法，它不需要重新划分网格就可以模拟裂缝沿任意路径的扩展过程。

综合以上三种方法在 ABAQUS 中的应用，将三种模拟方法的优缺点进行汇总，见表 4-4。

表 4-4　不同模拟方法的优缺点

模拟方法	优点	缺点
VCCT	①基于线性弹簧单元，易于实现； ②避免了使用特殊的裂缝单元和复杂的网格重划工作； ③计算速度由节点的位移和力之间的关系决定，对计算量没有影响； ④可以方便地计算线弹性材料的应变能释放率	①对有限元模型的网格尺寸敏感，过大的网格尺寸会导致无法收敛； ②要求基于试验测试、预分析或者使用者的经验预先给定破坏的路径； ③需要输入破坏的韧性值； ④对于非线性变形的模拟较为困难
CZM	①应用线弹性断裂力学或弹塑性断裂力学建立脆性或韧性断裂模型； ②裂缝开裂通过黏结失效模型来进行判断； ③模型的两个组件之间为黏性单元，其中每个组件可以是变形体或刚体	①需要用户自定义临界牵引开裂值、黏结强度、黏结面的弹性参数，模型建立过程较复杂； ②需要预先设定裂缝扩展路径； ③必须使用扫略方式来划分网格，同时网格尺寸不能太大，需要较精细的网格，否则会引起收敛性问题，甚至无法计算； ④由于需要划分精细网格，导致时间成本增加
XFEM	①在有限元法的位移函数中插入表征裂缝的函数，允许单元内的间断存在； ②可以与黏性方法和虚拟裂缝闭合技术同时使用； ③不需要重新划分网格； ④可以实现任意裂缝路径的扩展，而不需要在裂尖位置重新剖分网格	①一个扩展单元不能够被多于 1 个的裂缝切开，因此裂缝不会出现分叉和交叉； ②在分析过程中，每一增量步中裂缝转角不允许超过 90°； ③ABAQUS 中的扩展有限元没有添加裂尖场的富集函数

4.3　采用 Fortran 语言编程的数值仿真

4.3.1　弹性裂缝体数值模拟

在分析弹性裂缝体问题时，可采用二级分形有限元法 (fractal two-level finite element method, F2LFEM) 建立数值模型来分析裂缝问题。F2LFEM 利用分形概念自动生成裂缝区域周围的无限个单元，根据 Su[32]开发的一种非常有效的分形变换技术，将相应的无限个刚度矩阵精确转换为广义刚度矩阵。这种方法允许裂缝尖端奇异应力场和常规应力场通过几个未知量来精确模拟，这些未知量代表无限多个虚拟单元，避免了复杂的求解过程和大量的内存需求。此外，应力和力矩强度因子可以直接从全局插值函数的系数中计算，而无需任何后处理技术。关于二级分形有限元法原理，本书不做详细叙述，该方法的详细介绍以及采用该方法分析各类弹性裂缝问题的研究参见文献[32]。

1. 二级分形有限元法简介

根据 F2LFEM，整个裂缝体可划分为奇异区域 Ψ 和常规区域 Ω，两个区域的边界线为 Γ_0，如图 4-30 所示。假设 Γ_0 是两个区域之间的任意凸曲线，在应力平稳变化的常规区域，采用常规有限元法，节点位移作为未知量；在奇异区域，即应力集中区域，应用 F2LFEM。因此，F2LFEM 可以处理任意复杂的边界条件。

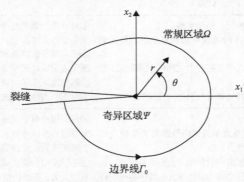

图 4-30　奇异区域和常规区域[32]

在常规区域，单元采用九节点混合单元(图 4-31)，九个节点按逆时针方向排列，节点 9 在单元的形心。

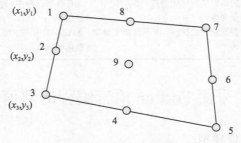

图 4-31　九节点混合单元

单元边线上的节点坐标位于两个角节点的中间，以节点 2 为例，其坐标 (x_2, y_2)

通过式(4-50)和式(4-51)计算:

$$x_2 = \frac{x_1 + x_3}{2} \tag{4-50}$$

$$y_2 = \frac{y_1 + y_3}{2} \tag{4-51}$$

式中,(x_1, y_1) 和 (x_3, y_3) 分别对应节点 1 和 3 的坐标。

在奇异区域内,采用 11 节点单元,单元示意图如图 4-32 所示。除了常规的 9 个单元节点(1~9),另外两个节点(10 和 11)分别定义裂缝的尖端和尾端。

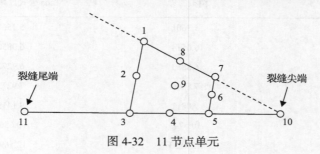

图 4-32　11 节点单元

2. 有限元模型介绍

以单边切口三点弯曲梁为例,假设初始缝高比 $a/b = 0.5$,跨高比 $S/b = 4$,建立梁的右半部分模型,节点及单元划分如图 4-33 所示。

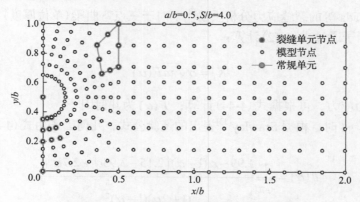

图 4-33　三点弯曲梁(右半部分)有限元模型

模型的详细信息如下:总节点数为 246 个,常规单元采用九节点混合单元,单元数为 44 个,材料处于平面应力状态;裂缝数为 1,共有 8 个裂缝单元,每个单元有 11 个节点,除了常规的 9 个单元节点,另外还有两个节点,对应坐标(0, 0)

和(0, 0.5)，分别定义裂缝的尾端和尖端；裂缝尖端以上的 8 个节点(对应 $x = 0$，$y \geqslant 0.5$)仅受水平方向的约束，在下支座(2.0, 0)处约束竖向位移，在跨中上端(0, 1.0)处施加垂直向下的力。

3. 有限元计算结果

通过改变裂缝尖端的位置，可以得到梁在不同缝高比下的断裂参数。在单位力作用下，本模型计算得到的断裂参数见表 4-5。

表 4-5　有限元模型计算结果

a/b	模拟的 K_I	Tada 公式计算的 K_I[31]
0.25	5.3601	5.3561
0.30	6.0514	6.0850
0.35	6.8883	6.9272
0.40	7.8800	7.9273
0.45	9.0811	9.1419
0.50	10.5743	10.6500
0.55	12.4833	12.5695
0.60	14.9978	15.0864
0.65	18.4236	18.5117
0.70	23.2417	23.4014
0.75	29.8087	30.8405

根据 Tada 等的裂缝应力分析手册[31]，对于三点弯曲梁(单位厚度)，I 型断裂应力强度因子通过式(4-52)计算：

$$K_I = \sigma \sqrt{\pi a} F(\alpha) \tag{4-52}$$

式中，σ 为应力，可根据式(4-44)计算；$F(\alpha)$ 为几何因子。

当 $S/b = 4$ 时，根据 Srawley[33] 提出的经验公式，几何因子由式(4-53)计算：

$$F(\alpha) = \frac{1}{\sqrt{\pi}} \frac{1.99 - \alpha(1-\alpha)\left(2.15 - 3.93\alpha + 2.7\alpha^2\right)}{(1+2\alpha)(1-\alpha)^{\frac{3}{2}}} \tag{4-53}$$

式中，α 为缝高比，$\alpha = a/b$。

在不同的缝高比下，利用 Tada 公式计算得到三点弯曲梁的应力强度因子见表 4-5。将数值模拟计算结果与 Tada 公式的计算结果进行对比，如图 4-34 所示。

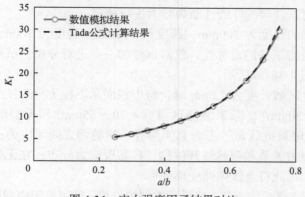

图 4-34　应力强度因子结果对比

对比可知，两种方法得到的应力强度因子非常一致，验证了有限元模型的准确性和可靠性。然而，该模型只能分析试件梁的弹性应力场和位移场，要对试件梁的非线性断裂行为进行模拟，必须在有限元模型中引入黏聚裂缝模型。

4.3.2　混凝土裂缝的非线性数值模拟

1. 引入黏聚裂缝的有限元模型

由于断裂过程区的钝化效应，混凝土的裂缝尖端应力场并不存在奇异性。在一般有限元分析中，为了消除裂缝尖端应力奇异性，通常需要在裂缝尖端 1 节点处引入黏聚力 F_1，F_1 根据黏聚应力关系 $\sigma(w)$ 确定，该集中力倾向于闭合裂缝，如图 4-35 所示。

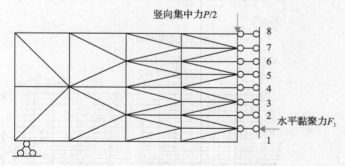

图 4-35　引入黏聚力的有限元模型[34]

与以上理念类似，本节使用 FORTRAN 语言编写程序时，将黏聚裂缝引入有限元模型来模拟三点弯曲梁的非线性断裂行为。在试件梁模型中，将跨中截面沿着裂缝路径方向分成三个区域，从下往上依次为：物理裂缝区域、黏聚裂缝区域和无裂缝区域。通过在黏聚裂缝区域上施加黏聚应力以阻止裂缝扩展，消除应力奇异性，从而对试件梁的非线性断裂行为进行模拟。

假设试件梁的长度为 500mm，跨度为 400mm，高度为 100mm，初始切缝高度为 30mm。考虑试件的对称性，仅对试件的一半进行分析。试件梁的数值模型及网格划分如图 4-36(a)所示。

当黏聚裂缝区域长度为 25mm 时，跨中截面从下往上分为三个区域：物理裂缝区域($y = 0\sim30$mm)、黏聚裂缝区域($y = 30\sim55$mm)和无裂缝区域($y = 55\sim100$mm)。在物理裂缝区域，考虑真实裂缝，裂缝面之间无应力；在黏聚裂缝区域，通过黏聚应力关系和裂缝张开位移计算黏聚应力分布；在无裂缝区域，材料处于无损状态，因此符合线弹性变形条件。

为了模拟简支梁，约束右支座处 y 方向的位移，约束梁跨中截面无裂缝区域节点的 x 方向位移。由于在下支座和试件之间放置了一块钢垫板，因此施加的力为均布荷载，合力大小为实际加载的一半($P/2$)。假设材料是线弹性的，泊松比取 0.2。

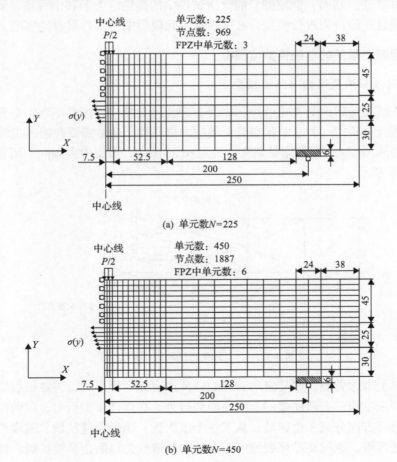

(a) 单元数$N=225$

(b) 单元数$N=450$

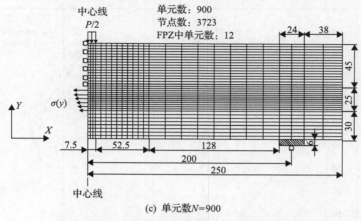

(c) 单元数 $N = 900$

图 4-36　试样尺寸（mm）及网格划分

P-外荷载；　$\sigma(y)$ -黏聚应力分布

2. 网格密度的影响

为了研究网格密度的影响，建立了包含不同单元数的有限元模型。考虑黏聚裂缝沿切口方向扩展，因此仅细化 y 方向的网格。设置 x 方向上的单元数 $N_x = 25$，y 方向上的单元数 $N_y = 9$、18、36，分别对应模型总单元数 $N = 225$、450、900。根据网格密度不同，不同模型中分别包含 225 个、450 个、900 个九节点混合单元[35]，三种模型的边界和有限元单元网格划分如图 4-36 所示。

在其他条件相同的情况下，不同网格密度的模型计算出的裂缝张开位移和黏聚应力分布如图 4-37 所示。对比发现，不同网格密度得到的结果比较一致，因此网格密度对数值模拟结果的影响不大。

从图 4-37（b）可以看出，在黏聚裂缝尖端 $y = 55\text{mm}$ 处，其应力约为 2.6MPa，并不是趋于无穷大。因此，施加黏聚应力可有效消除裂缝尖端的应力奇异性。

由于网格尺寸的影响不大，在后续的数值分析中，选择总单元数 $N = 450$ 进行有限元单元网格划分。x 和 y 方向上的单元数量分别为 $N_x = 25$ 和 $N_y = 18$。在 y 方向上，沿着切缝方向将截面分成三个区域：物理裂缝区、黏聚裂缝区和无裂缝区。随着裂缝的扩展，三个区域的网格密度进行相应调整，但总单元数保持不变。

3. 黏聚应力控制值 σ_i 的影响

为了得到黏聚裂缝区的黏聚应力分布 $\sigma(y)$，需要预先确定混凝土的拉伸软化曲线 $\sigma(w)$ 和裂缝张开位移 $w(y)$。假定拉伸软化曲线是由多个应力控制点组成的多段线，则不同的黏聚应力控制值对数值模拟结果影响较大。

以某混凝土梁试件第 5 个分析步为例，采用不同的应力控制值 σ_5，数值模拟

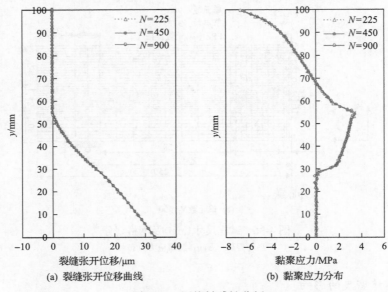

(a) 裂缝张开位移曲线　　　　　(b) 黏聚应力分布

图 4-37　网格敏感性分析

得到的裂缝张开位移和应力分布如图 4-38(a) 和图 4-38(b) 所示。σ_5 的值越高，裂缝张开位移越小；反之则反。此外，黏聚应力会影响试件的应力分布曲线：合适的应力值 ($\sigma_5 = 1.6\text{MPa}$) 会产生平滑的曲线，而较高的值 ($\sigma_5 = 2.6\text{MPa}$) 或较低的值 ($\sigma_5 = 0.6\text{MPa}$) 会引起应力的突变和跳跃。因此，数值结果对黏聚应力 σ_i 的取值非

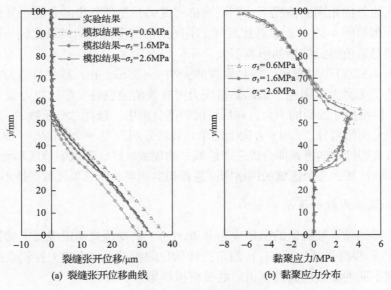

(a) 裂缝张开位移曲线　　　　　(b) 黏聚应力分布

图 4-38　黏聚应力的影响

常敏感。该特点有助于分辨不合理的黏聚应力取值，有利于提高逐点位移配合法反算结果的唯一性。

采用本模型，在材料参数和边界条件确定的情况下，可以方便地模拟各种混凝土试件的断裂行为，精确地获取试件的应力场和位移场。然而，采用本模型的难点在于实际裂缝长度和黏聚应力分布的求解比较复杂。

由于本模型的模拟结果对黏聚应力控制值较为敏感，相比于正向分析试件的断裂行为，采用逆分析法确定材料的断裂力学参数（如黏聚应力关系）更有意义。采用高精度的测量技术，如 ESPI 和 DIC 技术，可以从试验获得试件的变形及裂缝扩展信息；预设材料的断裂参数，如黏聚应力关系、弹性模量和抗拉强度等，结合裂缝扩展信息计算黏聚应力分布并施加到模型中，然后通过不断缩小数值模拟与试验结果的差异来对断裂力学参数进行调整，最终得到最优解。基于这一理念，我们提出了一种逐点位移配合法确定混凝土的拉伸软化曲线，该方法的原理、分析步骤以及分析结果将在本书第 6 章进行详细讨论。

参 考 文 献

[1] Shi G H. Simplex Integration for Manifold Method. Berkeley: TSI Press, 1996.

[2] 裴觉民. 数值流形方法与非连续变形分析. 岩石力学与工程学报, 1997(3): 80-93.

[3] Lucy L B. A numerical approach to the testing of the fission hypothesis. The Astronomical Journal, 1977, 82(12): 1013-1024.

[4] Belytschko T, Organ D, Krongauz Y. A coupled finite element-element-free Galerkin method. Computational Mechanics, 1995, 17(3): 186-195.

[5] 程玉民, 稽醒, 贺鹏飞. 动态断裂力学的无限相似边界元法. 力学学报, 2004, 36(1): 6.

[6] 张琳楠, 秦太验. 弹性体中两相交裂纹的断裂问题//第十四届北方七省市区力学学会学术会议论文集, 2012: 34-37.

[7] 刘光廷, 涂金良, 张镜剑. 位移不连续边界元法解多裂纹体的裂缝扩展. 清华大学学报: 自然科学版, 1996, 36(1): 6.

[8] Belytschko T, Black T. Elastic crack growth in finite elements with minimal remeshing. International Journal for Numerical Methods in Engineering, 1999, 45(5): 601-620.

[9] 杜修力, 金浏, 黄景琦. 基于扩展有限元法的混凝土细观断裂破坏过程模拟. 计算力学学报, 2012, 29(6): 940-947.

[10] Krueger R. Virtual crack closure technique: History, approach, and applications. Applied Mechanics Reviews, 2004, 57(1): 109-143.

[11] 郭历伦, 陈忠富, 罗景润, 等. 扩展有限元方法及应用综述. 力学季刊, 2011, 32(4): 14.

[12] Raju I S. Calculation of strain-energy release rates with higher order and singular finite elements. Engineering Fracture Mechanics, 1987, 28(3): 251-274.

[13] Shivakumar K N, Tan P W, Newman J C. A virtual crack-closure technique for calculating stress intensity factors for cracked three dimensional bodies. International Journal of Fracture, 1988, 36(3): R43-R50.

[14] Rybicki E F, Kanninen M F. A finite element calculation of stress intensity factors by a modified crack closure

integral. Engineering Fracture Mechanics, 1977, 9(4): 931-938.

[15] Xie D, Biggers S B. Strain energy release rate calculation for a moving delamination front of arbitrary shape based on the virtual crack closure technique. Part I: Formulation and validation. Engineering Fracture Mechanics, 2006, 73(6): 771-785.

[16] Qian Q, Li C, Xie D, et al. Life prediction of fatigue crack propagation of cracked structure based on VCCT//2009 IEEE Symposium on Piezoelectricity, Acoustic Waves, and Device Applications(SPAWDA), 2009: 53.

[17] 范里夫. 基于虚拟裂纹闭合技术的断裂单元. 武汉: 华中科技大学, 2011.

[18] Irwin G R. Crack-extension force for a part-through crack in a plate. Journal of Applied Mechanics, 1962, 29(4): 651-654.

[19] Dassault Systemes SIMULIA Corp. Abaqus analysis user's manual, Version 6.14. 2014.

[20] Dugdale D S. Yielding of steel sheets containing slits. Journal of the Mechanics and Physics of Solids, 1960, 8(2): 100-104.

[21] Barenblatt G I. The mathematical theory of equilibrium cracks in brittle fracture. Advances in Applied Mechanics, 1962, 7: 55-129.

[22] Song S H, Paulino G H, Buttlar W G. Simulation of crack propagation in asphalt concrete using an intrinsic cohesive zone model. Journal of Engineering Mechanics, 2015, 132(11): 1215-1223.

[23] Osher S, Sethian J A. Fronts propagating with curvature-dependent speed: Algorithms based on Hamilton-Jacobi formulations. Journal of Computational Physics, 1988, 79(1): 12-49.

[24] 茹忠亮, 朱传锐, 赵洪波. 基于水平集算法的扩展有限元方法研究. 工程力学, 2011, 28(7): 20-25.

[25] Edke M S, Chang K H. Shape sensitivity analysis for 2D mixed mode fractures using extended fEM(XFEM)and level set method(LSM). Mechanics Based Design of Structures & Machines, 2010, 38(3): 328-347.

[26] Edke M S, Chang K H. Shape optimization for 2-D mixed-mode fracture using extended FEM(XFEM)and level set method(LSM). Structural and Multidisciplinary Optimization, 2011, 44(2): 165-181.

[27] Melenk J M, Babuka I. The partition of unity finite element method: Basic theory and applications. Computer Methods in Applied Mechanics and Engineering, 1996, 139(1-4): 289-314.

[28] Duarte C A, Oden J T. An h-p adaptive method using clouds. Computmethapplmecheng, 1996, 139(1-4): 237-262.

[29] 林毅峰, 朱合华, 蔡永昌. 基于单位分解法的实体壳广义单元模型. 工程力学, 2012, 29(9): 42-49.

[30] Moës N, Dolbow J, Belytschko T. A finite element method for crack growth without remeshing. International Journal for Numerical Methods in Engineering, 2015, 46(1): 131-150.

[31] Tada H, Paris S P, Irwin G R. The Stress Analysis of Cracks Handbook. New York: ASME Press, 1985.

[32] Su K L. Fractal two-level finite element method for elastic crack analysis. Hong Kong: The University of Hong Kong, 1996.

[33] Srawley J E. Wide range stress intensity factor expressions for ASTM E 399 standard fracture toughness specimens. International Journal of Fracture, 1976, 12(3): 475-476.

[34] Shah S P, Swartz S E, Ouyang C. Fracture mechanics of concrete: applications of fracture mechanics to concrete, rock and other quasi-brittle materials. New York: John Wiley & Sons, 1995.

[35] Sze K Y, Fan H, Chow C L. Elimination of spurious pressure and kinematic modes in biquadratic 9-Node plane element. International Journal for Numerical Methods in Engineering, 1995, 38(23): 3911-3932.

第 5 章　单调加载下混凝土的断裂特性

自 Kaplan[1]首次将断裂力学应用于混凝土以来，研究者已提出多种预测混凝土非线性断裂行为的理论模型。这些模型可以解释一些物理现象，但与混凝土断裂过程相关的许多机理仍不清楚[2]。这些模型归纳起来主要基于两种理论方法：①虚拟裂缝方法，包括虚拟裂缝模型[3]和裂缝带模型[4]；②等效弹性裂缝方法，包括两参数断裂模型[5]、尺寸效应模型[6]、等效裂缝模型[7]及双 K 断裂模型[8]。每种模型都引入了一些断裂参数，只有确定了这些断裂参数，非线性断裂力学模型才能应用于实际。在众多的断裂参数中，断裂韧度是混凝土线性或非线性断裂分析的重要材料参数，对于钢筋混凝土结构的设计具有重要意义，特别是对裂缝有严格要求的结构，如大坝、化学管道、辐射容器等。此外，对断裂韧度的可靠评估是进行精确数值分析计算的基础。

为确定混凝土的断裂韧度，一般采用试验法。试验研究一般可分为两类，分别为材料微观结构参数和尺寸因素对断裂韧度的影响。第一类研究根据混凝土的组成可以进一步细分为三类：①水泥砂浆[9]的影响；②骨料的影响，如骨料的类型、大小、形状和分级[10]，并用粉煤灰和矿渣替代水泥；③界面黏结性能[11]的影响。合理地选择骨料不仅能节约混凝土的制备成本，提高混凝土的稳定性，还能改善混凝土的力学性能。因此，针对骨料对混凝土断裂性能的影响，学者前期开展了大量研究。Nallathambi 等[12]在研究骨料粒径对混凝土断裂性能的影响时发现，骨料粒径和形状显著影响混凝土的断裂韧度；另外，他们指出，断裂韧度参数 K_c 和 G_c 仅依赖于水灰比和骨料，并给出了计算 K_c 和 G_c 的简单表达式[13]。John 和 Shah[14]通过对高强混凝土的断裂力学特性进行研究，提出了一种预测断裂韧度的经验公式。Wu 和 Zhao[15]基于双 K 断裂模型，研究了混凝土最大骨料粒径 d_{max} 对断裂韧度的影响，结果表明：当 $d_{max} \leqslant 40mm$ 时，混凝土的断裂韧度随骨料粒径的增大而增大；当 $d_{max} > 40mm$ 时，混凝土的断裂韧度随骨料粒径的增大而减小。Issa 等[16]通过对尺寸效应(骨料粒径和试件尺寸)进行系统研究发现，当试件尺寸保持不变时，断裂韧度随骨料粒径的增大而增大，原因可能是随着粗骨料粒径增大，裂缝扩展路径的弯曲程度增大，从而引起断裂韧度的增大。

综上所述，以往的研究大多关注某一特定参数对混凝土断裂韧度的影响，仅提供定性的描述，很少涉及对特定配合比和骨料类型的混凝土断裂韧度的定量评估。因此，本章参照 RILEM 的建议，通过对一系列单边切口混凝土梁(混凝土强度和骨料粒径不相同)进行三点弯曲试验，研究混凝土梁的断裂韧度，确定基于等效裂缝模型的断裂参数(临界应力强度因子 K_{Ic}、临界裂缝长度 a_c 和临界应变能释放率 G_{Ic})以及基于虚拟裂缝模型的断裂参数(断裂能 G_F 和虚拟裂缝特征长度 l_{ch}),建立根据混凝土抗压强度确定其断裂韧度的经验公式。

5.1　等效裂缝模型介绍

临界应力强度因子 K_{Ic} 作为材料的断裂韧度参数,是裂缝扩展所需的应力强度的临界值,可采用 Karihaloo 和 Nallathambi[7]提出的等效裂缝模型进行计算。该模型基于等效裂缝长度的概念考虑峰前荷载-挠度的非线性行为:对于存在预制裂缝的试件,在断裂过程区发生的各种能量消耗过程均由等效的能量消耗过程所取代,从而产生一个附加的无牵引裂缝。初始裂缝长度 a_0 与附加的无牵引裂缝长度之和,便是等效裂缝长度 a,如图 5-1 所示。

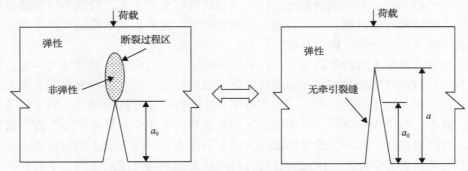

图 5-1　断裂过程区和等效裂缝长度概念的示意图

a_0-初始裂缝长度; a-等效裂缝长度

峰值荷载处的等效裂缝长度 a,即临界等效裂缝长度 a_e,可根据初始弹性模量 E_i 到峰值荷载处弹性模量 E_1 的变化来确定。初始弹性模量 E_i 可根据荷载-挠度曲线上弹性比例极限处的荷载 P_i 和相应的挠度 δ_i 确定,如图 5-2(a)所示。

初始弹性模量 E_i 的计算公式如下:

$$E_i = \frac{P_i}{4t\delta_i}\left(\frac{S}{b}\right)^3\left[1 + \frac{5SW_L}{8P_i} + \left(\frac{b}{S}\right)^2\left(2.7 + 1.35\frac{SW_L}{P_i}\right) - 0.84\left(\frac{b}{S}\right)^3\right]$$

$$+ \frac{9P_i}{2t\delta_i}\left(1 + \frac{SW_L}{2P_i}\right)\left(\frac{S}{b}\right)^2 g_2\left(\frac{a_0}{b}\right) \tag{5-1}$$

式中, S、b 和 t 分别为梁的跨度、高度和厚度; W_L 为梁单位长度的自重; P_i 为弹性比例极限处荷载; δ_i 为弹性比例极限处挠度; $g_2(a_0/b)$ 为几何因子,由式(5-2)计算:

$$g_2\left(\frac{a_0}{b}\right) = \int_0^{a_0} \frac{\pi a}{b^2} g_1^2\left(\frac{a}{b}\right) \mathrm{d}a \tag{5-2}$$

式中，a 为等效裂缝长度；$g_1(a/b)$ 为几何因子。对于跨高比 $S/b=4$ 的试件梁，几何因子 $g_1(a/b)$ 为

$$g_1\left(\frac{a}{b}\right) = \frac{1.99 - \frac{a}{b}\left(1 - \frac{a}{b}\right)\left[2.15 - 3.93\frac{a}{b} + 2.7\left(\frac{a}{b}\right)^2\right]}{\sqrt{\pi}\left(1 + 2\frac{a}{b}\right)\left(1 - \frac{a}{b}\right)^{\frac{3}{2}}} \tag{5-3}$$

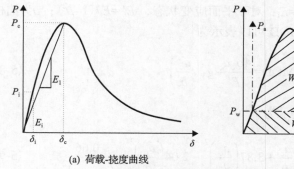
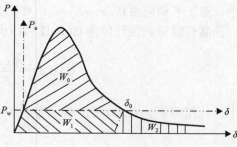

(a) 荷载-挠度曲线　　　　　　　(b) 断裂能的确定

图 5-2　荷载-挠度曲线与断裂能的确定[3]

(a) E_i-初始弹性模量；P_i-弹性比例极限处荷载；δ_i-弹性比例极限处挠度；P_c-峰值荷载；E_1-峰值处割线模量；δ_c-峰值处挠度。(b) P_w-考虑自重影响的附加荷载；P_a-压力机作动器施加的载荷；W_0-P_a-δ 曲线与 $P = P_w$ 线包围的面积；δ_0-P_a 为 0 时的挠度；W_1-P_w 与 δ_0 的积；W_2-近似等于 W_1

临界等效裂缝长度 a_e 可以通过引入一个预制裂缝长度为临界裂缝长度 a_c 的虚拟梁来计算，其刚度与 E_i 成正比，假设等于初始裂缝长度为 a_0 的试件梁的折减刚度。那么，峰值荷载 P_c 以及相应的挠度 δ_c 可以通过 a_c 来表示，即

$$\delta_c = \frac{P_c}{4tE_i}\left(\frac{S}{b}\right)^3\left[1 + \frac{5SW_L}{8P_c} + \left(\frac{b}{S}\right)^2\left(2.7 + 1.35\frac{SW_L}{P_c}\right) - 0.84\left(\frac{b}{S}\right)^3\right]$$
$$+ \frac{9P_c}{2tE_i}\left(1 + \frac{SW_L}{2P_c}\right)\left(\frac{S}{b}\right)^2 g_2\left(\frac{a_c}{b}\right) \tag{5-4}$$

将式 (5-2) 中的 a_0 替换为 a_c，则函数为

$$g_2\left(\frac{a_c}{b}\right) = \int_0^{a_c} \frac{\pi a}{b^2} g_1^2\left(\frac{a}{b}\right) \mathrm{d}a \tag{5-5}$$

在已知峰值荷载 P_c 及相应的挠度 δ_c 后，联合式(5-4)和式(5-5)可得到临界裂缝长度 a_c。最后，临界应力强度因子 K_{Ic} 可由式(5-6)求得

$$K_{Ic} = \sigma_c \sqrt{\pi a_c}\, g_1\!\left(\frac{a_c}{b}\right) \tag{5-6}$$

式中，$\sigma_c = 3P_{c1}S/(2b^2 t)$ 为峰值荷载下梁跨中处的弯曲应力，其中 $P_{c1}=P_c+W_L S/2$。基于线弹性断裂力学和等效弹性裂缝模型，可计算出临界应变能释放率 G_{Ic}：

$$G_{Ic} = \frac{K_{Ic}^2}{E'} \tag{5-7}$$

式中，对于平面应力状态，$E'=E_i$；对于平面应变状态，$E'=E_i/(1-\mu^2)$；μ 为泊松比。预制裂缝口的张开位移 CMOD 可以表示为

$$\mathrm{CMOD} = \frac{4\sigma_c a_c}{E'}\, g_3\!\left(\frac{a_c}{b}\right) \tag{5-8}$$

式中，几何因子 $g_3(a_c/b)$ 可以表示为

$$g_3\!\left(\frac{a_c}{b}\right) = 0.76 - 2.28\frac{a_c}{b} + 3.87\left(\frac{a_c}{b}\right)^2 - 2.04\left(\frac{a_c}{b}\right)^3 + \frac{0.66}{\left(1-\dfrac{a_c}{b}\right)^2} \tag{5-9}$$

临界裂缝尖端张开位移 CTOD_c 可以表示为

$$\mathrm{CTOD}_c = \mathrm{CMOD} \cdot g_4\!\left(\frac{a_c}{b}, \frac{a_0}{a_c}\right) \tag{5-10}$$

式中，几何因子 $g_4(a_c/b,\ a_0/a_c)$ 可以表示为

$$g_4\!\left(\frac{a_c}{b}, \frac{a_0}{a_c}\right) = \left\{ \left(1-\frac{a_0}{a_c}\right)^2 + \left(1.081 - 1.149\frac{a_c}{b}\right)\left[\frac{a_0}{a_c} - \left(\frac{a_0}{a_c}\right)^2\right] \right\}^{1/2} \tag{5-11}$$

通过分析双边切口无限长板的拉伸破坏应力，可从理论上计算材料的抗拉强度 f_t，并用 CTOD_c 表示如下：

$$f_t = 1.4705\frac{(K_{Ic})^2}{E'\mathrm{CTOD}_c} \tag{5-12}$$

在 Hillerborg 等[3]提出的虚拟裂缝模型中，与分离新裂缝表面所需的能量相比，创建新表面所需的能量可以忽略不计。因此，断裂能主要消耗在抵抗黏聚应力上，根据 RILEM 提出的方法，断裂能可用完整的荷载-挠度曲线来计算，如图 5-2(b)所示。

考虑自重的影响，应在荷载-挠度曲线上附加一个力 P_w。总荷载 $P=P_a+P_w$，其中 P_a 为压力机作动器施加的载荷，δ_0 为 $P_a=0$ 时的挠度。如图 5-2(b)所示，W_0 是 P_a-δ 曲线下方的面积，$W_1=P_w\delta_0$。前人研究发现，面积 W_2 近似等于 W_1，因此，单位面积的断裂能 G_F 可由式(5-13)计算：

$$G_F = \frac{W_0 + W_1 + W_2}{(b-a_0)t} = \frac{W_0 + 2P_w\delta_0}{(b-a_0)t} \tag{5-13}$$

引入虚拟裂缝特征长度 l_{ch} 描述混凝土的断裂性能：

$$l_{ch} = \frac{E'G_F}{f_t^2} \tag{5-14}$$

式中，f_t 为混凝土的抗拉强度；l_{ch} 为虚拟裂缝特征长度，是一种材料特性，与断裂过程区长度成正比[2]。

5.2　三点弯曲试验

5.2.1　材料和配合比

水泥采用硅酸盐水泥 CEM I 52.5N[17]。细骨料采用河沙，最大粒径约为 5mm；粗骨料采用破碎花岗岩，最大骨料粒径 d_{max} 分别为 10mm 和 20mm。试件尺寸(跨度、高度、厚度、初始裂缝长度和宽度)是 RILEM[18,19]推荐的尺寸设计的，详见表 5-1。针对两种不同的粗骨料，试件的尺寸分别为 710mm×150mm×70mm 和 710mm×150mm×80mm，梁的跨度均为 600mm。混凝土的抗压强度在 30～90MPa，材料配合比参照参考文献[20]，详见表 5-2。

表 5-1　试件尺寸

试件类型	粗骨料类型	最大骨料粒径/mm	尺寸/mm	初始裂缝长度 a_0/mm	初始裂缝宽度/mm	测试方法
梁	破碎花岗岩	10	600×150×70	60	3	RILEM 的建议[18,19]
		20	600×150×80	45	3	
立方体		10/20	150×150×150	—	—	香港建筑材料测试标准[21]
圆柱体		10/20	Φ150×300	—	—	

表 5-2　混凝土的配合比及抗压强度

混凝土类型*	配合比/(kg/m³)					水灰比	抗压强度/MPa
	水	水泥	细骨料	粗骨料	减水剂		
C30A/B	200	279	1025	838	0	0.72	34.3/32.6
C40A/B	193	332	905	905	0.432	0.58	46.7/39.5
C60A/B	196	423	867	866	3.802	0.46	55.0/51.9
C80A/B	173	482	867	866	6.263	0.36	79.4/80.2
C90A/B	160	501	867	866	8.516	0.32	91.0/88.7

*：A 系列为 d_{max}=10mm 的混凝土，B 系列为 d_{max}=20mm 的混凝土；数字仅区分混凝土类型，并不代表混凝土抗压强度标准值。

　　在浇筑混凝土时，每批次浇筑 6 根梁、4 个立方体和 4 个圆柱体试件。在混凝土浇筑完成并初凝后，将试件置于自然条件下 [温度(20±2)℃；相对湿度 75%～85%] 养护直至试验。按照香港建筑材料测试标准[21]，对立方体进行单轴压缩试验以确定立方体抗压强度 f_{cu}，对圆柱体进行单轴压缩试验以得到材料的弹性模量 E。

5.2.2　试验装置

　　在混凝土试件自然养护 28 天后，对 10 组单边切口梁(强度和骨料粒径不同)进行三点弯曲试验。采用压力机对试件梁施加压力，试验装置如图 5-3(a)所示。试验中采用位移控制，加载速率为 0.2mm/15min，需要 6～8min 达到峰值荷载。用位移传感器(LVDTs)测量试件的跨中挠度 δ，用数据采集仪记录整个过程的荷载-位移数据。为消除刚体位移对跨中挠度 δ 测量值的影响，在梁的顶部安装一个钢框架作为 LVDTs 的基座，如图 5-3(b)所示。

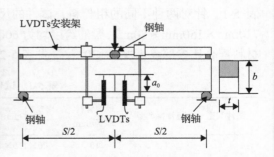

(a) 试验装置图　　　　　　　　　　　　　(b) 三点弯曲梁示意图

图 5-3　三点弯曲试验

LVDTs-位移传感器；t-梁的厚度；b-梁的高度；S-梁的跨度

5.3　试验结果及讨论

5.3.1　抗压强度 f_{cu} 和弹性模量 E

通过对立方体试件进行单轴压缩试验，得到混凝土的立方体抗压强度 f_{cu}；通过对圆柱体试件进行单轴压缩试验可以确定混凝土的弹性模量 E。水灰比和骨料粒径会对混凝土材料的强度和弹性模量产生影响，其中抗压强度 f_{cu} 随水灰比的变化如图 5-4(a) 所示，而弹性模量 E 随抗压强度的变化如图 5-4(b) 所示。

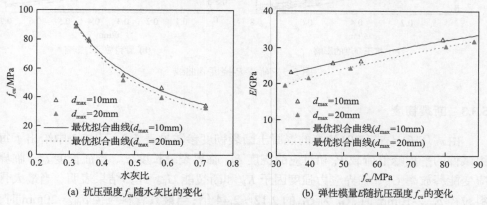

(a) 抗压强度 f_{cu} 随水灰比的变化　　　　　(b) 弹性模量 E 随抗压强度 f_{cu} 的变化

图 5-4　水灰比以及弹性模量 E 对抗压强度 f_{cu} 的影响

从图 5-4 中可以看出，随着水灰比的增大，砂浆与集料之间的黏结减弱，导致抗压强度 f_{cu} 和弹性模量 E 减小。在配合比和骨料含量相同的情况下，最大骨料粒径 $d_{max}=10mm$ 的混凝土抗压强度 f_{cu} 和弹性模量 E 均高于最大骨料粒径 $d_{max}=20mm$ 的混凝土。从本质上讲，混凝土的压缩破坏也可以用局部拉应变集中和断裂力学理论来解释[2]。在压缩破坏中，一个主裂缝可能从初始缺陷(如骨料和砂浆间的界面)处产生，并沿着与最大主拉应力垂直的方向扩展[2]。对于最大骨料粒径 $d_{max}=20mm$ 的混凝土，其初始缺陷尺寸大于最大骨料粒径 $d_{max}=10mm$ 的混凝土，因此，最大骨料粒径 $d_{max}=20mm$ 的混凝土强度更低，更容易发生破坏。Lo 等[22]指出，混凝土的强度取决于粗骨料的强度，粗骨料强度高通常混凝土强度高。由于粗骨料的强度是骨料粒径的函数，混凝土的强度也间接受到粗骨料粒径的影响。

5.3.2　荷载-挠度曲线

试验测得的混凝土梁的荷载-挠度曲线如图 5-5 所示。结果表明，试件梁峰值荷载随混凝土抗压强度和骨料粒径的增大而增大。这是因为，在Ⅰ型断裂破坏中，裂缝扩展方向与最大拉应力方向垂直，因此，峰值荷载由混凝土的抗拉强度和断裂韧性共同决定。一般来说，混凝土抗压强度越高，抗拉强度越高，峰值荷载也越大；而混凝土的断裂韧度随着骨料粒径的增大而增大，这个结果将在下一节中进行详细的讨论。

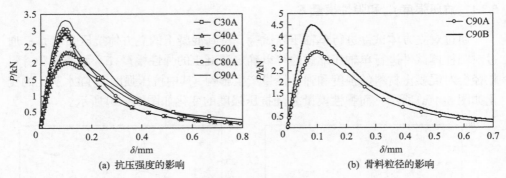

(a) 抗压强度的影响　　　　　　　　　　　(b) 骨料粒径的影响

图 5-5　荷载 P-挠度 δ 曲线

5.3.3　断裂韧度

由式(5-6)~式(5-9)计算的混凝土断裂韧度参数见表 5-3。表 5-3 中给出了每组试件的平均峰值荷载 P_c 和对应的挠度 δ_c、临界裂缝长度 a_c、特征长度 l_{ch}、临界应变能释放率 G_{Ic}、临界应力强度因子 K_{Ic} 和断裂能 G_F。计算结果表明，当最大骨料粒径 d_{max}=10mm 时，G_F 为 G_{Ic} 的 2.12~2.44 倍；当最大骨料粒径 d_{max}=20mm 时，G_F 为 G_{Ic} 的 2.03~2.8 倍。这可能是因为 G_F 是一个依赖于全过程能量消耗的参数，不仅包括裂缝表面分离所需能量，还包括断裂过程区外耗散的能量[2]。

表 5-3　断裂韧度参数结果

系列*	试件数	a_0/b	E_i/MPa	δ_c/mm	P_c/N	$(a_c-a_0)/b$	l_{ch}/mm	G_{Ic}/(N/m)	G_F/(N/m)	K_{Ic}/(MPa·m$^{1/2}$)
C30A	5	0.382	29013	0.104	2190	0.223	525	56.75	127.93	1.26
C40A	6	0.401	28477	0.102	2448	0.176	425	57.91	131.95	1.28
C60A	6	0.407	31952	0.096	2673	0.154	237	56.52	121.58	1.34
C80A	6	0.404	35316	0.097	3112	0.157	328	67.87	139.12	1.55
C90A	6	0.400	38021	0.106	3116	0.193	391	79.25	146.09	1.73
C30B	5	0.301	30817	0.095	3209	0.249	388	58.54	135.82	1.33
C40B	5	0.297	34639	0.086	3322	0.248	448	53.86	153.54	1.36
C60B	5	0.301	34688	0.099	3684	0.257	413	70.69	143.37	1.56
C80B	5	0.296	37321	0.100	4599	0.232	419	82.70	177.74	1.76
C90B	5	0.292	37613	0.095	4777	0.210	382	78.59	172.72	1.71

*：A 代表最大骨料粒径为 10mm；B 代表最大骨料粒径为 20mm；数字仅区分混凝土类型，并不代表混凝土抗压强度标准值。

　　强度和骨料粒径不同的混凝土的临界应力强度因子 K_{Ic} 和断裂能 G_F 如图 5-6 所示。从图 5-6 中可以看出，K_{Ic} 和 G_F 随抗压强度的增大而增大。在相同的抗压强度下，骨料粒径较大的混凝土($d_{max}=20$)具有较高的断裂韧度。这与 Wu 和 Zhao[15]的研究结论一致，他们指出，当最大骨料粒径 $d_{max}<40mm$ 时，混凝土的断裂韧度随骨料粒径的增大而增大。这一现象可以解释为：一方面，随着 d_{max} 的增大，断裂过程区尺寸增大[12]；另一方面，大粒径骨料增加了裂缝扩展路径的弯曲程度，提供了更大的骨料互锁和咬合力，从而增强了混凝土的断裂韧度。但当最大骨料粒径过大时，骨料与砂浆之间的黏结强度可能不够，导致断裂韧度更低。

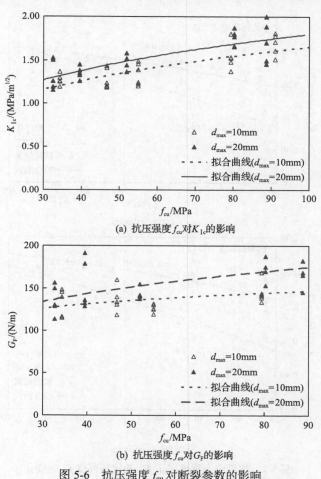

(a) 抗压强度 f_{cu} 对 K_{Ic} 的影响

(b) 抗压强度 f_{cu} 对 G_F 的影响

图 5-6　抗压强度 f_{cu} 对断裂参数的影响

5.3.4　强度对断裂参数的影响

　　图 5-7 将计算结果与等效裂缝模型[23]和两参数断裂模型[14]得出的结果进行比

较。结果表明，对于两种骨料粒径混凝土的 K_{Ic}，本书的计算结果均高于前人结果。其中与两参数断裂模型计算结果的差异可能是由于采用不同的理论模型造成的。在目前采用的等效裂缝模型中，峰值荷载处的割线柔度包含了弹性变形和非弹性变形的影响，如图 5-2(a) 所示。这种方法得到的临界裂缝长度通常比只考虑弹性变形影响的两参数断裂模型得到的临界裂缝长度要长。由此可以推断，等效裂缝模型的计算值高于两参数断裂模型的计算值。其他因素也可能造成这种差异，如骨料类型和粒径的差异以及试件尺寸的差异。另外，从图 5-7 中可以看出，随着抗压强度的增加，这种差异减小。

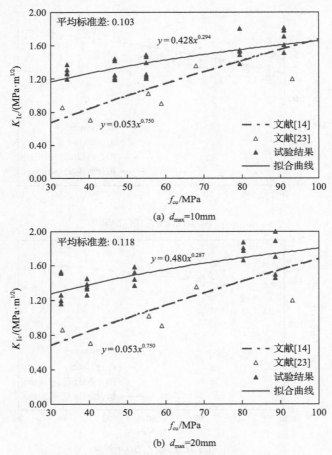

图 5-7 临界应力强度因子 K_{Ic} 随抗压强度 f_{cu} 的变化

基于两参数断裂模型，John 和 Shah[14]对高强混凝土的断裂参数进行了研究，提出了 K_{Ic} 关于 f_{cu} 的经验公式。从本书的试验结果可以得到，抗压强度在 30～100MPa 范围内混凝土的 K_{Ic} 经验公式如下：

当 d_{max}=10mm 时，

$$K_{Ic} = 0.428 f_{cu}^{0.294} \qquad (5\text{-}15)$$

当 d_{max}=20mm 时，

$$K_{Ic} = 0.480 f_{cu}^{0.287} \qquad (5\text{-}16)$$

式中，K_{Ic} 为临界应力强度因子，$MPa \cdot m^{1/2}$；f_{cu} 为抗压强度，MPa。

Wu 等[24]将破碎花岗岩作为骨料，研究了粗骨料类型对高强混凝土力学性能的影响。图 5-8 将本书计算得到的断裂能 G_F 与 Wu 等[24]的结果进行了比较。从图 5-8 中可以看出，对于最大骨料粒径 d_{max}=10mm 的混凝土，本书结果与 Wu 等的结果非常一致。

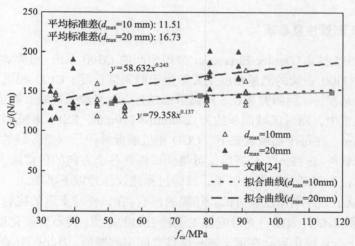

图 5-8 抗压强度 f_{cu} 对混凝土断裂能 G_F 的影响

类似地，从本书研究结果可以得到抗压强度在 30～100MPa 范围内混凝土的 G_F 的经验公式。

当 d_{max}=10mm 时，

$$G_F = 79.358 f_{cu}^{0.137} \qquad (5\text{-}17)$$

当 d_{max}=20mm 时，

$$G_F = 58.632 f_{cu}^{0.243} \qquad (5\text{-}18)$$

式中，G_F 为断裂能，N/m；f_{cu} 为抗压强度，MPa。以上公式表明，K_{Ic} 和 G_F 均随抗压强度的增大而增大。然而，并不能说混凝土抗压强度越高，断裂韧度就越高，但可以肯定的是，随着抗压强度的增加，混凝土变得更脆。等效裂缝模型的另一个断裂参数，即临界裂缝长度 a_c，并不具有随抗压强度的增加而增加的趋势。此外，虚拟裂缝模型中的参数，即虚拟裂缝特征长度 l_{ch}，也不随抗压强度的增加而增加。因此，当估算混凝土的断裂韧度时，当抗压强度过高时，仅使用单一的断裂参数如 K_{Ic} 或 G_F 是不可靠的，还应注意其他参数。

5.4　ESPI 技术测量结果分析

在对混凝土梁进行三点弯曲试验时，除使用 LVDTs、夹式位移计测量混凝土梁的跨中挠度 δ、CMOD 外，还可以采用电子散斑干涉(ESPI)技术测量试件梁的表面位移场。本节以某混凝土梁的测量结果为例，详细说明 ESPI 技术测量结果的分析方法。

5.4.1　ESPI 测量注意事项

采用 ESPI 技术(Dantec-Ettemeyer 公司生产的 Q300 系统)测量梁跨中附近的表面变形。Q300 系统的测量精度主要取决于照明臂长度、CCD 相机与测量目标的距离、激光波长。照明臂越长，距离目标越近，激光波长越短，测量精度越高。在本试验装置中，测量区域面积约为 200mm×170mm，ESPI 系统测量位移的精度约为 0.2μm。在每个加载状态下，CCD 相机捕捉并记录测量区域的散斑信息，经过后处理软件 ISTRA[25]分析后，可得到试件在各个方向的位移场。采用 ESPI 技术测量时，为得到较可靠的结果，试验过程建议注意以下事项。

(1)为减小试件刚体位移对试验结果的影响，在试件与支座的接触面处用石膏填充，以消除因试件表面不光滑或加工误差引起的虚位，待石膏硬化后开始试验。

(2)由于石膏硬化后会在钢支座和试件之间引起摩擦，因此在钢轴与石膏填充之间需隔一个垫板，这样钢轴便可随着试件的变形自由滚动。

(3)为了消除虚位，在 ESPI 测量之前，对试件进行预加载以压紧试件，预压荷载为 0.1~0.3kN(<1/10 峰值荷载)。

(4)测量表面的干涉条纹图由 CCD 相机逐步记录。为了得到有效的干涉条纹数据，宜采用较短的照明臂，相机距离目标约 350mm，当预制裂缝口左右各出现 2~3 个条纹时，可记录一次。

5.4.2　裂缝扩展过程实时观测

使用 ESPI 技术，根据干涉条纹图和位移云图的不连续性可以判断裂缝的位置。裂缝扩展过程由 ESPI 传感器(CCD 相机)监测和记录。从图 5-9 所示的干涉条纹图中可以了解裂缝的演化过程。在加载早期($P=0.73$kN)，施加的荷载较低，裂缝未萌生，条纹形状较直，混凝土梁基本呈线弹性变形，如图 5-9(a)所示；随着加载的进行，试件从初始切缝尖端起裂并缓慢发展，裂缝尖端处条纹弯曲，如图 5-9(b)所示。当裂缝扩展到一定深度(约为韧带高度的一半)时，裂缝附近的条纹变化较快，非线性变形区明显，荷载达到峰值，如图 5-9(c)所示；之后，裂缝迅速扩展，荷载逐渐下降，除裂缝尖端附近的非线性变形明显，下部条纹逐渐变直，如图 5-9(d)所示；荷载下降到一定阶段后，裂缝缓慢扩展，非线性变形区减小，如图 5-9(e)、(f)所示。

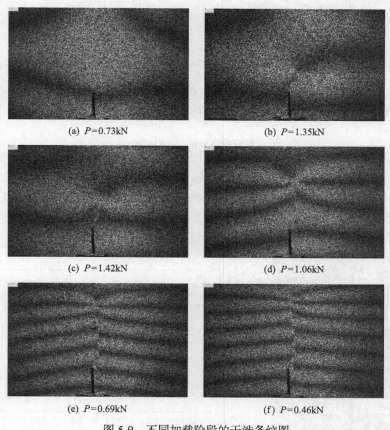

(a) P=0.73kN   (b) P=1.35kN

(c) P=1.42kN   (d) P=1.06kN

(e) P=0.69kN   (f) P=0.46kN

图 5-9 不同加载阶段的干涉条纹图

5.4.3 试件梁的整体变形分析

采用 ESPI 技术对试件表面进行测量，可以得到试件在不同方向上的位移场，其中在 x 和 y 方向的三维位移场如图 5-10 所示。当梁弯曲时，中性轴以下处于拉伸状态，因此切口左侧部分向左变形(云图中为负值)，右侧部分向右变形(云图中为正值)。

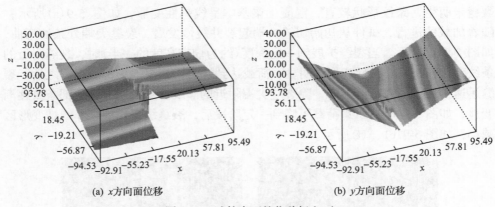

(a) x方向面位移　　　　　　　　　　　　(b) y方向面位移

图 5-10　试件表面的位移场（μm）

利用 x 方向的位移云图，可以确定试件梁的 CMOD，如图 5-11（a）所示。CMOD可根据切口左右位置 x 方向上的相对位移确定，即

$$\text{CMOD} = u_{\text{right}} - u_{\text{left}} \tag{5-19}$$

式中，u_{right} 为裂缝口右侧沿 x 方向的位移；u_{left} 为裂缝口左侧沿 x 方向的位移。采用 ESPI 和夹式位移计得到的 P-CMOD 曲线如图 5-11（b）所示。从图 5-11 中可以看出，ESPI 结果与夹式位移计测量的结果基本一致；ESPI 结果整体偏小，二者存在差异的原因可能与夹式位移计的刀口厚度有关。

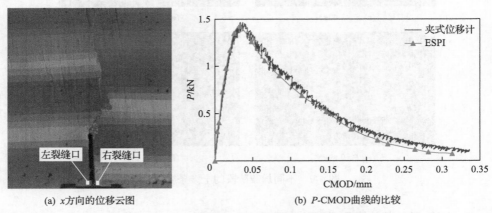

(a) x方向的位移云图　　　　　　　　　(b) P-CMOD曲线的比较

图 5-11　基于 ESPI 的 CMOD 提取及准确性分析

同理，基于 ESPI 测得的 y 方向的位移数据，可确定梁的跨中挠度 δ，y 方向的位移云图如图 5-12（a）所示。由于压力机向上移动对试件梁施加荷载，梁中部材料变形接近零，而梁两端材料向上变形，且越靠近两侧支座，竖向位移越大；同一断面上，材料的竖向位移基本相同。

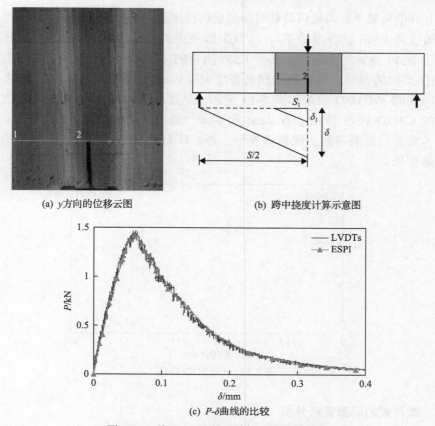

(a) y方向的位移云图　　　　　(b) 跨中挠度计算示意图

(c) P-δ曲线的比较

图 5-12　基于 ESPI 的 δ 计算及准确性分析

　　理论上，梁的跨中挠度 δ 可根据梁端部和跨中的相对位移确定。由于 ESPI 测量区域仅集中在梁跨中附近，梁跨中附近的局部挠度 δ_1 可直接从 y 方向的位移云图中获得，由式(5-20)计算：

$$\delta_1 = v_1 - v_2 \qquad (5\text{-}20)$$

式中，v_1 和 v_2 分别为点 1 和点 2 的竖向位移，如图 5-12(a) 和(b) 所示。确定局部挠度 δ_1 之后，试件梁的整体挠度 δ 可根据几何相似性由式(5-21)计算：

$$\delta = \frac{S/2}{S_1} \delta_1 \qquad (5\text{-}21)$$

式中，S 为梁的跨度；S_1 为点 1 和点 2 之间的水平距离。采用 ESPI 以及 LVDTs 测量的 P-δ 曲线如图 5-12(c) 所示。ESPI 测量结果与 LVDTs 测量结果基本一致，但 ESPI 测量结果整体较低，这主要是由于靠近跨中处梁的竖向变形趋向于非线性。在峰值荷载下，与峰值荷载对应的梁的挠度为 0.05～0.06mm。

通过将 ESPI 的测量结果与 LVDTs 以及夹式位移计测量的结果进行比较，验证了 ESPI 测量的准确性。基于 ESPI 测量的 x 方向的位移云图，采用与确定 CMOD 类似的方式，可以确定预制裂缝尖端的张开位移 CTOD。从 ESPI 测量结果得到的 P-CTOD 曲线如图 5-13 所示。从图 5-13 中可以看出，与峰值载荷对应的 CTOD 约为 18μm。在 Jenq 和 Shah[5]提出的两参数断裂模型中，CTOD 是非常重要的断裂参数。根据该模型，当 CTOD 超过临界值时，混凝土中的裂缝开始扩展。

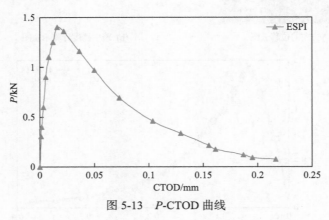

图 5-13　P-CTOD 曲线

5.4.4　试件梁的局部变形分析

从 ESPI 测得的位移场可确定混凝土梁的局部变形，例如应变分布和裂缝张开位移 COD 曲线。以三点弯曲梁为例，梁示意图及跨中测量区域的全场位移云图如图 5-14 所示。

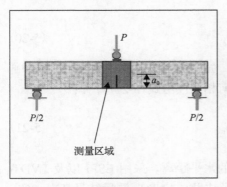

(a) 三点弯曲梁示意图

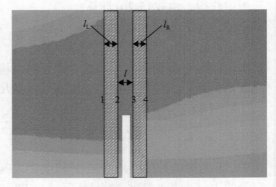

(b) 跨中测量区域的全场位移云图

图 5-14　三点弯曲梁示意图及跨中测量区域的全场位移云图

理论上, 应变可以通过同一水平上的两个点之间的相对位移除以两点间的距离来计算。如图 5-14(b) 所示, 裂缝左侧和右侧阴影区域的平均应变可通过式(5-22)和式(5-23)计算:

$$\varepsilon_{\mathrm{L}} = \frac{\mathrm{d}x_2 - \mathrm{d}x_1}{l_{\mathrm{L}}} \tag{5-22}$$

$$\varepsilon_{\mathrm{R}} = \frac{\mathrm{d}x_4 - \mathrm{d}x_3}{l_{\mathrm{R}}} \tag{5-23}$$

式中, $\mathrm{d}x_1$、$\mathrm{d}x_2$、$\mathrm{d}x_3$ 和 $\mathrm{d}x_4$ 分别为垂直线 1、2、3 和 4 上同一高度四个点的水平位移, 如图 5-14(b) 所示; l_{L} 和 l_{R} 分别为切缝左侧和右侧阴影区域的宽度。计算得到的梁断面上的应变分布曲线如图 5-15 所示。

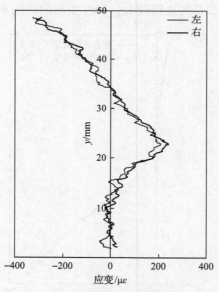

图 5-15 切缝左右梁截面的应变分布

从图 5-15 可以看出, 左右阴影部分的应变分布非常接近。这表明, 在靠近梁跨中的一小段, 在高度相同处, 应变基本一致。因此, 梁跨中的应变 ε 可以取左右区域应变的平均值:

$$\varepsilon = \frac{\varepsilon_{\mathrm{L}} + \varepsilon_{\mathrm{R}}}{2} \tag{5-24}$$

裂缝张开位移可以用裂缝左侧和右侧的相对水平位移 COD_1 确定, COD_1 的计算公式如下:

$$COD_1 = dx_3 - dx_2 \tag{5-25}$$

式中，dx_2 和 dx_3 分别为图 5-14(b)中垂直线 2 和 3 上同一高度两个点的水平位移。计算得到的相对水平位移 COD_1 曲线如图 5-16 中的实线所示。由于 COD_1 包括两种变形：材料的弹性变形和裂缝张开位移，为了获得表征裂缝张开特性的真实 COD，必须将弹性变形减去，计算公式如下：

$$COD = COD_1 - \varepsilon \cdot l \tag{5-26}$$

式中，ε 为中间区域的平均应变；l 为中间区域的宽度。消除了弹性变形影响的 COD 曲线如图 5-16 中的圆圈实线所示。在裂缝尖端以上区域（$y>25$mm），材料无损伤，基本处于线弹性变形，因此 COD 几乎为零。在真实裂缝区（$y<20$mm），两个曲线几乎重合，这表明真实裂缝区的弹性变形可以忽略不计。在断裂过程区（20mm$<y<25$mm），二者的差别较大，弹性变形的影响不可忽略。

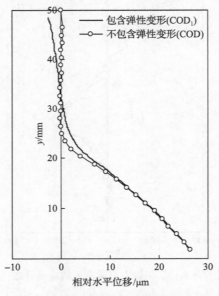

图 5-16　两个裂缝面的相对水平位移

值得注意的是，式(5-26)是基于梁高度相同处的应变基本相同的假设提出的，但是裂缝尖端附近应力集中，因此应变分布不均匀且随高度变化，如果假设裂缝尖端附近的应变均匀分布，会引起计算误差。与实际裂缝张开位移相比，弹性变形引起的位移较小。因此，在确定 COD 曲线时，该误差可以忽略不计。但是，如果根据裂缝张开位移为零处（$w=0$）确定裂缝尖端位置，该误差的影响将非常显著。因此，确定裂缝尖端位置必须采用更精确的方法。

采用以上方法，得到试件梁在不同加载阶段的 COD 曲线如图 5-17 所示。ESPI 技术可以区分的最小裂缝面间距约为 2μm。在加载后期（P=0.69kN），裂缝尖端没有明显扩展，COD 大幅增加，而荷载下降较快。除了应力软化效应，还有预制裂缝尖端处形成真实裂缝的影响，一旦裂缝真正张开，裂缝面就彻底失去黏聚应力。在图 5-17 中，当 P=0.69kN 时，切口尖端的 COD 约为 76μm，该值可为评估黏聚裂缝模型的特征裂缝张开位移 w_c 提供参考。

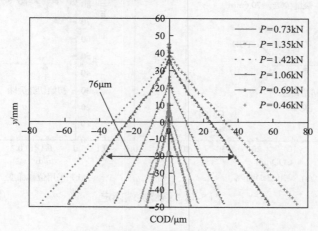

图 5-17　不同加载阶段的 COD 曲线

5.4.5　裂缝尖端的确定

一般而言，根据实际的 COD 曲线可以定位裂缝尖端的位置，即 COD 降至零的位置，如图 5-18（a）所示。然而，如前文所述，在确定 COD 曲线时，为了消除弹性变形的影响，假定裂缝尖端附近在同一高度处应变均匀分布。这与实际不符，因为裂缝尖端应力和变形集中，应变梯度较大。采用均匀分布假设，实际上是低估了裂缝尖端附近的局部应变，得到偏大的 COD，进而影响裂缝尖端位置的判断。

作为辅助判定方法，可以通过水平位移对 x 坐标的导数 du/dx 识别裂缝尖端，这与 Xie 等[26]所采用的位移梯度法原理相同。因此，平行于预制裂缝取几条垂直线上的水平位移，计算并绘制 du/dx 沿着纵坐标 y 的分布曲线，如图 5-18（b）所示。在预制裂缝尖端（y = 45mm），du/dx 变化非常剧烈，这意味着初始缺口尖端发生了较大的变形。在 y = 45mm 和 y = 69.7mm 之间，du/dx 表现出明显的波动，表明断裂过程区中存在强烈的局部变形。当 y > 69.7mm 时，du/dx 与 y 几乎呈线性关系，这与无损伤混凝土的线弹性特性一致。因此，裂缝尖端位于 y = 69.7mm 处，这与根据 COD 曲线确定的 y = 70.6mm 接近。

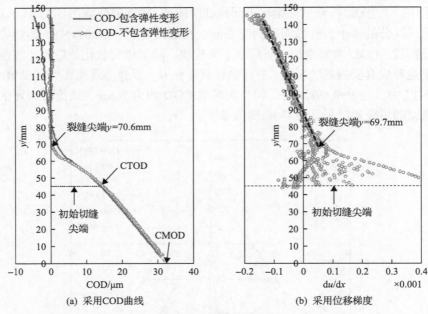

(a) 采用COD曲线　　　　　　　　(b) 采用位移梯度

图 5-18　裂缝尖端确定

参 考 文 献

[1] Kaplan M F. Crack propagation and the fracture of concrete. Journal of the American Concrete Institute, 1961, 58(11): 591-610.

[2] Shah S P, Swartz S E, Ouyang C. Fracture Mechanics of Concrete: Applications of Fracture Mechanics to Concrete, Rock and other Quasi-Brittle Materials. New York: John Wiley & Sons, 1995.

[3] Hillerborg A, Modéer M, Petersson P E. Analysis of crack formation and crack growth in concrete by means of fracture mechanics and finite elements. Cement and Concrete Research, 1976, 6(6): 773-781

[4] Bažant Z P, Oh B H. Crack band theory for fracture of concrete. Materials and Structures, 1983, 16(3): 155-177.

[5] Jenq Y S, Shah S P. Two parameter fracture model for concrete. Journal of Engineering Mechanics, 1985, 111(10): 1227-1241.

[6] Bazant Z P, Kazemi M T. Determination of fracture energy, process zone length and brittleness number from size effect, with application to rock and concrete. International Journal of Fracture, 1990, 44(2): 111-131.

[7] Karihaloo B L, Nallathambi P. An improved effective crack model for the determination of fracture-toughness of concrete. Cement and Concrete Research, 1989, 19(4): 603-610.

[8] 徐世烺. 混凝土断裂力学. 北京: 科学出版社, 2011.

[9] Kan Y C, Swartz S E. The effects of mix variables on concrete fracture mechanics parameters//Fracture Mechanics of Concrete Structures, Proceedings of FRAMCOS-2, 1995: 111-118.

[10] Chen B, Liu J Y. Effect of aggregate on the fracture behavior of high strength concrete. Construction and Building Materials, 2004, 18(8): 585-590.

[11] Buyukozturk O, Hearing B. Crack propagation in concrete composites influenced by interface fracture parameters.

International Journal of Solids and Structures, 1998, 35 (31-32) : 4055-4066.

[12] Nallathambi P, Karihaloo B L, Heaton B S. Effect of specimen and crack sizes, water cement ratio and coarse aggregate texture upon fracture-toughness of concrete. Magazine of Concrete Research, 1984, 36 (129) : 227-236.

[13] Nallathambi P, Karihaloo B L. Determination of specimen-size independent fracture-toughness of plain concrete. Magazine of Concrete Research, 1986, 38 (135) : 67-76.

[14] John R, Shah S P. Fracture mechanics analysis of high-strength concrete. Journal of Materials in Civil Engineering, 1989, 1 (4) : 185-198.

[15] Wu Z, Zhao G. Influence of aggregate sizes on fracture parameters of concrete. Journal of Dalian University of Technology, 1994, 34 (5) : 583-588.

[16] Issa M A, Issa M A, Islam M S, et al. Size effects in concrete fracture - Part II: Analysis of test results. International Journal of Fracture, 2000, 102 (1) : 25-42.

[17] BS EN 197-1:2000. Cement-Part 1: Composition, specifications and conformity criteria for common cements. London: British Standards Institution, 2000.

[18] RILEM. TC 50-FMC fracture mechanics of concrete, determination of the fracture energy of mortar and concrete by means of three-point bend tests on notched beams. Materials and Structures, 1985, 18 (4) : 287-290.

[19] RILEM. TC 89-FMT fracture mechanics of concrete, determination of fracture parameters (K_{Ic}^s and $CTOD_c$) of plain concrete using three-point bend tests. Materials and Structures, 1990, 23 (6) : 457-460.

[20] Su R K L, Cheng B. The effect of coarse aggregate size on the stress-strain curves of concrete under uniaxial compression. Transactions of Hong Kong Institution of Engineers, 2008, 15 (3) : 33-39.

[21] The Government of the Hong Kong Special Administrative Region. Construction standard: testing concrete (CS1: 1990) . 2 Volumes, Government Logistics Department, Hong Kong SAR Government, 1990.

[22] Lo T Y, Tang W C, Cui H Z. The effects of aggregate properties on lightweight concrete. Building and Environment, 2007, 42 (8) : 3025-3029.

[23] Karihaloo B L, Nallathambi P. Notched Beam Test: Mode I fracture toughness//Shah S P, Carpineteri A. RILEM Report 5, Fracture mechanics test methods for concrete. London: Chapman & Hall, 1991: 1-86.

[24] Wu K R, Chen B, Yao W, et al. Effect of coarse aggregate type on mechanical properties of high-performance concrete. Cement and Concrete Research, 2001, 31 (10) : 1421-1425.

[25] Dantec-Ettemeyer. ISTRA for Windows, Version 3.3.12. 2001.

[26] Xie Z L, Zhou H F, Lu L J, et al. An investigation into fracture behavior of geopolymer concrete with digital image correlation technique. Construction and Building Materials, 2017, 155: 371-380.

第6章　逐点位移配合法确定混凝土的拉伸软化曲线

研究表明，由于断裂过程区的存在，混凝土裂缝尖端表现出一定的非线性[1]。为了真实地描述混凝土的断裂过程，从本质上研究混凝土的断裂行为，必须采用考虑了断裂过程区的断裂力学模型[1,2]。为了阐明断裂过程区的断裂机制并获得混凝土开裂后的本构关系，研究者对断裂过程区展开了大量的研究。近几十年来，研究者对混凝土断裂过程区的尺寸[3-7]、形成和扩展规律[8-10]、尺寸效应[3,11]以及其他特性[12-16]等方面做出了大量的研究，但仍然存在许多不确定性，如断裂过程区的耗能机制和裂缝扩展长度，这阻碍了混凝土有效断裂力学模型的建立[17]。为了从试验中获得断裂过程区特性的可靠信息，需要使用高精度的测量仪器对实际裂缝进行直接观测[13]。因此，本章采用 ESPI 技术观测混凝土中的断裂过程区演化，为建立合适的断裂力学模型提供试验数据支撑。

黏聚裂缝模型（CCM）最早于 20 世纪 60 年代由 Dugdale[18]和 Barenblatt[19]提出，后来经 Hillerborg 等[20]发展。根据黏聚裂缝模型，裂缝的扩展由黏聚应力与裂缝张开位移之间的关系，即拉伸软化曲线（TSC）所控制。由于黏聚裂缝可以出现在试件或结构的任何地方，而不仅仅是在应力集中处，因此 CCM 可以作为材料本构应用于混凝土结构的断裂性能分析中[21]。要应用 CCM，需要预知其黏聚应力关系，即 TSC[22]。理论上，TSC 可以由混凝土单轴拉伸试验直接测定[23-25]。然而，单轴拉伸试验只能得到平均应力-变形关系，难以获得实际的黏聚应力-裂缝张开位移关系。此外，单轴拉伸试验难以实施且试验本身存在缺陷，如多条裂缝同时出现、带预制切口的试件两边不对称开裂以及试件突然断裂[26]等，导致从单轴拉伸试验确定混凝土的 TSC 比较困难。

于是，研究者开始尝试逆分析法，即采用优化算法以缩小数值模拟结果和试验结果之间的误差来逆推混凝土的 TSC[2,27,28]。在大多数的逆分析过程中，为了简化计算分析，需要预先设定 TSC 的形状为线性[20]、双线性[29]、三线性[30]或者指数函数[31]。也有研究并不需要对 TSC 的形状进行预先设定，而是采用折线近似的方式来逐点构建多段线软化模型[17,32]。尽管在大多数逆分析研究中，均采用了优化算法，但是不适定问题（ill-posed problem）依然显著。因此，需要在逆分析过程中加入更多的约束条件[33]，以增加逆分析解的唯一性，

为了得到可靠的混凝土 TSC，作者通过对准脆性材料水泥砂浆进行断裂试验和数值模拟，提出了一种新的构建 TSC 的方法，即逐点位移配合法（IDCM）[34]。

该方法逐点构建材料的 TSC，得到的曲线由多个黏聚应力-裂缝张开位移控制点 (σ_i, w_i) 组成。在每个分析步中，控制点的裂缝张开位移 w_i 由试验测得，而对应的黏聚应力 σ_i 是唯一的未知量。先假定一个黏聚应力，根据试验测得的裂缝张开位移(COD)曲线和已构建的 TSC 计算出断裂过程区内的黏聚应力分布。将该黏聚应力分布施加到数值模型中来模拟断裂过程区的增韧机制，并计算出该分析步的数值模拟结果。通过调整黏聚应力来改变数值模拟结果，对比数值模拟结果与试验结果，能取得与试验结果最接近的黏聚应力就是未知的黏聚应力控制值 σ_i。

虽然 IDCM 本质上也是逆分析法，但是在位移配合过程中既考虑了试件的整体变形，又考虑了局部变形；除此之外，在计算黏聚应力分布时考虑了实际的 COD 和已构建的 TSC。采用这些措施，可以保证构建的 TSC 不仅在数学上满足逆分析条件，而且在物理上始终遵循材料的基本假设。这些措施作为额外的约束条件，降低了逆分析过程中的不适定问题，提高了所求 TSC 的唯一性。

6.1　逐点位移配合法介绍

IDCM[35,36]是一种改进的逆分析方法，通过同时考虑混凝土试件的整体和局部响应，以分段方式逐点构建混凝土的 TSC。整体响应包括预切口梁的跨中挠度(δ)和裂缝口张开位移(CMOD)，可分别采用线性位移计和夹式位移计测得。局部响应包括沿裂缝扩展路径的裂缝张开位移(COD)和实测的断裂过程区长度，可采用高精度场位移测量技术(如 ESPI 和 DIC 技术)测得。IDCM 通过将黏聚裂缝植入常规有限元模型中，在断裂过程区的节点上施加黏聚应力作为断裂阻力，以模拟混凝土裂缝尖端的增韧机制[34]。通过将数值模拟结果与试验结果进行对比，并根据对比情况对黏聚应力进行相应调整，逐点构建 TSC。

6.1.1　基本假设

IDCM 采用的基本假设包括：①材料为各向同性，所有的非线性变形行为都由断裂过程区的黏聚裂缝来表示，黏聚裂缝之外的材料遵循线弹性变形原理；②当裂尖附近的最大拉应力等于材料的抗拉强度时，黏聚裂缝开始向前扩展；③断裂过程区的黏聚应力分布通过已构建的部分 TSC 和实测的 COD 计算；④随着 COD 的增加，黏聚应力呈下降趋势；⑤裂缝的自由表面效应较小，因此厚度对试件断裂行为的影响可忽略不计。在有限元分析中，试件模型可简化为二维模型。

6.1.2　IDCM 的理论背景

IDCM 的理论背景包括两个方面：黏聚裂缝模型和逐点位移配合法。

1. 黏聚裂缝模型

目前研究者普遍认为，黏聚裂缝模型对准脆性材料 I 型裂缝的断裂行为能提供明确且合理的描述。根据该模型，混凝土断裂过程区的所有非线性行为都由黏聚应力 σ 和裂缝张开位移 w 之间的关系，用 TSC 表示。

以一个含裂缝的三点弯曲梁为例，图 6-1 给出了断裂过程区完全发展的黏聚裂缝示意图。从图 6-1(b) 可以看出，在 $w = w_c$ 处，黏聚应力为零；在 $w = 0$ 处，黏聚应力等于材料的抗拉强度 f_t。当 $0 < w < w_c$ 时，黏聚应力与裂缝张开位移之间的关系遵循拉伸软化律，即 TSC，如图 6-1(c) 所示。假设黏聚裂缝的尖端和尾端分别位于 $y = y_2$ 和 $y = y_1$，那么黏聚裂缝长度或断裂过程区长度(l_p)可以通过式(6-1)计算：

$$l_p = y_2 - y_1 \tag{6-1}$$

在早期加载阶段，断裂过程区不完全发展。因此，黏聚裂缝尾端($y = y_1$)与初始切口尖端重合，而裂缝尖端($y = y_2$)可根据试验测得的 COD 曲线确定。当裂缝前缘($y = y_2$)处的裂缝张开位移接近零时，相应的黏聚应力等于 f_t。在预制切口尖端完全打开之前，裂缝尾端($y = y_1$)处的裂缝张开位移 w 小于 w_c。由于黏聚应力区的裂缝张开位移 w 可直接从实测 COD 曲线获得，因此一旦定义了 TSC 的分段线性关系，即可确定断裂过程区内的黏聚应力分布。

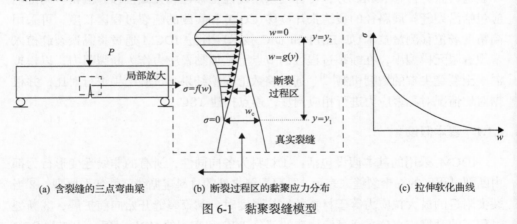

(a) 含裂缝的三点弯曲梁　　　(b) 断裂过程区的黏聚应力分布　　　(c) 拉伸软化曲线

图 6-1　黏聚裂缝模型

2. 逐点位移配合法

根据 IDCM，需要确定的参数包括分段的 TSC 和材料的弹性模量 E。通过对单边切口梁试件实施三点弯曲试验，采用高精度的 ESPI 技术，可以得到试件的整体断裂响应，如荷载-挠度曲线和荷载-CMOD 曲线，以及局部响应包括完整的 COD 曲线、裂缝前缘(y_2)的位置，从而确定每个加载步的黏聚裂缝长度 l_p。

根据 IDCM 的原理，混凝土的 TSC 通过逐点构建的方式获得，如图 6-2 所示。在每个分析步骤中，只有一个黏聚应力(如图 6-2(a)中的 σ_i)未知，需要通过逆分析确定。在逆分析中，能够提供最佳拟合效果(使模拟结果与实际变形最接近)的黏聚应力值即合理值。TSC 上的第一个内聚应力值是抗拉强度 f_t，其他黏聚应力，如 $\sigma_1 \sim \sigma_{i-1}$，在之前的步骤中已确定。因此，可根据假设的 TSC[图 6-2(a)]和实测的 COD 曲线[图 6-2(b)]计算断裂过程区中的黏聚应力分布。

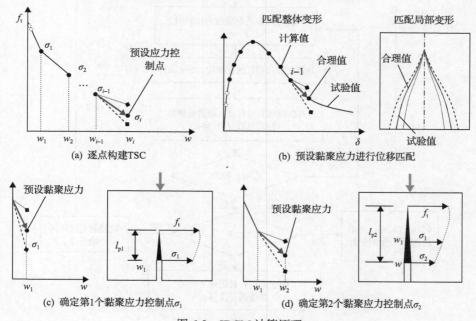

图 6-2　IDCM 计算原理

在每个分析步骤中，仅得到 TSC 的一段。除了前几步需要测定弹性模量 E 和材料的抗拉强度 f_t 外，在后续步骤中，如第 i 步，只需要确定黏聚应力控制值 σ_i。在 $y=y_1$ 处(即初始切口尖端)，其相应的裂缝张开位移为 w_i。因此，第 i 步可以确定 TSC 上的坐标点 (w_i, σ_i)。之后进入下一个分析步，重复以上分析过程，完整的 TSC 就可以随着分析步的推进而逐点构建。

6.1.3　IDCM 的计算步骤

采用 IDCM 确定混凝土 TSC 的计算流程如图 6-3 所示，详细步骤如下。

步骤 1：从试验结果提取试件的变形和裂缝扩展信息，用于数值模拟分析和变形匹配。

由 ESPI 技术测得的试件位移场，得到试件在每个加载步的位移信息，包括梁的跨中挠度 δ、裂缝口张开位移 CMOD、断裂过程区的裂缝张开位移 COD 和裂

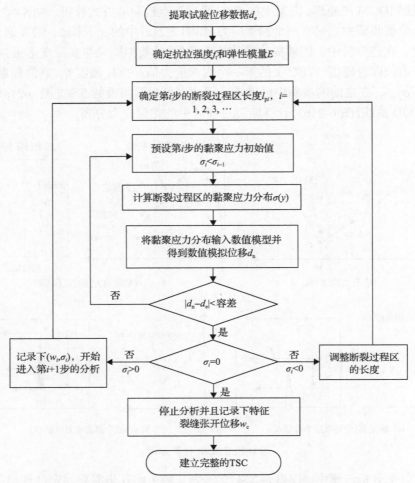

图 6-3　采用 IDCM 确定 TSC 计算流程图

缝尖端位置 y_2。

步骤 2：确定材料的抗拉强度 f_t 和弹性模量 E。

通过试验准确测定准脆性材料的 f_t 和 E 并不容易。通常，材料的抗拉强度可通过圆柱体劈裂试验来确定；然而，Ghaffar 等[37]指出，通过圆柱体巴西劈裂试验获得的 f_t 高于通过单轴拉伸试验获得的 f_t，低于通过弯曲试验获得的 f_t。在本方法中，抗拉强度 f_t 将根据试件加载早期的荷载-位移曲线逆分析确定。为了消除因试件差异引起的材料特性变化，E 根据实测 P-CMOD 曲线的初始刚度确定。

在加载初期，当施加荷载 P 小于 1/3 峰值荷载（P_{max}）时，裂缝张开位移 w 较小，且断裂过程区的长度较短，如图 6-1（a）和（b）所示。首先，根据巴西劈裂试验结果预设抗拉强度 f_t，断裂过程区中的黏聚应力可假定为均匀分布且等于 f_t，这对试件梁变形的影响可以忽略不计。接下来，通过比较计算位移和实测位移来逆推弹性模量 E。如果计算位移高于测量位移，则应采用较高的 E 值；相反，如果计算位移低于实测值，则应选择较低的 E 值。

确定了 E 值后，再对 f_t 进行调整。在有限元分析中，施加的外荷载 P 使裂缝张开，而黏聚应力又倾向于使裂缝闭合。如果 f_t 过高，即使 l_p 非常短，也可能会导致断裂过程区出现负的 COD；相反，如果 f_t 过低，为了使试件截面处于应力平衡状态，裂缝尖端附近的局部应力会高于预设的 f_t。因此，f_t 的合理值应满足两个要求：①计算区域的应力最大值应小于或等于 f_t；②应力分布不会出现突变(或跳跃)，且应确保沿断裂过程区的 COD 为正值。

步骤 3：确定断裂过程区的长度。

由 ESPI 测得的水平位移场可以确定裂缝张开位移(COD)曲线。与断裂过程区和预制切缝区域的变形相比，弹性区域的变形很小，COD 几乎接近于零。因此，从 COD 曲线可以识别断裂过程区的尖端 $(y=y_2)$，而断裂过程区的尾端则可以假设从预制切口尖端 $(y=y_1)$ 开始。因此，断裂过程区的长度 l_p，可以通过式(6-1)确定。

步骤 4：计算断裂过程区的黏聚应力 $\sigma(x)$。

通过对试验测得的 COD 曲线进行拟合，断裂过程区裂缝面上节点的裂缝张开位移 $w(y)$ 可以通过式(6-2)表示：

$$w(y) = \sum_m C_m y^m \tag{6-2}$$

式中，$C_m (m = 0, 1, 2, \cdots)$ 为多项式系数；y 为裂缝面上各节点的纵坐标。

在第 i 个加载步，已构建的 TSC 由 j 个控制点 (w_j, σ_j) 连线组成，其中 $j=1, 2, \cdots, i$。除了最后一个控制点 (w_i, σ_i)，前面的控制点在前面 $i-1$ 个分析步中已经确定。实际上，采用 IDCM，只有第 i 步的黏聚应力 σ_i 是待解值。假设是一条下降的曲线，未知的黏聚应力 σ_i 应满足以下要求：

$$\sigma_i \leqslant \sigma_{i-1} \tag{6-3}$$

式中，σ_{i-1} 为在 $i-1$ 步已确定的黏聚应力，MPa。由前节内容可知，当 $i=1$ 时，黏聚应力 σ_0 等于材料的抗拉强度 f_t。

通过线性插值，处于 TSC 第 j 段上的节点应力可以根据裂缝张开位移由式(6-4)确定：

$$\sigma(y) = \sigma_{j-1} + \frac{\sigma_j - \sigma_{j-1}}{w_j - w_{j-1}} \left[w(y) - w_{j-1} \right] \tag{6-4}$$

式中，$w(y)$ 为节点处的裂缝张开位移；(w_{j-1}, σ_{j-1}) 和 (w_j, σ_j) 为 TSC 第 j 段的起点和终点。由于黏聚应力 σ_{j-1} 和 σ_j 在第 $j-1$ 步和第 j 步已经得到，在满足式(6-3)的前提下，断裂过程区所有节点的黏聚应力均可以通过式(6-4)计算得到。

步骤 5：将前一步计算的节点应力 $\sigma(x)$ 施加到有限元模型断裂过程区的节点上，根据实际的加载和边界条件，可以计算出试件的位移。通过与试验结果对比，选取满足以下两个条件的黏聚应力 σ_i。

(1)位移要求：

$$|d_{\mathrm{n}} - d_{\mathrm{e}}| < 容差 \tag{6-5}$$

式中，d_{n} 和 d_{e} 分别为数值模型计算的位移和试验位移，具体包含 δ、CMOD 和 CTOD。

由于黏聚应力使裂缝闭合并减小试件变形，为了满足位移要求，黏聚应力 σ_i 应根据对比情况做相应的调整：如果 $d_{\mathrm{n}} > d_{\mathrm{e}}$，应该选择较高的 σ_i；如果 $d_{\mathrm{n}} < d_{\mathrm{e}}$，则应该选择较低的 σ_i。

(2)应力要求。数值模型计算出的应力集中区域的最大应力 $\sigma_{\max}$ 应当小于 f_{t}，并且裂缝扩展面上的应力曲线分布应该较光滑，即没有明显的突变或跳跃(相对应力变化值 $\Delta\sigma / f_{\mathrm{t}} < 10\%$)，即

$$\sigma_{\max} \leqslant f_{\mathrm{t}} \tag{6-6}$$

此外，在黏聚裂缝完全打开之前，断裂过程区节点上的黏聚应力应该大于零，即

$$\sigma_i > 0 \tag{6-7}$$

步骤 6：如果式(6-5)～式(6-7)都满足，则进入下一个加载步继续分析，并重复步骤 2 至步骤 5，直到预制切口尖端的黏聚应力 $\sigma_i = 0$，对应裂缝张开位移为 w_{c}。

值得注意的是，当只有 $\sigma_i < 0$ 才能获得与试验结果一致的模拟结果时，意味着裂缝尾端已从初始切口尖端向前扩展，此时应调整与零黏聚应力对应的 y_1 位置，相应地缩短 l_{p}。一旦获得新的 y_1 位置，y_1 处的裂缝张开位移即特征裂缝张开位移 w_{c}，分析终止。

6.2　混凝土断裂试验

6.2.1　混凝土配合比和试件

共浇筑五组抗压强度在 40～90MPa 的混凝土试件，混凝土的配合比见表 6-1。水

泥采用波特兰硅酸盐水泥(CEM I 52.5N)[38]；粗骨料为破碎花岗岩，最大骨料粒径约为 10mm；细骨料为河沙，最大骨料粒径约为 5mm。根据 RILEM 的建议[39,40]，制备单边切口梁进行三点弯曲试验以获得材料的断裂参数。每组准备 5 根预制切口梁，梁尺寸为 710mm×150mm×80mm，梁的跨度为 600mm，初始裂缝长度为 45mm，初始裂缝宽度约为 3mm。

表 6-1　混凝土配合比(kg/m³)

混凝土类型*	水	水泥	细骨料	粗骨料	减水剂
C40	200	279	1025	838	0
C50	193	332	905	905	0.432
C60	196	423	867	866	3.802
C80	173	482	867	866	6.263
C90	160	501	867	866	8.516

*表明此处仅根据强度区分混凝土类型，并不代表规范定义的混凝土抗压强度标准值。

除单边切口梁外，每个批次还浇筑 6 个立方体试件。立方体的尺寸为 150mm×150mm×150mm。拆模后，将试件放置在自然条件下[温度(20±2)℃；相对湿度 75%~85%]养护至正式试验。立方体抗压强度 f_{cu} 根据香港建筑材料测试标准[41]规定的测试方法确定。

在对试件梁进行断裂试验后，采用钻心的方式对残存试件进行取样，圆盘试件的直径和高度分别为 100mm 和 80mm。通过对取样圆盘进行巴西劈裂试验，确定混凝土的间接抗拉强度 f_{ts}。

6.2.2　三点弯曲试验装置

在试件养护 28 天后开展三点弯曲试验，试验装置如图 6-4(a)所示。加载方式采用位移控制，加载速率为 0.01mm/min，压力机向上推进对试件施加荷载。采用位移传感器(LVDTs)和夹式位移计分别测量试件梁的跨中挠度 δ 和 CMOD。使用闭合环路的伺服压力机系统，使试件梁中的裂缝可以稳定扩展，利用数据采集仪记录加载全过程的 P-δ 和 P-CMOD 曲线。为了减小试件刚体位移对挠度测量值的影响，在梁顶部放置了一个钢框架作为 LVDTs 的安装架[图 6-4(b)]。

采用 ESPI 技术 Q300 系统(Dantec-Ettemeyer 公司生产)测量梁跨中附近的表面变形，Q300 系统的技术参数见表 3-4。在本试验中，测量区域面积约为 200mm(水平方向)×170mm(垂直方向)。ESPI 技术的测量精度主要取决于照明臂长度、传感器与测量目标的距离、激光波长等。照明臂越长，目标距离越短，激光波长越短，测量精度越高；反之则反。在目前的试验装置下，ESPI 系统能够获得 0.2μm 的位移分辨率。在每个加载状态下，ESPI 传感器记录测量区域的散斑图案，这些散斑信息经过后处理软件 ISTRA[42]分析后可得到试件在各个方向的平面内位移场。

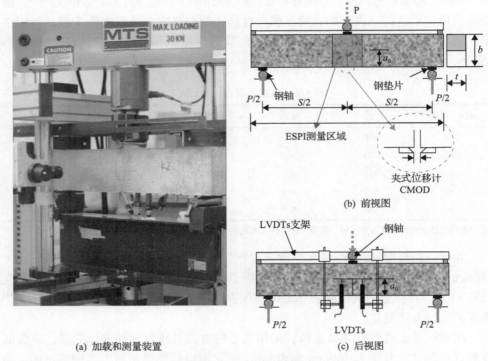

(a) 加载和测量装置

(b) 前视图

(c) 后视图

图 6-4　三点弯曲试验装置

6.2.3　巴西劈裂试验

为了消除混凝土离散性对材料力学性能的影响，对从残余试件梁取心得到的圆盘试件进行巴西劈裂试验，以获得材料的间接抗拉强度[43]，试验装置如图 6-5 所示。

(a) 加载装置

(b) 劈裂夹具

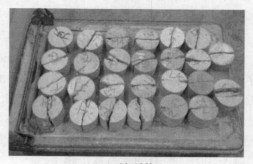

(c) 破坏试件

图 6-5　巴西劈裂试验装置

巴西劈裂试验适用于单轴抗压强度与单轴抗拉强度比值较高的材料，如高强混凝土和岩石。在本试验中，将圆盘沿轴线方向放置在上下压板之间，如图 6-5(a) 所示。通过使用特制夹具使试件精确对中，劈裂夹具如图 6-5(b) 所示。在圆盘和上下压板之间各放置一条胶合木条，以减少沿加载线上的应力集中。试验加载速率为 0.3kN/s，圆盘试件的破坏模式基本为沿着劈裂面的劈裂破坏，如图 6-5(c) 所示。

间接抗拉强度 f_{ts} 可通过式(6-8)确定：

$$f_{ts} = \frac{2P}{\pi HD} \tag{6-8}$$

式中，P 为破坏荷载，N；D 和 H 分别为圆盘试件的直径和高度，mm。

表 6-2 列出了不同强度混凝土的材料力学特性。

表 6-2　混凝土材料力学特性

混凝土类型[*]	f_{cu}/MPa	f_{ts}/MPa
C40	39.7	2.5
C50	49.1	2.9
C60	62.2	3.3
C80	80.5	4.5
C90	86.7	5.4

[*]表示此处仅根据强度区分混凝土类型，并不代表规范定义的混凝土强度等级。

6.3　试验结果及讨论

6.3.1　试件梁断裂面形态

由于试件采用预制切口梁，主裂缝从预制切口尖端起裂并向上扩展，断裂面基本沿着预制切口平面扩展。

　　不同强度混凝土梁的破裂面如图 6-6 所示。从图 6-6 中可以观察到水泥和骨料呈现不同的颜色。对于普通强度混凝土（normal strength concrete, NSC），骨料断裂很少，裂缝主要穿过水泥基体或沿着水泥基体与骨料的界面扩展，断裂面的颜色整体较均匀，这种破坏为晶间断裂模式。对于高强混凝土（high strength concrete, HSC）（$f_{cu} \geqslant 60\text{MPa}$），裂缝除了穿过水泥基体或沿着水泥基体与骨料的界面扩展，还会直接穿过骨料，断裂面的颜色不均匀，这种破坏为穿晶断裂模式。抗压强度越高，破裂面的颜色越不均匀，断裂的骨料数量越多。

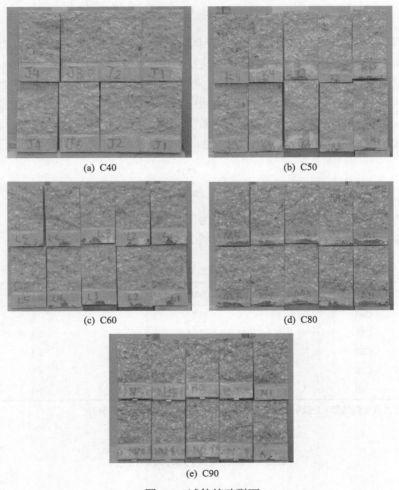

(a) C40　　　　　　　　　　　　　(b) C50

(c) C60　　　　　　　　　　　　　(d) C80

(e) C90

图 6-6　试件的破裂面

　　由于混凝土裂缝是从材料薄弱区域开始萌生的，对于 NSC，水泥基体的强度相对于骨料强度较低，因此裂缝会绕过骨料，主要发生在水泥基体或水泥基体与骨料之间的界面。对于 HSC，水泥基体的强度与骨料强度相近，甚至更高，因此，裂缝会直接穿过骨料。黄兴震等[44,45]通过图像分析法对断裂面骨料和浆体面积进行定量分析，结果表明，随着混凝土强度的提高，混凝土内部裂缝的扩展模式由以"绕晶型"为主逐渐转化为"绕晶型"和"穿晶型"相当。这与 Elices 等[2]得到的研究结果一致：弱界面混凝土的主要断裂模式为晶间断裂，而强界面混凝土的主要断裂模式为穿晶断裂。

6.3.2　荷载-位移曲线

不同强度试件梁的 P-δ 曲线和 P-CMOD 曲线如图 6-7 所示。由于混凝土材料的离散性，同一组试件的荷载-位移曲线存在一定的差异。为了展示具有代表性的试验结果，每组只展示三个相对一致的试件结果。

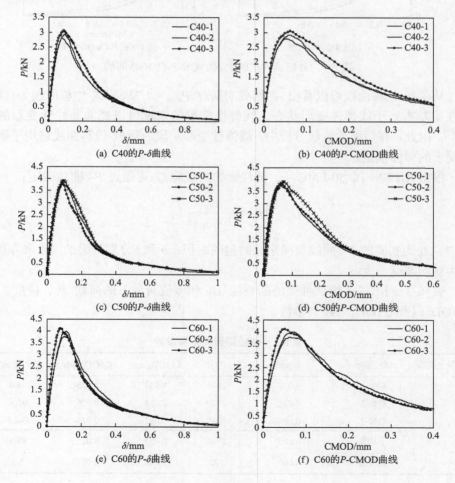

(a) C40的P-δ曲线　　　　　　　(b) C40的P-CMOD曲线

(c) C50的P-δ曲线　　　　　　　(d) C50的P-CMOD曲线

(e) C60的P-δ曲线　　　　　　　(f) C60的P-CMOD曲线

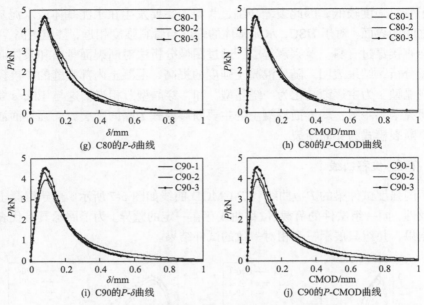

图 6-7　各组试件梁的 P-δ 曲线和 P-CMOD 曲线

从荷载-位移曲线可以看出，在加载初期（$P/P_{\max}<1/3$），荷载-位移曲线为直线，试件梁基本处于线弹性变形状态，线弹性变形的末端可以视为非线性变形的开始[46]。因此，在后面的数值分析中，线弹性变形阶段的荷载-位移曲线将用于确定混凝土的弹性模量。

根据 RILEM TC 50-FMC[39]，试件梁的断裂能 G_F 可通过 P-δ 曲线确定：

$$G_F = \frac{A_0}{(b-a_0)t} \tag{6-9}$$

式中，A_0 为实测的 P-δ 曲线与横坐标的包围面积；b 和 t 分别为梁的高度和厚度；a_0 为初始裂缝长度。

表 6-3 列出了各组试件梁的断裂能 G_F 和峰值荷载下的荷载 P_c、挠度 δ_c、$CMOD_c$ 以及 $CTOD_c$ 等断裂参数。

表 6-3　试验得到的断裂参数

混凝土类型	试件编号	δ_c/mm	P_c/N	$CMOD_c$/mm	$CTOD_c$/mm	G_F/(N/m)
C40	C40-1	0.077	2805	0.051	0.025	95.0
	C40-2	0.088	2920	0.058	0.026	95.8
	C40-3	0.089	3048	0.062	0.025	104.5
	平均值	0.085	2924	0.057	0.025	98.4
	标准差	0.007	122	0.006	0.001	5.3

续表

混凝土类型	试件编号	δ_c /mm	P_c/N	CMOD$_c$/mm	CTOD$_c$/mm	G_F/(N/m)
	C50-1	0.096	3763	0.058	0.021	123.6
	C50-2	0.090	3793	0.067	0.027	122.4
C50	C50-3	0.093	3908	0.068	0.026	128.7
	平均值	0.093	3821	0.064	0.025	124.9
	标准差	0.003	77	0.006	0.003	3.3
	C60-1	0.110	3994	0.068	0.031	141.9
	C60-2	0.114	3751	0.073	0.027	133.4
C60	C60-3	0.093	3998	0.061	0.032	130.3
	平均值	0.106	3914	0.067	0.030	135.2
	标准差	0.011	141	0.006	0.003	6.0
	C80-1	0.083	4481	0.056	0.018	133.4
	C80-2	0.097	3887	0.065	0.023	115.6
C80	C80-3	0.086	4553	0.052	0.025	124.3
	平均值	0.089	4307	0.058	0.022	124.4
	标准差	0.007	366	0.007	0.004	8.9
	C90-1	0.110	4016	0.072	0.031	121.1
	C90-2	0.088	4230	0.058	0.026	108.0
C90	C90-3	0.088	4524	0.062	0.031	115.4
	平均值	0.095	4257	0.064	0.029	114.8
	标准差	0.013	255	0.007	0.003	6.6

6.3.3　混凝土裂缝演化规律

ESPI 技术可以精确地观察混凝土中的裂缝扩展演化。以 C90-1 混凝土梁为例，典型的主裂缝路径如图 6-8 所示。对于预制切口梁，由于应力集中，主裂缝从初始切口尖端起裂并向上扩展。考虑混凝土材料的不均匀性和骨料分布的随机性，主裂缝的扩展路径会出现微裂缝和分叉。裂缝前缘的断裂过程区示意图如图 6-8 (b) 所示，x 和 y 分别代表水平方向和竖直方向坐标，坐标原点位于预制切口尾端，预制切口尖端位于 y_0=45mm 处。

为了观测试件梁的裂缝演化过程，重点分析四个加载阶段的变形，如图 6-9 所示。

ESPI 技术在四个加载阶段测得的干涉条纹图如图 6-10 所示。从干涉条纹图可以分析裂缝的发展演化：通过条纹的不连续性来识别裂缝，而条纹不连续性高度变化的区域则认为是断裂过程区。

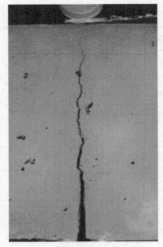

(a) 主裂缝路径 （b) 断裂过程区示意图

图 6-8　主裂缝路径和断裂过程区示意图

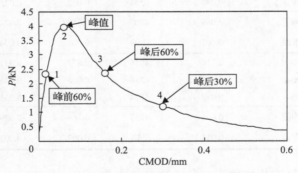

图 6-9　ESPI 分析的四个加载阶段

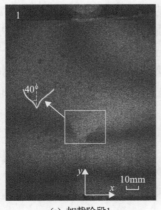

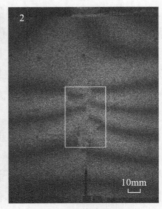

(a) 加载阶段1 （b) 加载阶段2

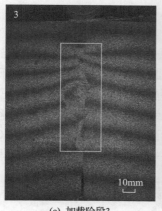
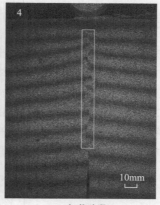

（c）加载阶段3　　　　　　　　（d）加载阶段4

图 6-10　四个加载阶段的干涉条纹图

白色方框区域表示断裂过程区

如图 6-10 所示，在关键阶段 1，裂缝从初始切口尖端起裂并分叉，裂缝的分叉也称为次生裂缝。切口尖端的次生裂缝方向几乎沿缺口面呈对称分布，且与切口断面的夹角约为 40°。由此可以推断，靠近切口尖端的最大主应力与切口面并不垂直，这可以通过剪应力的影响来解释。研究表明[47]，当 I 型裂缝前缘的剪应力为正时，主裂缝路径不稳定，并偏离其原始萌生方向。而 Planas 等[48]认为，靠近裂缝尖端的最大主应力平行于裂缝，而不是垂直于裂缝，因此次生裂缝的发展近似垂直于主裂缝。本研究结果和 Planas 等的结果均表明，次生裂缝的萌生是为了释放局部超过抗拉强度的主拉应力引起的能量，然后次生裂缝会随着主裂缝的扩展而闭合。虽然在试验中可以观察到次生裂缝，并且理论分析中需要次生裂缝，但次生裂缝对试件整体变形的影响很小（在 $P\text{-}\delta$ 曲线中为百分之几）[21]，因此数值分析中可以忽略次生裂缝。

断裂过程区的尺寸精度取决于测量方法的分辨率[49]。从加载阶段 1 至加载阶段 3 的干涉条纹图可以看出，断裂过程区的宽度约为 33mm，是混凝土材料最大骨料粒径的 3.3 倍。本节观测结果与前人研究结果[5,7,50]基本一致，即断裂过程区宽度约为 35mm，裂缝前缘的裂缝带宽度约为最大骨料粒径的 3 倍。在加载阶段 4，主裂缝已经充分扩展，未开裂的韧带长度变得很短（约 10mm），次生裂缝在此加载阶段已闭合，此刻断裂过程区的宽度约为 10mm，与最大骨料粒径相当。

断裂过程区的宽度对于确定 COD 曲线非常关键：计算 COD 曲线时，需要确定沿裂缝路径的两个裂缝面的相对水平位移。要考虑断裂过程区的各种增韧机制，两个裂缝面应超出断裂过程区区域。

6.3.4　裂缝张开位移和裂缝长度

图 6-11 为四个加载阶段的 COD 曲线。从 COD 曲线可以观察到，COD 曲线并不像之前假设的那样呈线性分布[1]。因此，非线性假设更适合用于拟合 COD 曲线，尤其是在靠近裂缝尖端处，可以为精确评估 COD 提供试验证据。

通过 COD 曲线可以确定裂缝长度和断裂过程区。理论上，裂缝张开位移减小至零的位置可视为裂缝尖端。然而，由于试验数据的波动性，考虑 COD<2μm 的位置为断裂过程区的尖端，而初始切口尖端(y_0=45mm 处)为断裂过程区的尾端。

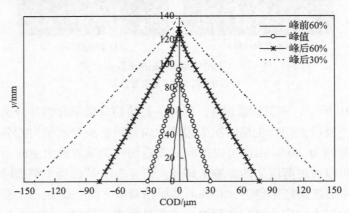

图 6-11　不同加载阶段的 COD 曲线

在峰值荷载前 60%$P_{\max}$，初始切口尖端的裂缝张开位移(CTOD)约为 6μm，裂缝长度约为 7mm。在峰值荷载下，CTOD 约为 30μm，裂缝长度约为 44mm。在峰值荷载后 60%$P_{\max}$ 时，CTOD 约为 100μm，裂缝长度约为 75mm。在峰后 30%$P_{\max}$，CTOD 达到约 185μm，裂缝长度约为 89mm。当断裂过程区完全发展时，黏聚裂缝的 COD 和断裂过程区长度达到最大值。由于断裂过程区尾端也会向前移动，因此仅根据试验结果很难确定完全发展的断裂过程区。

6.3.5　断裂过程区的增韧机制

在相同的加载速率(0.01mm/min)下，不同加载阶段的裂缝扩展速率不同。裂缝长度与加载时间的关系如图 6-12 所示。

从图 6-12 可以看出，不同强度混凝土的裂缝演化表现出相似的行为。大致来说，裂缝发展包含三个阶段。

(1)第一阶段，混凝土梁基本处于线弹性变形状态。裂缝长度较短(<4mm)。在这个阶段裂缝扩展速率非常慢。

(2)第二阶段，混凝土梁发生了显著的非线性变形，裂缝迅速扩展。该阶段结

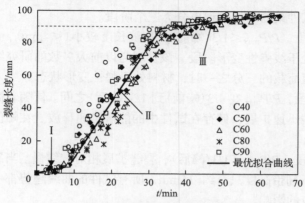

图 6-12　裂缝长度与加载时间的关系

束时，裂缝长度约为 90mm，这与 Hadjab-Souag 等[7]通过声发射技术确定的断裂过程区长度一致。在这个阶段可以观察到微裂缝和裂缝分叉机制，水泥基体和骨料之间还可能存在摩擦和桥接机制，所有这些机制形成了断裂过程区的增韧机制，可以用于解释其应力软化行为。

（3）第三阶段，混凝土梁的裂缝前缘扩展不明显，主要体现在裂缝张开。在这个阶段，断裂过程区宽度变窄，断裂韧性主要归因于水泥基体和骨料之间的摩擦和桥接机制，这与 Nomura 等[51]的发现比较一致。

值得注意的是，随着断裂过程区尾端的前移，第三阶段的裂缝长度可能包括部分真实裂缝。要确定断裂过程区长度，总裂缝长度应减去真实裂缝长度。

此外，本节还分析了不同强度混凝土试件梁的荷载-裂缝长度关系。为了便于比较，将荷载归一化处理，归一化荷载与裂缝长度的关系曲线如图 6-13 所示。

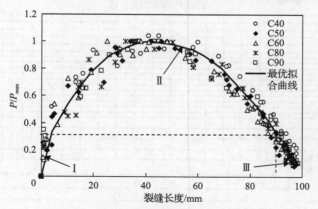

图 6-13　归一化荷载与裂缝长度的关系曲线

从图 6-13 中可以看出，不同强度的混凝土试件梁曲线形状相似。与上述三个阶段相对应，试件梁的断裂过程也分为三个阶段。

（1）第一阶段，$P/P_{max}<1/3$（峰前），裂缝长度较小（＜4mm），裂缝轻微扩展，混凝土梁基本处于线弹性变形阶段。该发现与以前大多数的研究结果一致，即当外荷载小于峰值荷载的三分之一时，材料处于弹性变形状态。

（2）第二阶段，P/P_{max} 在 1/3（峰前）到 1/3（峰后）之间。伴随着微裂缝的萌生和分叉，裂缝尖端迅速扩展，储存在试件中的能量迅速释放。在峰值荷载下，裂缝长度约为 40mm。

（3）第三阶段，$P/P_{max}<1/3$（峰后），裂缝扩展相对较缓慢。当裂缝长度达到约 90mm 时，剩下韧带高度只有约 15mm，所有试件的曲线趋势都一致，这可能是受试件边界效应的影响。

6.4　数值模拟及结果讨论

6.4.1　数值模型

采用 FORTRAN 语言编写有限元程序，对三点弯曲梁进行数值模拟。梁长度710mm，跨度 600mm。考虑试件的对称性，数值模拟仅分析试件的一半。由于网格尺寸的影响不大，选择总单元数 N=450 进行有限元单元网格划分，模型边界和有限元网格划分如图 6-14 所示。x 和 y 方向上的单元数量分别为 N_x=25 和 N_y=18，模型共有 450 个九节点混合单元[52]。

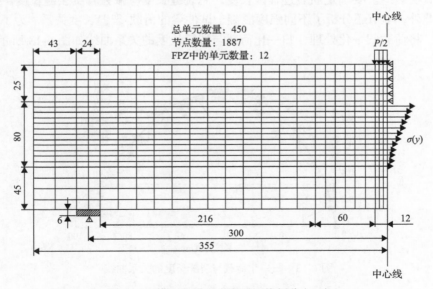

图 6-14　模型边界和有限元网格划分（mm）

在 y 方向上，沿着切缝断面将梁截面分成三个区域：真实裂缝区、黏聚裂缝区和无损伤区。随着荷载的增加和裂缝的扩展，三个区域中的网格密度进行相应调整，但总单元数保持不变。

假设模型材料遵循线弹性变形，弹性模量根据试验荷载-位移曲线的线弹性段进行反算。混凝土的泊松比一般在 0.15～0.25，本节数值分析中泊松比取 0.2。为了模拟简支梁，约束左支座处 y 方向的位移来固定试件。考虑梁变形的对称性，仅约束跨中截面线弹性区节点 x 方向的位移。考虑到试件上部支座处钢板的宽度，将施加荷载的一半转化为分布压力，沿靠近跨中的三个单元边缘平均布置。

数值分析过程包括三个模块：输入模块、计算模块和输出模块。首先，在输入模块输入数值分析所需的初始参数，如施加荷载、实测 COD、裂缝长度和初始黏聚应力等。然后，基于文献[34]中的理论假设和方法，通过计算模块计算出包括位移、应力和应变场在内的数值结果。最后，在输出模块中，将数值结果与试验结果进行比较，以判断是否有必要调整初始黏聚应力。

以试件 C90-1 在峰值荷载前 $94\%P_{max}$ 的状态为例，根据实测 COD 可将梁截面从下往上分为三个区域，如图 6-14 所示。第一个区域(y=0～45mm)，代表与预切口对应的真实裂缝，该区域 σ 为零。第二个区域(y=45～125mm)，代表黏聚裂缝区，其黏聚应力分布 $\sigma(y)$ 根据已知的 TSC 计算并施加到该区域的节点上，从而模拟梁的非线性断裂增韧。第三个区域是无损伤区(y=125～150mm)，该区域遵循线弹性变形，其 w 为零，只有节点的水平位移受到约束。根据数值结果和试验结果的对比情况，对 σ 进行相应调整，从而保证二者之间的差异控制在允许范围内。

6.4.2　不同强度混凝土的拉伸软化曲线

采用 IDCM 得到的不同强度混凝土的 TSC 如图 6-15 所示。将本节研究结果与 CEB-FIP 模型[53]进行对比，发现 TSC 的初始下降段与 CEB-FIP 模型基本一致。对于 NSC，本节得到的 TSC 的尾部比 CEB-FIP 模型的尾部略短；对于 HSC(如 C80、C90)，本节得到的 TSC 与 CEB-FIP 模型较为接近。

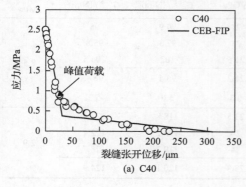

(a) C40

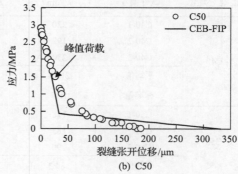

(b) C50

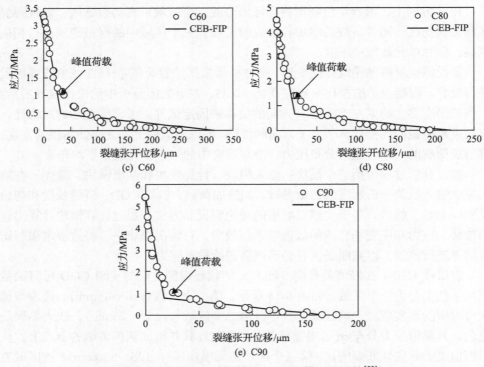

图 6-15　本节 TSC 结果与 CEB-FIP 模型的比较[53]

不同强度混凝土的 TSC 参数见表 6-4。随着抗压强度的增加，弹性模量 E 有增大的趋势，但有一个例外，C60 混凝土的弹性模量 E 略低于 C50。抗拉强度 f_t 随着抗压强度的增大而增大，这与 Slowik 等[54]的计算结果类似。然而，w_c 没有表现出明显的变化趋势，C60 混凝土的 w_c 最大，约为 240μm。之前的研究[17,28,55]表明，不同类型混凝土的 w_c 为 120～350μm，与本节研究结果基本一致。

表 6-4　根据 IDCM 确定的 TSC 参数

混凝土类型	试件编号	w_c/μm	E/GPa	G_F^{TSC}/(N/m)	$G_F^{P\text{-}\delta}$/(N/m)	f_t/MPa
C40	C40-1	220	21	94.9	95	2.5
	C40-2	192	21	92.3	95.8	
	C40-3	230	21.5	102	104.5	
	平均值	214.0	21.2	96.4	98.4	
	标准差	19.7	0.3	5.0	5.3	
C50	C50-1	178	23.5	118.8	123.6	2.9
	C50-2	185	24	122.2	122.4	
	C50-3	190	24	119.3	128.7	
	平均值	184.3	23.8	120.1	124.9	

续表

混凝土类型	试件编号	w_c/μm	E/GPa	G_F^{TSC} /(N/m)	$G_F^{P-\delta}$ /(N/m)	f_t /MPa
C50	标准差	6.0	0.3	1.8	3.3	2.9
C60	C60-1	251	22.5	128.1	141.9	3.3
	C60-2	240	22	132.2	133.4	
	C60-3	224	24.5	128.6	130.3	
	平均值	238.3	23.0	129.6	135.2	
	标准差	13.6	1.3	2.2	6.0	
C80	C80-1	186	28	133.2	133.4	4.5
	C80-2	186	29	115.5	115.6	
	C80-3	194	30	123.8	124.3	
	平均值	188.7	29.0	124.2	124.4	
	标准差	4.6	1.0	8.9	8.9	
C90	C90-1	180	28	120.8	121.1	5.4
	C90-2	166	30.5	107.8	108	
	C90-3	149	31	115.1	115.4	
	平均值	165.0	29.8	114.6	114.8	
	标准差	15.5	1.6	6.5	6.6	

　　将所有强度混凝土的 TSC 放在一起与前人结果进行对比，如图 6-16 所示。结果表明，本节研究结果与 Kitsutaka[17]使用多线段近似分析得到的 TSC，以及 de Oliveira e Sousa 和 Gettu[56]提出的双线性 TSC 比较一致，因此 IDCM 可以准确地评估混凝土的 TSC。采用不同方法获得的 TSC 在中间部分基本吻合，主要区别在于材料的抗拉强度和曲线的尾部。

　　为了便于比较各种强度混凝土的 TSC 形状，将 TSC 进行归一化处理。图 6-17 显示了归一化应力 σ/f_t 与归一化裂缝张开位移 w/w_c 的关系。对比可知，目前的结

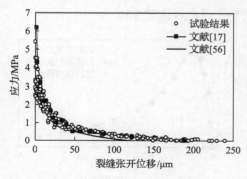

图 6-16　本节研究结果与以往结果的比较

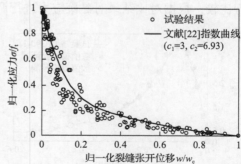

图 6-17　提出的归一化 TSC 和指数曲线 与文献[22]结果的比较

果与 Cornelissen 等[22]提出的指数曲线存在良好的一致性。

6.4.3　TSC 的准确性验证

1. 断裂能对比

根据断裂能的定义，其数值既可以通过完整的荷载-挠度(P-δ)曲线确定，又可以通过完整的 TSC 得到。在 TSC 充分发展的情况下，断裂能 $G_\mathrm{F}^{\mathrm{TSC}}$ 可以根据黏聚应力做功得到，计算公式如下：

$$G_\mathrm{F}^{\mathrm{TSC}} = \int_0^{w_\mathrm{c}} \sigma(w)\mathrm{d}w \tag{6-10}$$

式中，$\sigma(w)$ 为黏聚应力函数；w_c 为无牵引力处裂缝张开位移。

比较从 TSC 和 P-δ 曲线获得的断裂能，可以在一定程度上验证 TSC 的准确性。根据 P-δ 曲线和 TSC 确定的断裂能见表 6-4。对比两种断裂能发现，二者比较一致，差异基本小于 10%。一般来说，从 P-δ 曲线计算的断裂能要高于从 TSC 计算的断裂能，这可以用不同的耗能机制来解释。通过 P-δ 曲线确定断裂能是基于以下假设，即所有耗能机制均发生在断裂过程区内，且能量主要用于裂缝打开，断裂过程区外的所有变形都是纯弹性的[1]；然而，裂缝面的摩擦效应和断裂过程区外的微裂缝也可能消耗一部分能量。因此，依据 P-δ 曲线确定断裂能时，可能会高估材料的断裂能。

2. 位移对比

将 IDCM 确定的 TSC 作为材料本构关系用于有限元分析，计算不同荷载下梁的位移，并与试验结果对比，也可以在一定程度上验证 TSC 的准确性。以 C90-1 为例，在确定 TSC 的过程中，将计算结果(见图 6-18 中实心圆点)与试验结果进行比较，根据对比结果对黏聚应力进行调整，以逐点构建 TSC。

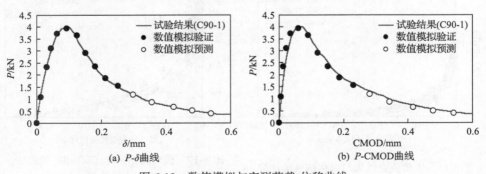

(a) P-δ曲线　　　　　　　　　(b) P-CMOD曲线

图 6-18　数值模拟与实测荷载-位移曲线

在得到完整的 TSC 后，将其作为材料力学特性不再改变，结合实测 COD 计算后续加载步的黏聚应力分布，从而得到试件梁的断裂行为（见图 6-18 中空心圆点）。对比发现，在整个加载过程中，数值模拟计算的荷载-位移曲线与试验结果具有高度一致性，验证了 IDCM 用于评估混凝土 TSC 的可靠性。

6.4.4　TSC 的参数分析

为了便于使用商用有限元软件对混凝土的断裂行为进行模拟，使用回归分析将本节确定的 TSC 拟合为双线性[57]曲线和指数[31]曲线，如图 6-19 所示。首先，通过逆分析确定用于定义 TSC 的基本参数，包括断裂能 G_F、抗拉强度 f_t 和特征裂缝张开位移 w_c。除了基本参数，还需得到定义不同 TSC 形状的关键参数。

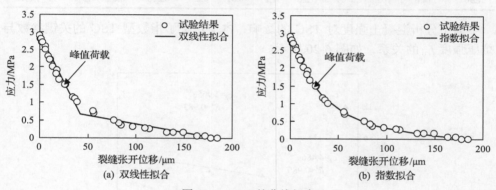

图 6-19　TSC 的曲线拟合

1）双线性曲线

如图 6-19(a) 所示，双线性曲线的关键参数是转折点 (w_1, f_1) 的位置。

2）指数曲线

如图 6-19(b) 所示，指数曲线由 Hordijk[31]根据经验得出，用式 (6-11) 表示为

$$\frac{\sigma}{f_t} = \left[1 + \left(c_1 \frac{w}{w_c}\right)^3\right] \exp\left(-c_2 \frac{w}{w_c}\right) - \frac{w}{w_c}\left(1 + c_1^3\right)\exp\left(-c_2\right) \tag{6-11}$$

$$w_c = c_3 \frac{G_F}{f_t} \tag{6-12}$$

式中，c_1、c_2 和 c_3 为指数曲线的关键参数。

表 6-5 列出了定义双线性曲线和指数曲线的关键参数。为了分析不同曲线的拟合效果，对其拟合结果的标准误差（RMSD）进行评估。当抗压强度 $f_{cu} \leqslant 60\text{MPa}$ 时，双线性曲线可以较准确地模拟 TSC，而对于 C80 和 C90 混凝土，双线性拟合

的效果不够理想。此外，双线性曲线转折点处的应力比 f_1/f_t 为 $0.21\sim0.28$。指数曲线可以为所有混凝土的 TSC 提供相对理想的拟合值。

表 6-5　TSC 拟合曲线的关键参数

混凝土类型	基本参数			双线性拟合					指数拟合			
	$G_F/$(N/m)	$w_c/\mu m$	f_t/MPa	$w_1/\mu m$	f_1/MPa	w_1/w_c	f_1/f_t	RMSD	c_1	c_2	c_3	RMSD
C40	96.4	214.0	2.5	22.9	0.7	0.11	0.28	0.075	1.5	6.0	5.6	0.201
C50	120.1	184.3	2.9	42.0	0.7	0.23	0.23	0.089	1.8	6.5	5.8	0.047
C60	129.6	238.3	3.3	33.0	0.7	0.14	0.21	0.137	2.9	7.9	6.1	0.108
C80	124.2	188.7	4.5	20.3	1.0	0.11	0.22	0.262	5.0	11	6.8	0.146
C90	114.6	165.0	5.4	12.0	1.2	0.07	0.22	0.258	6.0	13	7.2	0.187

为了分析混凝土强度对 TSC 的影响，本节定义了指数型 TSC 的关键参数与抗压强度 f_{cu} 的关系，如图 6-20 所示。

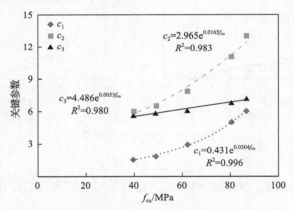

图 6-20　指数曲线的关键参数 (c_1, c_2, c_3) 与 f_{cu} 的关系

根据数据拟合，抗压强度为 $40\sim90MPa$ 的混凝土 c_1、c_2 和 c_3 的经验公式如下：

$$c_1 = 0.431e^{0.0304f_{cu}} \tag{6-13}$$

$$c_2 = 2.965e^{0.0165f_{cu}} \tag{6-14}$$

$$c_3 = 4.486e^{0.0053f_{cu}} \tag{6-15}$$

式中，f_{cu} 为混凝土的立方体抗压强度，MPa。

从以上经验公式来看，指数型 TSC 的关键参数似乎只依赖于抗压强度。然而，应当注意的是，混凝土的断裂性能受多种因素的影响，除了强度，还取决于骨料的物理特性，如最大骨料粒径。在本研究中，最大骨料粒径为 10mm。如果使用不同的骨料粒径，断裂过程区特性可能不同，指数曲线的形状也可能不同。一般来说，骨料粒径越大，断裂过程区的范围越大，同时 TSC 的尾部越长。因此，使用以上经验公式时应检查其适用性。此外，混凝土的断裂性能还可能受到试件尺寸的影响，即尺寸效应。因此，当试件尺寸与当前试件尺寸相差较大时，应当注意公式的适用性。在骨料粒径和试件尺寸相当的情况下，可利用以上经验公式对混凝土的 TSC 进行评估。

6.4.5　断裂过程区长度

由于断裂过程区的黏聚应力分布取决于断裂过程区长度，因此断裂过程区长度是黏聚裂缝模型的关键参数[58]。然而，目前对断裂过程区长度的研究较少，一定程度上阻碍了混凝土有效断裂力学模型的建立[17]。本节基于试验观测和数值分析来评估断裂过程区长度。

根据 ESPI 实测 COD 曲线，裂缝张开位移减小至零的位置可视作裂缝前缘 y_2，将初始切口尖端位置(y_1=45mm)视作黏聚裂缝的末端。断裂过程区长度 l_{FPZ} 由以下公式确定：

$$l_{FPZ} = y_2 - y_0 \tag{6-16}$$

当断裂过程区完全发展后，裂缝尾部将从初始切口尖端(y_1=45mm)向前移动。因此，有必要确定新的黏聚裂缝尾端，以确定断裂过程区长度。在确定混凝土零黏聚应力对应的特征裂缝张开位移 w_c 后，可以根据实测 COD 曲线方便定位黏聚裂缝的末端。

采用以上方法，本节分析了不同试件的荷载与断裂过程区长度之间的关系。为便于对比，使用归一化荷载 P/P_{max} 与 l_{FPZ} 的关系曲线，如图 6-21 所示。与裂缝的演化过程相似，断裂过程区的发展也可分为三个阶段。

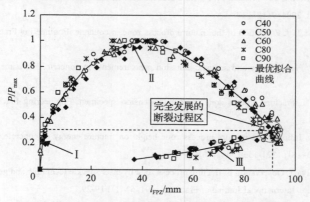

图 6-21　归一化荷载与断裂过程区长度的关系曲线

（1）第一阶段，当 $P/P_{max}\leqslant 0.3$ 时，l_{FPZ} 相对较小，表明裂缝尖端无明显扩展，梁大致处于线弹性变形阶段。这些结果与前人的研究结果基本一致，即当荷载小于峰值荷载的 1/3 时，混凝土材料处于弹性变形状态。

（2）第二阶段，l_{FPZ} 迅速扩展。在峰值荷载下，l_{FPZ} 为 38～42mm。随着断裂过程区的扩展，梁的承载能力逐渐减小。

（3）第三阶段，当断裂过程区完全扩展时，荷载降至峰值荷载的 0.3。在此之后，断裂过程区长度减小，裂缝扩展主要表现为裂缝打开。Zhang 和 Wu[3]观察到了相似的现象，他们指出完全扩展的断裂过程区继续向前移动，但其长度却随着裂缝的扩展而减小。因此，完全发展的断裂过程区最大长度约为 90mm，这与使用声发射[7]和扫描电子显微镜[59]获得的结果非常一致。然而，需要注意的是，断裂过程区长度可能受试件尺寸和几何形状的影响[3]，也可能受骨料特征的影响[16]。

参 考 文 献

[1] Shah S P, Swartz S E, Ouyang C. Fracture Mechanics of Concrete: Applications of Fracture Mechanics to Concrete, Rock and other Quasi-Brittle Materials. New York: John Wiley & Sons, 1995.

[2] Elices M, Rocco C, Rosello C. Cohesive crack modelling of a simple concrete: experimental and numerical results. Engineering Fracture Mechanics, 2009, 76(10): 1398-1410.

[3] Zhang D, Wu K. Fracture process zone of notched three-point-bending concrete beams. Cement and Concrete Research, 1999, 29(12): 1887-1892.

[4] Slowik M. Numerical analysis of the width of fracture process zone in concrete beams. Computational Materials Science, 2011, 50(4): 1347-1352.

[5] Denarie E, Saouma V, Iocco A, et al. Concrete fracture process zone characterization with fiber optics. Journal of Engineering Mechanics, 2001, 127(5): 494-502.

[6] Wecharatana M, Shah S P. Predictions of nonlinear fracture process zone in concrete-closure. Journal of Engineering Mechanics-Asce, 1985, 111(1): 115-117.

[7] Hadjab-Souag H, Thimus J F, Chabaat M. Fracture process zone in notched concrete beams treated by using acoustic emission. NDT. net, 2004, 9(12): 12.

[8] Jankowski L J, Stys D J. Formation of the fracture process zone in concrete. Engineering Fracture Mechanics, 1990, 36(2): 245-253.

[9] Maji A, Shah S P. Process zone and acoustic-emission measurements in concrete. Experimental Mechanics, 1988, 28(1): 27-33.

[10] Otsuka K, Date H. Fracture process zone in concrete tension specimen. Engineering Fracture Mechanics, 2000, 65(2-3): 111-131.

[11] Hu X Z, Duan K. Influence of fracture process zone height on fracture energy of concrete. Cement and Concrete Research, 2004, 34(8): 1321-1330.

[12] Horii H, Ichinomiya T. Observation of fracture process zone by laser speckle technique and governing mechanism in fracture of concrete. International Journal of Fracture, 1991, 51(1): 19-29.

[13] Muralidhara S, Prasad B K R, Eskandari H, et al. Fracture process zone size and true fracture energy of concrete using acoustic emission. Construction and Building Materials, 2010, 24(4): 479-486.

[14] Du J J, Kobayashi A S, Hawkins N M. An experimental-numerical analysis of fracture process zone in concrete fracture specimens. Engineering Fracture Mechanics, 1990, 35 (1-3): 15-27.

[15] Yu R C, Zhang X X, Ruiz G, et al. Size of the fracture process zone in high-strength concrete at a wide range of loading rates. Advances in Experimental Mechanics Vii, 2010, 24-25: 155-160.

[16] He S, Feng Z, Rowlands R E. Fracture process zone analysis of concrete using moire interferometry. Experimental Mechanics, 1997, 37 (3): 367-373.

[17] Kitsutaka Y. Fracture parameters by polylinear tension-softening analysis. Journal of Engineering Mechanics, 1997, 123 (5): 444-450.

[18] Dugdale D S. Yielding of steel sheets containing slits. Journal of the Mechanics and Physics of Solids, 1960, 8 (2): 100-104.

[19] Barenblatt G I. The mathematical theory of equilibrium cracks in brittle fracture. Advances in Applied Mechanics, 1962, 7: 55-129.

[20] Hillerborg A, Modéer M, Petersson P E. Analysis of crack formation and crack growth in concrete by means of fracture mechanics and finite elements. Cement and Concrete Research, 1976, 6 (6): 773-781

[21] Planas J, Elices M, Guinea G V, et al. Generalizations and specializations of cohesive crack models. Engineering Fracture Mechanics, 2003, 70 (14): 1759-1776.

[22] Cornelissen H A W, Hordijk D A, Reinhardt H W. Experimental determination of crack softening characteristics of normalweight and lightweight concrete. Heron, 1985, 31 (2) 45-56.

[23] Gopalaratnam V S, Shah S P. Softening response of plain concrete in direct tension. Journal of the American Concrete Institute, 1985, 82 (3): 310-323.

[24] Boone T J, Wawrzynek P A, Ingraffea A R, et al. Softening response of plain concrete in direct tension. Journal of the American Concrete Institute, 1986, 83 (2): 316-318.

[25] Lee S K, Woo S K, Song Y C. Softening response properties of plain concrete by large-scale direct tension tests. Magazine of Concrete Research, 2008, 60 (1): 33-40.

[26] Elices M, Guinea G V, Gomez J, et al. The cohesive zone model: Advantages, limitations and challenges. Engineering Fracture Mechanics, 2002, 69 (2): 137-163.

[27] Wittmann F H, Rokugo K, Brühwiler E, et al. Fracture energy and strain softening of concrete as determined by means of compact tension specimens. Materials and Structures, 1988, 21 (1): 21-32.

[28] Sousa J L A O, Gettu R. Determining the tensile stress-crack opening curve of concrete by inverse analysis. Journal of Engineering Mechanics-Asce, 2006, 132 (2): 141-148.

[29] Guinea G V, Planas J, Elices M. A General bilinear fit for the softening curve of concrete. Materials and Structures, 1994, 27 (166): 99-105.

[30] Tang Y, Su R, Chen H. Characterization on tensile behaviors of fracture process zone of nuclear graphite using a hybrid numerical and experimental approach. Carbon, 2019, 155: 531-544.

[31] Hordijk D A. Local approach to fatigue of concrete. Delft: Delft University of Technology, 1991.

[32] Kitsutaka Y. Fracture parameters for concrete based on polylinear approximation analysis of tension softening diagram//Wittmann F H. Fracture mechanics of concrete structures. Freiburg: Aedificatio, 1995: 199-208.

[33] Baant Z P. Concrete fracture models: testing and practice. Engineering Fracture Mechanics, 2002, 69 (2): 165-205.

[34] Su R K L, Chen H H N, Kwan A K H. Incremental displacement collocation method for the evaluation of tension softening curve of mortar. Engineering Fracture Mechanics, 2012, 88: 49-62.

[35] Chen H. Incremental displacement collocation method for the determination of fracture properties of quasi-brittle

materials. Hong Kong: The University of Hong Kong, 2013.

[36] Su R, Chen H, Kwan A. Incremental displacement collocation method for the evaluation of tension softening curve of mortar. Engineering Fracture Mechanics, 2012, 88(1): 49-62.

[37] Ghaffar A, Chaudhry M A, Kamran A M. A new approach for measurement of tensile strength of concrete. Journal of Research(Science), 2005, 16(1): 1-9.

[38] BS EN 197-1:2000. Cement-Part 1: Composition, specifications and conformity criteria for common cements. London: British Standards Institution, 2000.

[39] RILEM. TC 50-FMC fracture mechanics of concrete, determination of the fracture energy of mortar and concrete by means of three-point bend tests on notched beams. Materials and Structures, 1985, 18(4): 287-290.

[40] RILEM Technical Committee 89-FMT. Determination of fracture parameters(K_{Ics} and $CTOD_c$) of plain concrete using three-point bend tests. Materials and Structures, 1990, 23(6): 457-460.

[41] The Government of the Hong Kong Special Administrative Region. Construction standard: testing concrete(CS1: 1990). 2 Volumes, Government Logistics Department, Hong Kong SAR Government, 1990.

[42] Dantec-Ettemeyer. ISTRA for Windows, Version 3.3.12. 2001.

[43] ASTM D3967-95a. Standard test method for splitting tensile strength of intact rock core specimens. 2001.

[44] 黄兴震, 陈红鸟, 王青原, 等. 基于 Image-pro Plus 软件混凝土断裂面骨料和浆体面积的计算方法及应用. 贵州大学学报(自然科学版), 2016(6): 63-66.

[45] 黄兴震, 陈红鸟, 王青原, 等. 基于骨料断裂率的混凝土断裂力学性能研究. 广西大学学报(自然科学版), 2018, 43(1): 141-148.

[46] Xu S L, Zhang X F. Determination of fracture parameters for crack propagation in concrete using an energy approach. Engineering Fracture Mechanics, 2008, 75(15): 4292-4308.

[47] Cotterell B, Rice J R. Slightly curved or kinked cracks. International Journal of Fracture, 1980, 16(2): 155-169.

[48] Planas J, Elices M, Guinea G V. Measurement of the fracture energy using three-point bend tests: Part 2—Influence of bulk energy dissipation 25. Materials and structures, 1992, 25: 305-312.

[49] van Mier J G M, Man H K. Some notes on microcracking, softening, localization, and size effects. International Journal of Damage Mechanics, 2009, 18(3): 283-309.

[50] Bazant Z P. Size Effect in blunt fracture-concrete, rock, metal. Journal of Engineering Mechanics-Asce, 1984, 110(4): 518-535.

[51] Nomura N, Mihashi H, Izumi M. Correlation of fracture process zone and tension softening behavior in concrete. Cement and Concrete Research, 1991, 21(4): 545-550.

[52] Sze K Y, Fan H, Chow C L. Elimination of spurious pressure and kinematic modes in biquadratic 9-Node plane element. International Journal for Numerical Methods in Engineering, 1995, 38(23): 3911-3932.

[53] CEB-FIP Model Code 1990. First Predraft 1988, Bulletin d'Information No. 190a, 190b. Lausanne: Comite Euro-International du Beton (CEB), 1991.

[54] Slowik V, Villmann B, Bretschneider N, et al. Computational aspects of inverse analyses for determining softening curves of concrete. Computer Methods in Applied Mechanics and Engineering, 2006, 195(52): 7223-7236.

[55] Li V C, Chan C M, Leung C K Y. Experimental-determination of the tension-softening relations for cementitious composites. Cement and Concrete Research, 1987, 17(3): 441-452.

[56] de Oliveira e Sousa, Gettu R. Determining the tensile stress-crack opening curve of concrete by inverse analysis. Journal of Engineering Mechanics, 2006, 132(2): 141-148.

[57] Roelfstra P E, Wittmann F H. Numerical method to link strain softening with failure of concrete//Wittmann F H.

Toughness and fract. Energy of concrete. Amsterdam: Elsevier Science, 1986: 163-175.

[58] Wang L M, Xu S L, Zhao X Q. Analysis on cohesive crack opening displacement considering the strain softening effect. Science in China Series G-Physics Mechanics & Astronomy, 2006, 49 (1): 88-101.

[59] Hadjab-Souag H, Thimus J F, Chabaat M. Detecting the fracture process zone in concrete using scanning electron microscopy and numerical modelling using the nonlocal isotropic damage model. Canadian Journal of Civil Engineering, 2007, 34 (4): 496-504.

第7章　混凝土断裂特性的尺寸效应

由于断裂过程区的存在，传统的强度准则和线弹性断裂力学(LEFM)并不适用于混凝土等准脆性材料，且其材料特性呈现明显的尺寸依赖性，使得基于小尺寸试件试验得到的材料参数并不能直接应用于大尺寸试件，该现象称为尺寸效应[1]。早在1984年，Bažant就发现混凝土、岩石等材料断裂失效存在尺寸效应[2]；基于尺寸效应，Bažant等提出了混凝土的尺寸效应断裂准则[3]。1984年Mindess[4]利用带预制切缝的三点弯曲梁研究了试件尺寸对混凝土断裂能的影响，指出断裂能随着试件尺寸的增大而增大。1990年Wittmann等[5]利用紧凑拉伸试验研究了混凝土断裂能的尺寸效应。1990年Bažant与Kazemi[6]分析了混凝土和岩石的各项断裂参数，如断裂能、断裂过程区长度以及脆性指数的尺寸效应。1991年徐世烺和赵国藩[7]基于三点弯曲试验，从试件体积、跨度、厚度、高度四个方面研究了混凝土断裂韧度的尺寸效应规律，发现混凝土断裂韧度随试件高度的增大而增大，随试件跨度的增大而减小的趋势，但与厚度无关。

为了评估尺寸效应对混凝土断裂性能的影响，基于Bažant等[2,6]提出的尺寸效应模型，RILEM[8,9]建议，可以从几组几何相似、尺寸不同的试件断裂试验来确定考虑尺寸效应的断裂参数。此后，人们对混凝土的尺寸效应和断裂性能进行了大量研究[1,10,11]，其中断裂韧度和断裂能是研究的重点。而与裂缝有关的断裂特性，如裂缝张开位移和裂缝长度，都是基于线弹性断裂力学确定的，对于实际混凝土的裂缝演化却很少受到关注[12]，原因可能在于常规测量技术对于监测裂缝尖端附近的局部位移场非常困难[13]。

随着研究的深入，除了常规断裂参数，混凝土拉伸软化曲线的尺寸效应也逐渐引起研究者的关注。Zhao等[14]和Kwon等[15]通过三点弯曲试验和楔入劈拉试验研究了混凝土断裂能的尺寸效应，发现断裂能随着试件尺寸的增大而增大，这可以通过拉伸软化曲线的特征来解释。他们还指出，拉伸软化曲线的初始陡峭下降段的尺寸效应并不明显，而曲线尾段会随着试件尺寸的增大而伸长。然而，他们没有将混凝土断裂过程区的物理特征与软化行为联系起来，而这对解释试件尺寸对断裂过程区的影响机制非常有意义。Cedolin和Cusatis[16]通过间接方法确定了混凝土的两个断裂参数，即抗拉强度和初始断裂能，这两个参数对确定黏聚应力关系的峰值和峰后下降段斜率非常关键。Ruiz等[17]的研究表明，在实验室尺寸范围内，随着试件尺寸的增大，失稳断裂韧度有一定增大，而初始断裂韧度几乎保持不变，但试件尺寸过大这两个参数均会降低，且初始断裂韧度受拉伸软化曲线初始段的影响较大。

本章通过对几组几何相似的混凝土梁进行三点弯曲试验，研究混凝土的断裂特性尺寸效应。采用 ESPI 技术测量试件的面位移场，分析混凝土的断裂过程区演化规律，确定各尺寸下的拉伸软化曲线，分析试件尺寸对临界裂缝张开位移、裂缝扩展长度、断裂参数和拉伸软化曲线的影响。

7.1　混凝土断裂试验介绍

7.1.1　试件设计

为了研究混凝土断裂特性的尺寸效应，共制备了五组不同尺寸的单边切口梁。混凝土配合比（水∶水泥∶粗骨料∶细骨料）为 0.72∶1∶3∶3.67。使用 I 52.5N 硅酸盐水泥，粗骨料和细骨料分别为碎花岗岩（最大粒径为 10mm）和河沙（最大粒径为 5mm），所有原材料均来自香港当地的建筑材料厂。具体的制备流程为：首先，将水泥和骨料放入搅拌机中搅拌 2min，然后加水搅拌 2min；最后，将搅拌均匀的混合料倒入相应的模具中，并对其进行振捣。混凝土初凝脱模后，将试件置于自然条件下［温度（20±2）℃；相对湿度 75%～85%］养护，直到正式试验。

试件梁根据 RILEM 提出的建议[18,19]设计，跨中切缝是通过在梁模具中间嵌入一块 2mm 的铜板来预制。对于所有试件，梁的跨度 S 与高度 b 之比为 4，初始裂缝长度 a_0 与 b 之比为 0.3，梁的厚度 t 为 50mm，各组试件的尺寸见表 7-1。此外，根据香港建筑材料测试标准[18]，浇筑立方体（150mm×150mm×150mm）和圆柱体（$\varPhi$150mm×300mm）试块，以测定抗压强度 f_{cu}、弹性模量 E 和劈裂抗拉强度 f_{ts}。混凝土材料力学试验得到混凝土 f_{cu} 为 33.3MPa，f_{ts} 为 3.03MPa，E 为 21.77GPa。

表 7-1　试件尺寸

组别	L/mm	S/mm	b/mm	a_0/mm
A	250	200	50	15
B	500	400	100	30
C	710	600	150	45
D	900	800	200	60
E	1100	1000	250	75

7.1.2　三点弯曲试验

试验利用 50kN 的 MTS 伺服控制液压试验机进行加载，如图 7-1(a) 所示。在试验过程中，采用位移控制加载方式，加载速率为 0.01mm/min，试验机压头向上推进来加载试件。如图 7-1(b) 所示，使用 LVDTs 测量跨中挠度 δ，在预制切缝底部安装夹式位移计来测量 CMOD，利用多通道数据采集仪记录完整的荷载-位移数据。

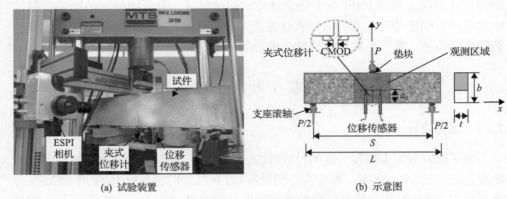

(a) 试验装置　　　　　　　　　　　　　　　　(b) 示意图

图 7-1　三点弯曲试验

采用 ESPI 技术 Q300 系统（Dantec-Ettemeyer 公司生产）观测试件梁的全场变形，Q300 系统的技术参数详见表 3-4。在 ESPI 测量过程中，相干的激光经被测物体表面反射后产生干涉散斑，由 CCD 相机捕捉并记录下来。通过使用四步相移法，可以获得包裹相位图[19]。相位解包裹后，便可以得到反映测量物体真实变形的相位图。使用后处理软件 ISTRA[20]可将 ESPI 的原始数据转换为变形信息。ESPI 技术的相关应用可参见文献[21]～[23]。

7.2　试验结果及讨论

7.2.1　荷载-位移曲线

五组梁的荷载-位移曲线如图 7-2 所示。一般来说，每组三根梁的荷载-位移曲线是一致的，不过由于混凝土材料的离散性和试件的个体差异性，同组试件梁的荷载-位移曲线并不相同，且个体差异随着梁尺寸的增大而增大。

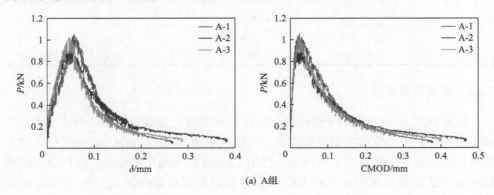

(a) A组

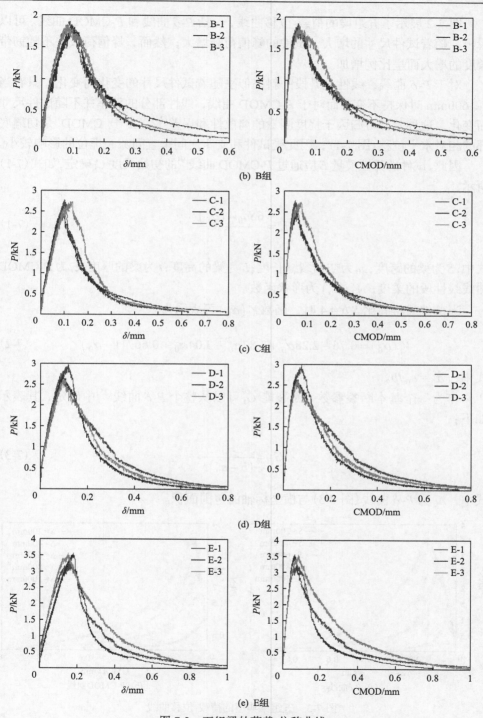

图 7-2　五组梁的荷载-位移曲线

图 7-2 展示了五组梁的荷载-位移曲线,包括 P-δ 曲线和 P-CMOD 曲线。可以看出,随着试件尺寸的增大,试件的峰值荷载增大;然而,峰值荷载并不随韧带长度的增大而呈比例增加。

对于 P-δ 曲线,线性上升段的斜率似乎随着试件尺寸的变化而变化,只有当 $S \geq 600\text{mm}$ 时保持不变;而对于 P-CMOD 曲线,线性部分的斜率并不随试件尺寸而变化,这种差异可归因于挠度测量的离散性和误差[24]。由于 CMOD 是切缝底部的相对水平位移(图 7-1),因此受试件和支座之间垂直间隙、虚位的影响较小。

因此,试件的弹性模量 E 应通过 P-CMOD 曲线[9]的初始柔度 C_i 确定,如式(7-1)所示:

$$E = \frac{6Sa_0V_1(\alpha_0)}{c_ib^2t} \tag{7-1}$$

式中,S 为梁的跨度;a_0 为初始裂缝长度;b 为梁的高度;t 为梁的厚度;c_i 为 P-CMOD 曲线线性段的柔度;$V_1(\alpha_0)$ 为形状函数。

当试件梁跨高比 $S/b = 4$ 时,函数 $V_1(\alpha_0)$ 可表示为

$$V_1(\alpha_0) = 0.76 - 2.28\alpha_0 + 3.87\alpha_0^2 - 3.04\alpha_0^3 + 0.66/(1-\alpha_0)^2 \tag{7-2}$$

式中,$\alpha_0 = a_0/b$。

作为一个基本断裂参数,断裂能 G_f 可以从整个 P-δ 曲线[25]中确定,其表示如下:

$$G_\text{f} = \frac{A_0}{(b-a_0)t} \tag{7-3}$$

式中,A_0 为 P-δ 曲线(图 7-3)与横坐标轴的包围面积。

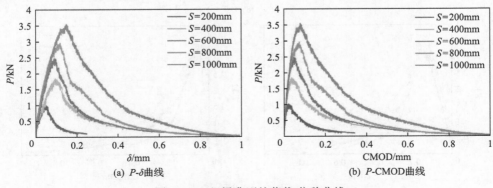

(a) P-δ曲线　　　　　　　　　　　(b) P-CMOD曲线

图 7-3　五组梁典型的荷载-位移曲线

表 7-2 中给出了各组试件在峰值荷载下的临界参数及相关断裂参数。可以发现，每个试件的计算 E 都接近圆柱体试件压缩试验测得的 E（21.77GPa），表明混凝土的弹性模量几乎不受试件尺寸的影响。然而，断裂能却与试件尺寸有关，如图 7-4 所示，G_f 随着梁的高度的增大而增大，但增大程度逐渐降低，最终将趋于稳定值。这一现象与 Duan 等[26]之前的研究结论比较接近，可以用式（7-4）来表示断裂能的尺寸效应[27]：

$$G_f = G_F \frac{\beta_1 b}{1 + \beta_1 b} \tag{7-4}$$

式中，G_F 为与尺寸无关的断裂能，N/m；β_1 为与试件几何形状和材料性质相关的常数。

表 7-2　试验和数值模拟结果

组别	试件编号及参数	P_c /kN	δ_c /mm	$CMOD_c$ /mm	E /GPa	$G_F^{P-\delta}$ /(N/m)	G_f^{TSC} /(N/m)	σ_1 /MPa	w_1 /μm	w_c /μm
	A-1	0.964	0.058	0.03	23.6	61.8	61.6	1.73	10.3	51.8
	A-2	0.930	0.052	0.031	20.6	75.5				
A	A-3	0.970	0.059	0.032	22.3	57.2	56.5			50.2
(S=200mm)	平均值	0.955	0.056	0.031	22.2	64.8	59.1			51
	标准差	0.022	0.004	0.001	1.5	9.5	3.6			1.1
	B-1	1.747	0.083	0.048	22.5	81.4	81.0	0.9	21.3	126.8
	B-2	1.678	0.098	0.046	24.8	91.2	88.4			136.5
B	B-3	1.555	0.100	0.048	24.1	98.1	96.4			147.2
(S=400mm)	平均值	1.660	0.094	0.047	23.8	90.2	88.6			136.8
	标准差	0.097	0.009	0.001	1.2	8.4	7.7			10.2
	C-1	2.610	0.104	0.055	23.5	90.7	90.1	0.88	21.1	147.7
	C-2	2.580	0.128	0.06	24.7	95.9	94.2			145.8
C	C-3	2.350	0.099	0.073	24.1	102.9	101.5			158.4
(S=600mm)	平均值	2.513	0.110	0.063	24.1	96.5	95.3			150.6
	标准差	0.142	0.016	0.009	0.6	6.1	5.8			6.8
	D-1	2.870	0.119	0.08	20.9	104.8	103.5	0.9	21.3	170.6
	D-2	2.610	0.103	0.061	21.6	100.9	100.4			169.6
D	D-3	2.585	0.108	0.066	21.7	82.8				
(S=800mm)	平均值	2.688	0.110	0.069	21.4	96.2	102.0			170.1
	标准差	0.158	0.008	0.010	0.4	11.7	2.2			0.7

续表

组别	试件编号及参数	P_c/kN	δ_c/mm	$CMOD_c$/mm	E/GPa	$G_F^{P\text{-}\delta}$/(N/m)	G_f^{TSC}/(N/m)	σ_1/MPa	w_1/μm	w_c/μm
E（S=1000mm）	E-1	3.195	0.161	0.076	22.2	118.3	118.2	0.85	26.4	183.1
	E-2	3.455	0.182	0.066	23.2	105.5	104.7			178.5
	E-3	3.419	0.146	0.086	20.8	123.2	122.7			213.3
	平均值	3.356	0.163	0.076	22.1	115.7	115.2			191.6
	标准差	0.141	0.018	0.010	1.206	9.1	9.4			18.9

注：P_c、δ_c 和 $CMOD_c$ 分别是峰值处的荷载、挠度和 CMOD。对于 A-2 和 D-3 样品，由于其断裂能与同一组中的其他试件结果有很大差异，因此未对其 TSC 进行计算。G_f^{TSC} 是利用式（2-19），通过 TSC 计算得到的断裂能。

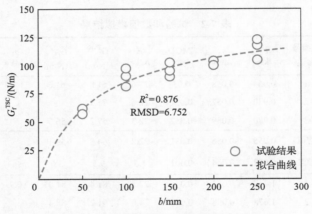

图 7-4　G_f^{TSC} 随着梁的高度的变化

根据目前的结果，可以通过曲线拟合（图 7-4）获得 G_F 和 β_1，其值分别为 142.5N/m 和 0.0152mm^{-1}。G_F 的测定值非常接近 Cifuentes 等[28]的研究结果，他们通过采用简化边界效应法和调整尾部法，得到与尺寸无关的断裂能结果分别为 144.2N/m 和 143.6N/m。

7.2.2　全场位移场

以 C-1 试件为例，通过 ESPI 技术获得的典型水平位移和垂直位移的 3D 云图如图 7-5 所示。在图 7-5（a）中，x 方向位移 u，而在图 7-5（b）中，y 方向位移 v。x-y 坐标的原点位于切缝下端，如图 7-5（b）所示。可以看出，水平位移 u 在切缝处出现了位移跳跃，表明两个裂缝面向两个相反的方向分离。随着作动器向上移动，梁两端支座附近的垂直位移 v 大于跨中附近的垂直位移。

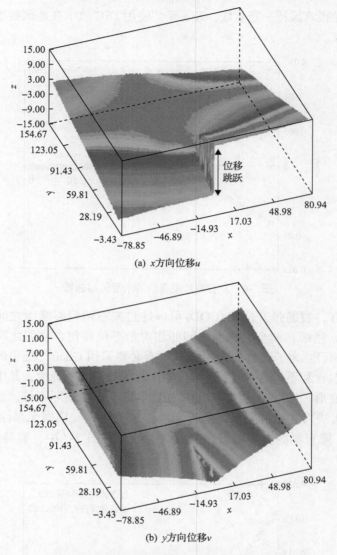

(a) x方向位移u

(b) y方向位移v

图 7-5　ESPI 技术测得的位移场 3D 云图(μm)

7.2.3　裂缝张开位移

　　根据 ESPI 位移场, 在跨中切缝左右相同距离(10mm)处取两条垂直线, 两条线上的水平位移曲线如图 7-6 所示, 其中水平位移数值为正表示向右变形, 数值为负表示向左变形。可以看出, 左右垂直线上的水平位移曲线几乎沿切缝呈对称分布, 切缝右侧(x=10mm)向右的位移略高于切缝左侧(x=-10mm)向左的位移, 这可以通过裂缝路径的向右偏转来解释。由于骨料、损伤和微裂缝的影响, 混凝土的裂缝路径很难保持一条直线，Xie 等[13]使用 DIC 技术在地聚物混凝土中观察到类似的现象。

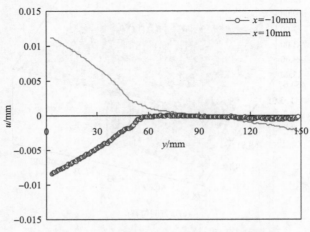

图 7-6　左右两条垂直线的水平位移曲线

　　一般而言，裂缝张开位移（COD）可以通过左右两侧裂缝面之间的相对水平位移来确定。然而，两个裂缝面之间的相对水平位移包含它们之间材料的弹性变形和裂缝张开。为了获得真实的 COD，有必要采用 Chen[29]提出的方法来消除弹性变形。包含和不包含弹性变形的 COD 曲线如图 7-7 所示，其中圆圈线由于包含了弹性变形，在梁的受压区 COD 变成负值，这与实际不符。消除了弹性变形的 COD（实线），在梁的受压区趋近于零，与实际相符。根据无弹性变形的 COD 曲线，COD 降至零的位置可以视为裂缝尖端。在图 7-7 中，裂缝尖端位于 $y=$ 57.9mm 处。

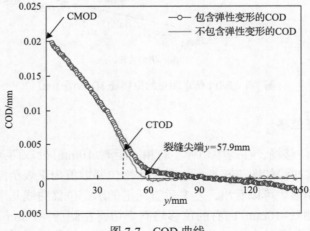

图 7-7　COD 曲线

此外，CMOD 和 CTOD 也可以通过 COD 曲线确定，它们分别对应预制切缝下端和尖端的 COD，如图 7-7 所示。将 ESPI 测量的 C-1 试件的 P-CMOD 曲线与用夹式位移计测量的结果进行比较，如图 7-8 所示。可以看出，ESPI 技术的测量结果与夹式位移计的测量结果具有良好的一致性，证明了 ESPI 测量的准确性。

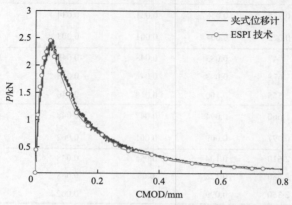

图 7-8 ESPI 技术和夹式位移计测量结果对比

此外，不同尺寸混凝土梁的 P-CTOD 曲线如图 7-9 所示。根据 ESPI 技术测量结果，可以得到各个试件在峰值处的临界裂缝张开位移和裂缝长度，包含 $CMOD_c$、$CTOD_c$ 和临界裂缝长度 a_c，与夹式位移计测得的裂缝张开位移进行对比，见表 7-3。

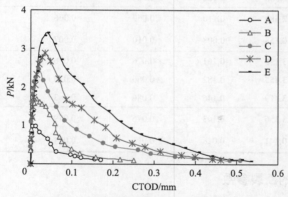

图 7-9 不同尺寸混凝土梁的 P-CTOD 曲线

表 7-3 试验测试的临界荷载和位移

试件编号及参数	P_c/kN	竖向位移计 δ_c/mm	夹式位移计 $CMOD_c$/mm	ESPI 技术 $CMOD_c$/mm	$CTOD_c$/mm	a_c/mm
A-1	0.964	0.058	0.03	0.030	0.017	30.6
A-2	0.930	0.052	0.031	0.035	0.020	31.8

试件编号及参数	P_c/kN	竖向位移计	夹式位移计	ESPI 技术		
		δ_c/mm	CMOD$_c$/mm	CMOD$_c$/mm	CTOD$_c$/mm	a_c/mm
A-3	0.970	0.059	0.032	0.036	0.019	33.7
均值	0.955	0.056	0.031	0.034	0.019	32.0
标准差	0.022	0.004	0.001	0.003	0.002	1.6
B-1	1.747	0.083	0.048	0.049	0.025	60
B-2	1.678	0.098	0.046	0.048	0.024	60.7
B-3	1.555	0.100	0.048	0.046	0.025	60.7
均值	1.660	0.094	0.047	0.048	0.025	60.5
标准差	0.097	0.009	0.001	0.002	0.001	0.4
C-1	2.610	0.104	0.055	0.048	0.028	71.9
C-2	2.580	0.128	0.06	0.048	0.029	80.1
C-3	2.350	0.099	0.073	0.062	0.030	86.1
均值	2.513	0.110	0.063	0.053	0.029	79.4
标准差	0.142	0.016	0.009	0.008	0.001	7.1
D-1	2.870	0.119	0.08	0.074	0.034	103.6
D-2	2.610	0.103	0.061	0.065	0.030	106.9
D-3	2.585	0.108	0.066	0.060	0.027	99.5
均值	2.688	0.110	0.069	0.066	0.030	103.3
标准差	0.158	0.008	0.010	0.007	0.004	3.7
E-1	3.195	0.161	0.076	0.076	0.037	126.5
E-2	3.455	0.182	0.066	0.079	0.033	131.4
E-3	3.419	0.146	0.086	0.083	0.039	128.6
均值	3.356	0.163	0.076	0.079	0.036	128.8
标准差	0.141	0.018	0.010	0.004	0.003	2.5

7.2.4 混凝土梁的断裂参数

根据线弹性断裂力学理论，三点弯曲梁荷载（P）和 CMOD 符合以下关系[30]：

$$CMOD = \frac{24Pa}{Ebt} g_1(\alpha) \tag{7-5}$$

$$g_1(\alpha) = 0.76 - 2.28\alpha + 3.87\alpha^2 - 2.04\alpha^3 + \frac{0.66}{(1-\alpha)^2} \tag{7-6}$$

式中，P 为荷载，N；E 为弹性模量，MPa；b 为梁的高度，mm；t 为梁的厚度，mm；a 为等效裂缝长度，mm；$\alpha = a/b$。

试验测得的 P-CMOD 曲线表明，裂缝萌生前 P 和 CMOD 呈线性关系。因此，可以从 P-CMOD 曲线的线性部分确定弹性模量 E，此时等效裂缝长度取初始裂缝长度 a_0。

峰值时的名义应力可通过式(7-7)计算：

$$\sigma_{\mathrm{N}} = \frac{3P_{\mathrm{c}}S}{2tb^2} \tag{7-7}$$

式中，S 为梁的跨度，mm；P_{c} 为峰值荷载，N；t 为梁的厚度，mm；b 为梁的高度，mm。

通过将 $(P_{\mathrm{c}}, \mathrm{CMOD}_{\mathrm{c}})$ 代入式(7-5)和式(7-6)中，可以确定峰值处的临界等效裂缝长度 a_{e}。

临界应力强度因子 K_{Ic}，也称 I 型断裂韧度，可以根据线弹性断裂力学[30]计算：

$$K_{\mathrm{Ic}} = \frac{3PS}{2tb^{3/2}}\sqrt{\pi\alpha}\, g_2(\alpha) \tag{7-8}$$

$$g_2(\alpha) = \frac{1.99 - \alpha(1-\alpha)\left(2.15 - 3.93\alpha + 2.7\alpha^2\right)}{\sqrt{\pi}(1+2\alpha)(1-\alpha)^{3/2}} \tag{7-9}$$

计算 K_{Ic} 时，应代入峰值荷载 P_{c} 和临界等效裂缝长度 a_{e}。临界裂缝尖端张开位移 $\mathrm{CTOD}_{\mathrm{c}}$ 为

$$\mathrm{CTOD}_{\mathrm{c}} = \mathrm{CMOD}_{\mathrm{c}} \cdot g_3\left(\frac{a_{\mathrm{e}}}{b}, \frac{a_0}{a_{\mathrm{e}}}\right) \tag{7-10}$$

$$g_3\left(\frac{a_{\mathrm{e}}}{b}, \frac{a_0}{a_{\mathrm{e}}}\right) = \left\{\left(1 - \frac{a_0}{a_{\mathrm{e}}}\right)^2 + \left(1.081 - 1.149\frac{a_{\mathrm{e}}}{b}\right)\left[\frac{a_0}{a_{\mathrm{e}}} - \left(\frac{a_0}{a_{\mathrm{e}}}\right)^2\right]\right\}^{1/2} \tag{7-11}$$

根据 RILEM TC 50-FMC[8]，平均断裂能 G_{F} 可通过外荷载做功来确定，如式(7-12)所示：

$$G_{\mathrm{F}} = \frac{W_0}{(b - a_0)t} \tag{7-12}$$

式中，W_0 为试验测得的 P-δ 曲线与坐标轴的包络面积；b 为梁的高度；t 为梁的厚度；a_0 为初始裂缝长度。

通过式(7-5)～式(7-12)确定五组混凝土试件梁的断裂参数见表 7-4。

表 7-4　基于线弹性断裂力学的混凝土梁断裂参数计算结果

试件编号及参数	P_c/kN	$CMOD_c$/mm	E/GPa	σ_N/MPa	a_e/mm	K_{Ic}/(MPa·m$^{1/2}$)	$CTOD_c$/mm	G_F/(N/m)
A-1	0.964	0.03	18.58	2.31	23.08	0.82	0.015	59.98
A-2	0.930	0.031	18.72	2.23	23.79	0.82	0.016	70.25
A-3	0.970	0.032	20.09	2.33	24.34	0.89	0.017	58.21
平均值	0.955	0.031	20.49	2.29	23.73	0.84	0.016	62.81
标准差	0.022	0.001	2.01	0.05	0.63	0.04	0.001	6.50
B-1	1.747	0.048	23.1	2.10	47.88	1.10	0.025	76.35
B-2	1.678	0.046	23.76	2.01	48.36	1.07	0.024	83.54
B-3	1.555	0.048	24.71	1.87	51.19	1.09	0.026	94.5
平均值	1.660	0.047	23.86	1.99	49.14	1.09	0.025	84.80
标准差	0.097	0.001	0.81	0.12	1.79	0.01	0.001	9.14
C-1	2.610	0.055	23.99	2.09	65.50	1.19	0.026	89.16
C-2	2.580	0.06	26.29	2.06	70.80	1.30	0.030	95.12
C-3	2.350	0.073	24.71	1.88	76.96	1.35	0.039	102.87
平均值	2.513	0.063	25.00	2.01	71.08	1.28	0.032	95.72
标准差	0.142	0.009	1.18	0.11	5.74	0.08	0.007	6.87
D-1	2.870	0.08	24.71	1.72	98.74	1.34	0.042	104.88
D-2	2.610	0.061	24.96	1.57	92.67	1.11	0.030	100.46
D-3	2.585	0.066	25.22	1.55	96.29	1.16	0.034	85.37
平均值	2.688	0.069	24.96	1.61	95.90	1.20	0.036	96.90
标准差	0.158	0.010	0.26	0.09	3.05	0.12	0.006	10.23
E-1	3.195	0.076	24.71	1.53	113.04	1.26	0.037	108.4
E-2	3.455	0.066	25.48	1.66	107.38	1.19	0.031	88.01
E-3	3.419	0.086	26.01	1.64	121.09	1.39	0.045	123.84
平均值	3.356	0.076	25.40	1.61	113.84	1.28	0.037	106.75
标准差	0.141	0.010	0.65	0.07	6.89	0.10	0.007	17.97

7.2.5　断裂参数的尺寸效应

1. $CMOD_c$ 和 $CTOD_c$

梁的高度对 $CMOD_c$ 和 $CTOD_c$ 的影响如图 7-10 所示。可以看出，$CMOD_c$ 和 $CTOD_c$ 都随梁的高度的增大而增大，几乎呈线性关系。与 ESPI 测量的 $CTOD_c$ 相比，基于线弹性断裂力学的公式(7-10)计算的 $CTOD_c$ 呈现较大的波动性，这主要归因于断裂过程区造成 $CTOD_c$ 和 $CMOD_c$ 关系的复杂性[31]。利用曲线拟合，给出了估算与梁的高度有关的 $CMOD_c$ 和 $CTOD_c$ 的经验公式。

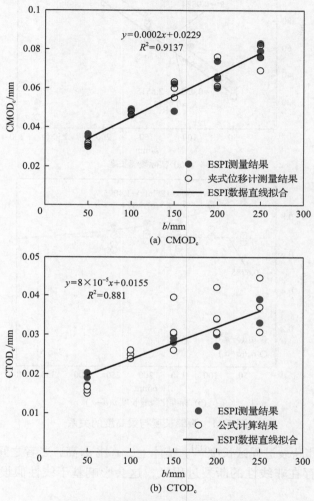

图 7-10　$CMOD_c$ 和 $CTOD_c$ 的尺寸效应

2. 裂缝长度 a_c 和 a_e

为了研究梁的高度对 ESPI 测量的临界裂缝长度 a_c 和基于线弹性断裂力学计算的临界等效裂缝长度 a_e 的影响，裂缝长度与梁的高度的关系曲线如图 7-11 所示。

从图 7-11(a)可以看出，a_c 和 a_e 都随着梁的高度增大而增大，几乎呈线性关系。a_c 由两部分组成：初始裂缝长度和裂缝扩展长度，其中裂缝扩展长度包括无

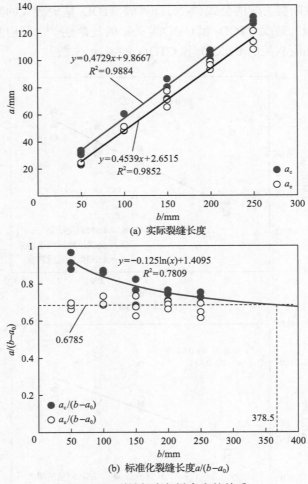

(a) 实际裂缝长度

(b) 标准化裂缝长度 $a/(b-a_0)$

图 7-11　裂缝长度与梁高度的关系

牵引裂缝长度和断裂过程区长度[13]。整体上，a_c 比 a_e 高，二者之间的差异是由于混凝土裂缝前存在非线性的断裂过程区，这会影响基于线性假设的断裂参数的确定[32]。

从图 7-11(b)可以发现，标准化临界裂缝长度 $a_c/(b-a_0)$ 随着 b 的增大而减小。由于 a_c 包括断裂过程区的非线性变形，$a_c/(b-a_0)$ 的减小趋势表明，随着试样尺寸的增大，混凝土非线性断裂行为的影响逐渐减小。归一化弹性裂缝长度 $a_e/(b-a_0)$ 似乎与尺寸无关，这意味着有效裂缝模型适用于不同的试件尺寸。通过曲线拟合，两个标准化裂缝长度将在梁的高度 $b_c=378.5$mm 处相交，b_c 可近似地视为特征梁尺寸，超过该尺寸时线弹性断裂力学适用。类似地，Hu 和 Wittmann[27]利用渐近方法提出，只有当试样尺寸大于 300mm 时，才能获得与尺寸无关的断裂参数。

3. 断裂能 G_F

从表 7-4 可以看出，断裂能 G_F 受梁尺寸的影响。如图 7-12 所示，断裂能随着梁的高度增大而增大，这与之前报道的研究结果一致[1,26]。可以解释为，对于受弯的混凝土梁，内部损伤、微裂缝、过渡部分和其他具有局部应力强度的区域将消耗一些能量。随着试样尺寸的增加，消耗能量的因素变得更多，因此测量的断裂能增加。

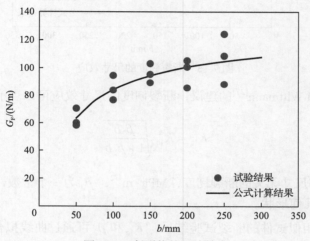

图 7-12　断裂能的尺寸效应

根据 Hu 和 Wittmann[27]的建议，试件尺寸对断裂能的影响可以表示为

$$G_F = G_F^* \frac{\beta_1 b}{1 + \beta_1 b} \tag{7-13}$$

式中，G_F^* 为与尺寸无关的断裂能，N/m；b 为梁的高度，m；β_1 为一个常数，取决于材料特性和试件的几何形状。

基于几何相似试件的试验结果，G_F^* 和 β_1 可通过曲线拟合由式(7-13)确定。在本节中，G_F^* 和 β_1 分别为 125.69N/m 和 0.0204mm^{-1}，与 Hu 和 Wittmann[27]得到的 110N/m 和 0.02mm^{-1} 相当。

4. 断裂韧度 K_{Ic}

试验结果表明，梁的高度对断裂韧度 K_{Ic} 有影响，如图 7-13 所示。断裂韧度随着梁的高度的增大而增大，这与之前的研究结果一致[33,34]。

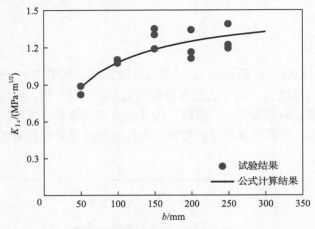

图 7-13　断裂韧度的尺寸效应

根据 Hu 和 Wittmann[27]的建议，断裂韧度的尺寸效应可以表示为

$$K_{\mathrm{Ic}} = K_{\mathrm{Ic}}^{*}\sqrt{\frac{\beta_2 b}{1+\beta_2 b}}$$　　　　　　(7-14)

式中，K_{Ic}^{*} 为与尺寸无关的断裂韧度，$\mathrm{MPa \cdot m^{1/2}}$；$\beta_2$ 为一个常数，它取决于材料性能和试件的几何形状。

基于几何相似试件的断裂试验结果，K_{Ic}^{*} 和 β_2 可通过曲线拟合由式(7-14)确定。在本节中 K_{Ic}^{*} 和 β_2 分别为 $1.53\mathrm{MPa \cdot m^{1/2}}$ 和 $0.0098\mathrm{mm^{-1}}$。K_{Ic}^{*} 给出了大型混凝土结构与尺寸无关的断裂韧度。因此，K_{Ic}^{*} 可以通过测试小尺寸试件来确定，无需进行大型混凝土构件的断裂试验[27]。

5. 名义强度 σ_{N}

试件或结构破坏时的尺寸效应可以用破坏时的名义应力来描述[7]。为了描述它，需要考虑几何相似或不同尺寸的试件(具有几何相似的缺口或初始裂缝)[11]。基于之前的量纲分析和相似性论证，名义强度的尺寸效应可由 Bažant[2]提出的式(7-15)描述：

$$\sigma_{\mathrm{N}} = \frac{Bf_{\mathrm{t}}}{\sqrt{1+b/D_0}}$$　　　　　　(7-15)

式中，B 和 D_0 为两个经验常数；抗拉强度 f_{t} 由劈裂抗拉试验确定，在本节中 $f_{\mathrm{t}}=3.03\mathrm{MPa}$。

基于试验测得的数据点，可对式(7-15)进行转化并进行线性回归[6]，回归图如

图 7-14(a)所示，回归公式如下：

$$Y = AX + C \tag{7-16}$$

式中，$X = b$；$Y = \left(f_{\mathrm{t}} / \sigma_{\mathrm{N}}\right)^2$；$B = C^{-1/2}$；$D_0 = C / A$。

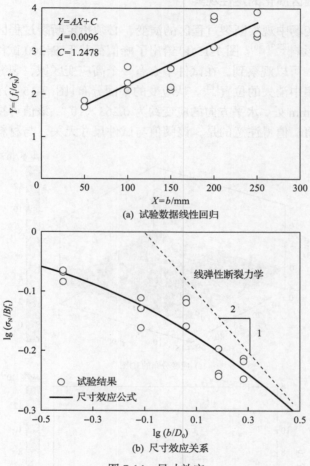

(a) 试验数据线性回归

(b) 尺寸效应关系

图 7-14　尺寸效应

　　根据数据点的线性回归，可以确定尺寸效应模型的断裂参数。B 和 D_0 分别为 0.895MPa 和 130mm。由此可知，混凝土的 B 和 D_0 与花岗岩[6]测定的 2.414MPa 和 99.4mm 相当，这种差异可以通过不同的材料特性来解释。

　　确定了混凝土的 B 和 D_0 经验值之后，可以方便地应用 Bazant 的尺寸效应规律。本节尺寸效应模型与线弹性断裂力学理论的对比如图 7-14(b) 所示。从图 7-14 可以看出，当试件尺寸较大 $[\lg(b/D_0) > 0.3]$ 时，$b > 2D_0 = 260\mathrm{mm}$，混凝土的断裂行为基本遵循线弹性断裂力学。

7.3　断裂过程区特性的尺寸效应

7.3.1　断裂过程区演化的定性观察

为了从应变场中观察断裂过程区的演变，必须指定断裂过程区边界，以消除不相关的噪点影响[23,35,36]。图 7-15(a)给出了峰值荷载下 S=200 试件的 x 方向应变场分布 3D 图。可以观察到，在试件中心有一个高应变区域，裂缝尖端的位置可以定义为应变集中消失的位置[13]。从应变的平面分布[图 7-15(b)]来看，裂缝尖端位于 y=29.59mm 处，水平方向的应变约为 0.263×10^{-3}，该值可视为识别断裂过程区的应变阈值。值得注意的是，该阈值与试件尺寸无关，与材料特性有关，但

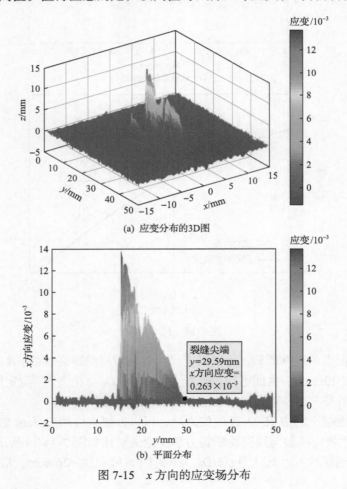

(a) 应变分布的3D图

(b) 平面分布

图 7-15　x 方向的应变场分布

也可能受测量精度的影响。基于 DIC 技术测量的应变场，地聚物混凝土[13]和全级配大坝混凝土[37]的应变阈值约为 0.5×10^{-3}。本节中，较小的应变阈值可归因于 ESPI 技术比 DIC 技术具有更高的测量精度[38]。

　　从四个典型加载步的应变云图可以观察不同尺寸试件的断裂过程区演化，如图 7-16 所示。尽管不同尺寸试件的断裂过程区形状不同，但断裂过程区的演变规律相似。在峰前约 $50\%P_{max}$ 的加载水平下，由于应变集中，主裂缝从预制切缝尖端萌生，并在其附近出现了一些微裂缝。当荷载达到峰值时，混凝土中随机分布的骨料周围的主裂缝曲折发展。峰值荷载后，累积的应变能迅速释放[39,40]，主裂缝迅速扩展。可以观察到，该阶段的裂缝扩展主要是由于桥接机制，这在图 7-16(a) 中尤为明显。当断裂过程区完全发展时，它形成了一条不规则的狭长损伤区域。

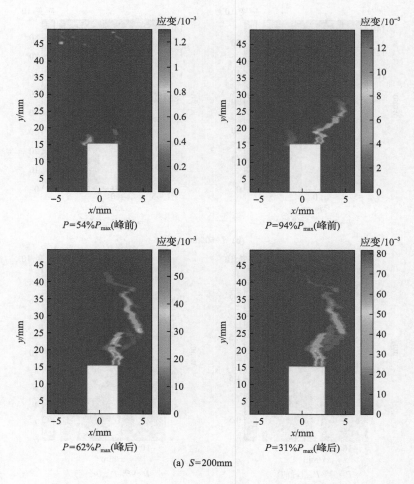

(a) S=200mm

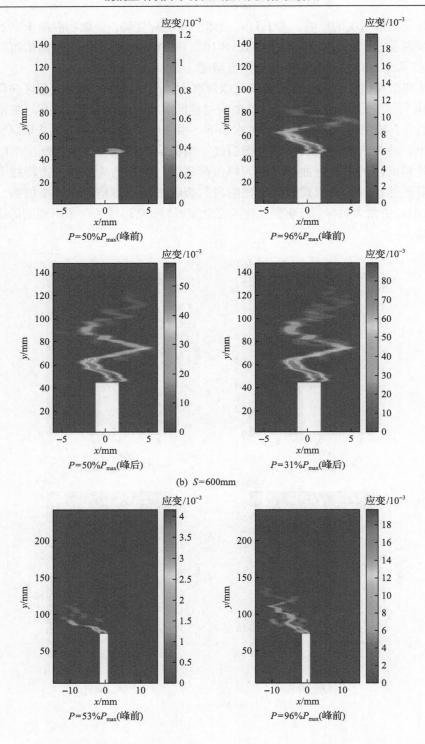

$P=50\%P_{max}$(峰前)　　　　　　$P=96\%P_{max}$(峰前)

$P=50\%P_{max}$(峰后)　　　　　　$P=31\%P_{max}$(峰后)

(b) $S=600mm$

$P=53\%P_{max}$(峰前)　　　　　　$P=96\%P_{max}$(峰前)

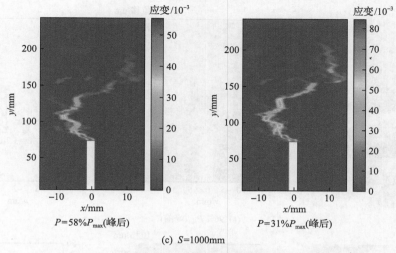

$P=58\%P_{max}$(峰后)　　$P=31\%P_{max}$(峰后)

(c) $S=1000$mm

图 7-16　不同试件 4 个典型加载阶段的应变云图

断裂过程区宽度是损伤区的影响宽度，包括所有裂缝[41]。因此，在本节中，根据损伤区域最左侧和最右侧位置之间的距离确定断裂过程区宽度[42]。骨料的随机分布可能会导致主裂缝在扩展时发生偏转和分叉，但整体趋势是向上部加载点方向扩展。因此，与断裂过程区长度相比，试件尺寸对断裂过程区宽度没有显著影响[43,44]。它主要由裂缝的弯曲度决定，并受最大骨料粒径的影响[45]。从图 7-16 可以看出，断裂过程区的最大宽度随试件尺寸的增大而增大，但不超过最大骨料粒径(10mm) 的 3 倍。这种轻微的增大可归因于裂缝路径弯曲度和断裂过程区长度随试件尺寸的增大而增大[43]。

7.3.2　断裂过程区演化的定量分析

根据 ESPI 测量的位移场可以确定裂缝张开位移(COD)曲线，进而定量分析断裂过程区演化。

1. 相位图和位移场

以 $S=200$mm 试件为例，不同加载水平下试件的相位图和位移场如图 7-17 所示。相位图反映了测量对象的变形信息，每个条纹上的所有点都具有相同的位移。在预制切缝尖端附近可以观察到代表集中变形的密集条纹，而稀疏条纹则远离裂缝区域。因此，可以从条纹的不连续性中识别裂缝，裂缝尖端处为条纹快速变化的位置。为了进一步定量分析，相位图通过后处理软件 ISTRA 转换为位移场[20]。可以看出，裂缝两侧的位移云图基本上是对称的。尽管裂缝路径受随机分布的骨料或微裂缝等的影响会发生偏转，但整体趋势是向上部加载点扩展。

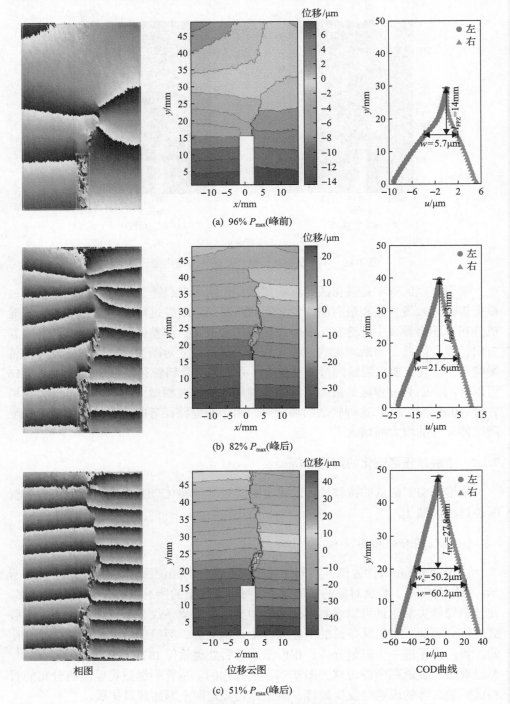

(a) 96% P_{max}(峰前)

(b) 82% P_{max}(峰后)

(c) 51% P_{max}(峰后)

相图　　　　　　　　　位移云图　　　　　　　　COD曲线

图 7-17　在不同加载水平下的裂缝演化

2. COD 曲线和 FPZ 长度

基于位移云图，可以从预制切缝左右两侧裂缝面的水平位移中提取 COD 曲线（图 7-17），裂缝张开位移 w 可通过同一高度上两个裂缝面的位移差获得[24,46]。当断裂过程区尚未完全形成时，w 降至 0 的位置可视为裂缝尖端 y_t，初始切缝尖端（$y_0=15\text{mm}$）可视为断裂过程区尾端，断裂过程区长度 l_{FPZ} 可通过 y_t-y_0 计算。

如图 7-17(a) 所示，在峰前 96%P_{max}，l_{FPZ} 约为 14mm，为韧带长度（$D-a_0$）的 0.4 倍。初始切缝尖端的 w，即裂缝尖端张开位移（CTOD）约为 5.7μm。在峰后 82%P_{max}，l_{FPZ} 和 CTOD 分别增加至约 24.3mm 和 21.6μm。当断裂过程区完全发展时，断裂过程区尾端可能已经向前移动，需要结合 IDCM 方法才能确定其位置，σ 降至零的 w 被定义为特征裂缝张开位移 w_c，该试件的 w_c 约为 50.2μm。在峰后 51%P_{max} 的加载水平下，CTOD 约为 60.2μm，且大于 w_c。因此，断裂过程区尾部向前移动约 5mm，l_{FPZ} 为 27.8mm，约为韧带长度的 0.79 倍。

3. l_{FPZ} 随试件尺寸的变化规律

为了分析 l_{FPZ} 随试件尺寸的变化规律，将荷载和裂缝长度进行归一化处理，使用 P/P_{max}、$l_{\text{FPZ}}/(b-a_0)$ 和 $(a-a_0)/(b-a_0)$。在整个加载过程中，不同试件的 P/P_{max} 与 $l_{\text{FPZ}}/(b-a_0)$ 曲线和 $l_{\text{FPZ}}/(b-a_0)$ 与 $(a-a_0)/(b-a_0)$ 曲线如图 7-18 所示。可以看出，不同尺寸试件的断裂过程区演化呈现相似的行为。在峰值荷载下，l_{FPZ} 为韧带深度的 0.3~0.45 倍。当峰后荷载降至 $(0.3~0.6)P_{\text{max}}$ 时，断裂过程区完全发展并达到最大长度，为韧带深度的 0.75~0.9 倍。对于具有相同几何形状和不同抗压强度的混凝土试件，也发现了类似的结果，l_{FPZ} 最大值约为韧带深度的 0.85 倍[42]。

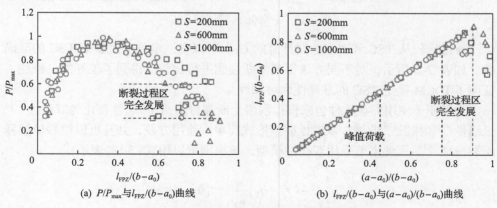

(a) P/P_{max} 与 $l_{\text{FPZ}}/(b-a_0)$ 曲线　　　　(b) $l_{\text{FPZ}}/(b-a_0)$ 与 $(a-a_0)/(b-a_0)$ 曲线

图 7-18　不同试件中断裂过程区长度的变化

在断裂过程区完全发展后，l_{FPZ} 会随着裂缝的发展而减小。这可以通过试件的边界效应来解释，当裂缝尖端非常接近梁的上边界时，剩余韧带的长度不足以使断裂过程区得到充分发展。考虑到不同的尺度，l_{FPZ} 可能受试件尺寸和几何形状以及骨料性质的影响。然而，在本节中，试件尺寸对断裂过程区的演变没有明显影响。

7.3.3　拉伸软化曲线

以 S=600mm 的试件为例，利用 IDCM 确定的 TSC 如图 7-19(a) 所示。将数值计算得到的 CMOD 与试验测量值进行比较，如图 7-19(b) 所示，可以看出二者具有良好的一致性，差异在 ±10% 以内。此外，基于黏聚裂缝模型的断裂能 G_F^{TSC} 可以通过对完整的 TSC 进行积分来确定，如式(7-17)所示：

$$G_F^{TSC} = \int_0^{w_c} \sigma(w)\mathrm{d}w \tag{7-17}$$

式中，w_c 为特征裂缝张开位移，mm；σ 为黏聚应力。

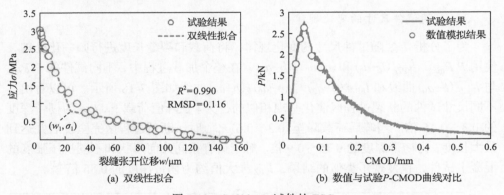

(a) 双线性拟合　　　　　　　(b) 数值与试验 P-CMOD 曲线对比

图 7-19　S=600mm 试件的 TSC

通过比较从 TSC 和 P-δ 曲线计算的 G_F，可以在一定程度上验证 TSC 的准确性。如表 7-2 所示，对不同方法得到的断裂能进行比较，得到了较好的一致性，证明了 IDCM 确定 TSC 的准确性和可靠性。

为了便于使用商业软件包来模拟混凝土断裂行为，TSC 通常简化为双线性[47]、三线性[48]和指数[49]曲线。双线性模型形式简单、使用方便，并且可以很好地解释断裂机理[50]，因此本节采用双线性模型，该模型可以用式(7-18)表示：

$$\sigma(w) = \begin{cases} f_t - (f_t - \sigma_1)\dfrac{w}{w_1} & (0 < w < w_1) \\[2mm] \sigma_1 - \dfrac{\sigma_1(w - w_1)}{w_c - w_1} & (w_1 < w < w_c) \end{cases} \tag{7-18}$$

式中，σ_1 和 w_1 为通过回归分析确定的拐点。

双线性曲线的拟合效果如图 7-19(a)所示，具体参数见表 7-2。可以看出双线性曲线能提供精度较高的 TSC 拟合。

采用双线性曲线来拟合不同尺寸试件的 TSC，如图 7-20 所示，各尺寸试件的关键参数见表 7-2。可以看出，不同试件的 TSC 第一下降段几乎重合，然而它们的第二下降段(软化尾段)明显不同，这表明随着试件尺寸的增加，软化尾段变得更平坦，w_c 更大。

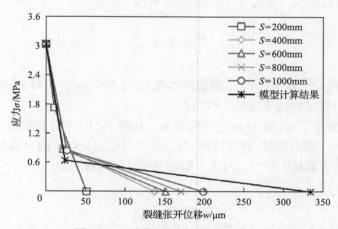

图 7-20　不同尺寸试件的双线性 TSC

混凝土断裂过程区中与尺寸相关的软化行为可以通过结合 TSC 和断裂过程区的断裂机制[50]来解释。当切缝尖端的应力达到 f_t 时，黏聚裂缝开始发展。第一下降段 $(0 \leqslant w < w_1)$ 对应主裂缝潜在路径周围的微裂缝局部聚集和发展，如图 7-20 所示。在这个阶段，断裂过程区发展缓慢，基本上不受试件尺寸的影响。第二下降段(软化尾段)$(w_1 \leqslant w < w_c)$，对应微裂缝和骨料在低传递应力下桥接效应起主要作用的断裂过程。从图 7-20 可以看出，随着试件尺寸的增加，断裂过程区发展更快，其宽度范围更大。根据 Hu 等的研究[51,52]，断裂过程区宽度和形状的变化是导致与尺寸有关能量变化的主要原因。由于较大尺寸试件的传递应力较大，因此耗散的能量也较大。然而，研究发现 G_F 不会随着试件尺寸的增大而持续增大，而是会趋于稳定，如图 7-4 所示。这可以从两个方面来解释，一方面当断裂过程区在靠近试件上边界时，其发展受到限制(图 7-18)；另一方面，当试件尺寸较大且韧带足够长时，断裂过程区的发展不再受边界的影响，其完全发展过程中消耗的能量应为独立于试件尺寸的材料特性。

如图 7-20 所示，IDCM 确定的 TSC 形状取决于试件的尺寸，这可归因于与尺寸相关的断裂能。因此，本节通过调整不同尺寸试件的 TSC 参数，提出与尺寸无

关的断裂能对应的拉伸软化模型。通过计算双线性 TSC 下的面积，G_F 可以表示为

$$G_F = \frac{1}{2} f_t^* \left(w_1^* + \frac{\sigma_1^*}{f_t^*} w_c^* \right) \tag{7-19}$$

式中，上标*为双线性 TSC 中与尺寸无关的参数，这些参数有待确定。由于抗拉强度是一个与尺寸无关的材料参数，可取 $f_t^* = f_t$。

如式(7-18)所示，双线性 TSC 的拐点坐标关系如下：

$$\frac{\sigma_1^*}{f_t^*} = 1 - k_1 w_1^* \tag{7-20}$$

式中，k_1 为双线性 TSC 第一个下降段的斜率(图 7-20)。由于 k_1 对试件尺寸不敏感，因此本节取所有试件的平均值，约为 0.1。

图 7-21 展示了 w_c 和 G_F/f_t 之间的关系。从图 7-21 中可以看出，w_c 随着 G_F/f_t 的增大而增大，可以用幂函数进行拟合。为了确保拟合结果的可靠性，还引入了一些前人的研究数据[25,53,54]。因此，拟合公式可以写成：

$$w_c = 0.101 \left(\frac{G_F}{f_t} \right)^{2.046} \tag{7-21}$$

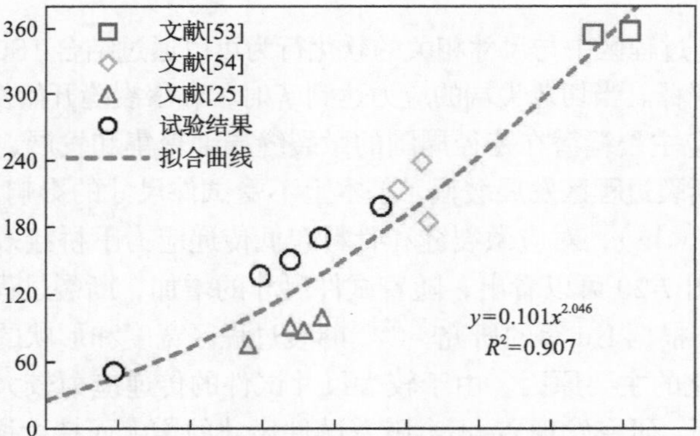

图 7-21　w_c 与 G_F/f_t 的关系

通过使用式(7-19)～式(7-21)，参数 σ_1^*、w_1^* 以及 w_c^* 可确定，分别等于 0.64MPa、23.9μm 和 333μm，相应的 TSC 如图 7-20 中的预测模型曲线。上述参数与试件尺寸无关，可以视为材料属性，可为采用 CCM 评估混凝土结构的断裂性能提供依据[53,55]。

参 考 文 献

[1] Barr B I G, Abusiaf H F, Sener S. Size effect and fracture energy studies using compact compression specimens. Materials and Structures, 1998, 31: 36-41.

[2] Bažant Z. Size effect in blunt fracture: concrete, rock, metal. Journal of Engineering Mechanics, 1984, 110(4): 518-535.

[3] Bažant Z P, Kim J-K, Pfeiffer P. Nonlinear fracture properties from size effect tests. Journal of Structural Engineering, 1986, 112(2): 289-307.

[4] Mindess S. The effect of specimen size on the fracture energy of concrete. Cement and Concrete Research, 1984, 14(3): 431-436.

[5] Wittmann F H, Mihashi H, Nomura N. Size effect on fracture energy of concrete. Engineering Fracture Mechanics, 1990, 35(1-3): 107-115.

[6] Bažant Z P, Kazemi M T. Determination of fracture energy, process zone length and brittleness number from size effect, with application to rock and concrete. International Journal of Fracture, 1990, 44(2): 111-131.

[7] 徐世烺, 赵国藩. 混凝土断裂力学研究. 大连: 大连理工大学出版社, 1991.

[8] RILEM. TC 50-FMC fracture mechanics of concrete, determination of the fracture energy of mortar and concrete by means of three-point bend tests on notched beams. Materials and Structures, 1985, 18(4): 287-290.

[9] RILEM. TC 89-FMT fracture mechanics of concrete, determination of fracture parameters (K_{Ic}^s and CTOD$_c$) of plain concrete using three-point bend tests. Materials and Structures, 1990, 23(6): 457-460.

[10] Bažant Z P, Planas J. Fracture and size effect in concrete and other quasibrittle materials. Calabasas: CRC Press, 1998.

[11] Bažant Z P, Kazemi M T. Size dependence of concrete fracture energy determined by RILEM work-of-fracture method. International Journal of Fracture, 1991, 51: 121-138.

[12] Lin Q, Yuan H, Biolzi L, et al. Opening and mixed mode fracture processes in a quasi-brittle material via digital imaging. Engineering Fracture Mechanics, 2014, 131: 176-193.

[13] Xie Z L, Zhou H F, Lu L J, et al. An investigation into fracture behavior of geopolymer concrete with digital image correlation technique. Construction and Building Materials, 2017, 155: 371-380.

[14] Zhao Z, Kwon S H, Shah S P. effect of specimen size on fracture energy and softening curve of concrete: Part I. Experiments and fracture energy. Cement and Concrete Research, 2008, 38(8): 1049-1060.

[15] Kwon S H, Zhao Z, Shah S P. Effect of specimen size on fracture energy and softening curve of concrete: Part II. Inverse analysis and softening curve. Cement and Concrete Research, 2008, 38(8-9): 1061-1069.

[16] Cedolin L, Cusatis G. Identification of concrete fracture parameters through size effect experiments. Cement and Concrete Composites, 2008, 30(9): 788-797.

[17] Ruiz G, Ortega J J, Yu R C, et al. Effect of size and cohesive assumptions on the double-K fracture parameters of concrete. Engineering Fracture Mechanics, 2016, 166: 198-217.

[18] The Government of the Hong Kong Special Administrative Region. Construction standard: testing concrete (CS1: 1990). 2 Volumes, Government Logistics Department, Hong Kong SAR Government, 1990.

[19] Huntley J M, Saldner H. Temporal phase-unwrapping algorithm for automated interferogram analysis. Applied Optics, 1993, 32(17): 3047-3052.

[20] Dantec-Ettemeyer. ISTRA for Windows, Version 3.3.12. 2001.

[21] Chen H N, Su R K L, Fok A L, et al. An investigation of fracture properties and size effects of concrete using ESPI

technique. Magazine of Concrete Research, 2019, 72(17): 888-899.

[22] Chen H H N, Su R K L, Fok S L, et al. Fracture behavior of nuclear graphite under three-point bending tests. Engineering Fracture Mechanics, 2017, 186: 143-157.

[23] Tang Y, Chen H. Characterizations on fracture process zone of plain concrete. Journal of Civil Engineering and Management, 2019, 25(8): 819-830.

[24] Tang Y, Chen H. Characterization on crack propagation of nuclear graphite under three-point bending. Nuclear Materials and Energy, 2019, 20: 100687.

[25] Li S, Fan X, Chen X, et al. Development of fracture process zone in full-graded dam concrete under three-point bending by DIC and acoustic emission. Engineering Fracture Mechanics, 2020, 230(3): 106972.

[26] Duan K, Hu X Z, Wittmann F H. Size effect on fracture resistance and fracture energy of concrete. Materials and Structures, 2003, 36(256): 74-80.

[27] Hu X, Wittmann F. Size effect on toughness induced by crack close to free surface. Engineering Fracture Mechanics, 2000, 62: 209-221.

[28] Cifuentes H, Alcalde M, Medina F. Measuring the size-independent fracture energy of concrete. Strain, 2013, 49(1): 54-59.

[29] Chen H. Incremental displacement collocation method for the determination of fracture properties of quasi-brittle materials. Hong Kong: The University of Hong Kong, 2013.

[30] Tada H, Paris S P, Irwin G R. The stress analysis of cracks handbook. New York: ASME Press, 1985.

[31] Zhang Z, Ansari F. Crack tip opening displacement in micro-cracked concrete by an embedded optical fiber sensor. Engineering Fracture Mechanics, 2005, 72(16): 2505-2518.

[32] Issa M A, Issa M A, Islam M S, et al. Size effects in concrete fracture: Part I, experimental setup and observations. International Journal of Fracture, 2000, 102(1): 1-24.

[33] Nallathambi P, Karihaloo B L. Determination of specimen-size independent fracture-toughness of plain concrete. Magazine of Concrete Research, 1986, 38(135): 67-76.

[34] Nallathambi P, Karihaloo B L, Heaton B S. Effect of specimen and crack sizes, water cement ratio and coarse aggregate texture upon fracture-toughness of concrete. Magazine of Concrete Research, 1984, 36(129): 227-236.

[35] Tang Y, Su R, Chen H. Characterization on tensile behaviors of fracture process zone of nuclear graphite using a hybrid numerical and experimental approach. Carbon, 2019, 155: 531-544.

[36] Li T, Xiao J, Zhang Y, et al. Fracture behavior of recycled aggregate concrete under three-point bending. Cement and Concrete Composites, 2019, 104(11): 103353.

[37] Li S, Fan X, Chen X, et al. Development of fracture process zone in full-graded dam concrete under three-point bending by DIC and acoustic emission. Engineering Fracture Mechanics, 2020, 230: 106972.

[38] Pan B, Qian K, Xie H, et al. Two-dimensional digital image correlation for in-plane displacement and strain measurement: A review. Measurement Science and Technology, 2009, 20(6): 062001.

[39] Tang Y X, Su R K L, Chen H N. Energy dissipation during fracturing process of nuclear graphite based on cohesive crack model. Engineering Fracture Mechanics, 2021, 242: 107426-107442.

[40] Zhao Y, Xu S, Wu Z. Variation of fracture energy dissipation along evolving fracture process zones in concrete. Journal of Materials in Civil Engineering, 2007, 19(8): 47-49.

[41] Chen H H, Su R K L. Tension softening curves of plain concrete. Construction and Building Materials, 2013, 44: 440-451.

[42] Otsuka K, Date H. Fracture process zone in concrete tension specimen. Engineering Fracture Mechanics, 2000,

65 (2-3): 111-131.

[43] Grassl P, Grégoire D, Solano L R, et al. Meso-scale modelling of the size effect on the fracture process zone of concrete. International Journal of Solids and Structures, 2012, 49 (13): 1818-1827.

[44] Skarżyński Ł, Tejchman J. Calculations of fracture process zones on meso-scale in notched concrete beams subjected to three-point bending. European Journal of Mechanics, 2010, 29 (4): 746-760.

[45] Grassl P, Jirásek M. Meso-scale approach to modelling the fracture process zone of concrete subjected to uniaxial tension. International Journal of Solids and Structures, 2010, 47 (7): 957-968.

[46] Hamad W I, Owen J S, Hussein M F M. An efficient approach of modelling the flexural cracking behaviour of un-notched plain concrete prisms subject to monotonic and cyclic loading. Engineering Structures, 2013, 51: 36-50.

[47] Roelfstra P E, Wittmann F H. Numerical method to link strain softening with failure of concrete//Wittmann F H. Fract. Toughness and fract. Energy of concrete. Amsterdam: Elsevier Science, 1986: 163-175.

[48] Tang Y X, Su R K L, Chen H N. Characterization on tensile behaviors of fracture process zone of nuclear graphite using a hybrid numerical and experimental approach. Carbon, 2019, 155: 531-544.

[49] Hordijk D A. Local approach to fatigue of concrete. Delft: Delft University of Technology, 1991.

[50] Nomura N, Mihashi H, Izumi M. Correlation of fracture process zone and tension softening behavior in concrete. Cement and Concrete Research, 1991, 21 (4): 545-550.

[51] Hu X Z, Duan K. Influence of fracture process zone height on fracture energy of concrete. Cement and Concrete Research, 2004, 34 (8): 1321-1330.

[52] Hu X Z, Wittmann F H. Fracture energy and fracture process zone. Materials and Structures, 1992, 25 (6): 319-326.

[53] Abdalla H M, Karihaloo B L. A method for constructing the bilinear tension softening diagram of concrete corresponding to its true fracture energy. Magazine of Concrete Research, 2004, 56 (10): 597-604.

[54] Chen H H, Su R. Tension softening curves of plain concrete. Construction and Building Materials, 2013, 44 (44): 440-451.

[55] Murthy A R, Karihaloo B L, Iyer N R, et al. Bilinear tension softening diagrams of concrete mixes corresponding to their size-independent specific fracture energy. Construction and Building Materials, 2013, 47 (oct.): 1160-1166.

第8章　往复荷载下混凝土断裂特性试验研究

目前，国内外学者对混凝土断裂特性的研究主要集中在单调荷载下的断裂参数[1,2]、断裂破坏准则[3,4]、参数尺寸效应[5-9]、标准试验方法[10-12]、混凝土裂缝扩展的数值模拟[13]及分析技术[14-16]等。值得注意的是，实际结构在静载下发生断裂的可能性并不高，断裂破坏往往伴随着动荷载或者重复荷载，如地震作用、车辆荷载、随机波浪力、周期性水压力等，这些荷载作用会对结构造成一定程度的损伤，甚至破坏。我国是一个多地震的国家，研究地震作用下混凝土结构的断裂性能十分必要，其中重要课题之一就是研究往复荷载作用下混凝土的断裂特性。在往复荷载作用下，每个加载-卸载循环会使混凝土内部产生一定的塑性变形，引起刚度退化、滞回耗能以及累积损伤等多种非线性行为，导致混凝土的受力性能及破坏过程颇为复杂。因此，研究混凝土在往复荷载作用下的断裂行为、裂缝扩展及耗能机制，对研究混凝土结构的抗震和抗疲劳断裂性能有着重要的工程价值。

1986 年，Reinhardt 等[17]将黏聚裂缝模型应用到混凝土的疲劳裂缝扩展问题上，给出了在疲劳循环载荷作用下黏聚应力-裂缝张开位移（$\sigma\text{-}w$）曲线退化的经验表达式。1991 年，Hordijk[18]基于前人研究结果提出了一个连续函数模型以描述$\sigma\text{-}w$曲线的退化，比较完整地建立了混凝土疲劳黏聚裂缝模型（图 8-1）。1992 年，Horii 等[19]将反映加载、卸载过程的混凝土拉伸软化曲线简化为线性关系，对混凝土的疲劳裂缝扩展机理进行了数值计算和试验研究。此后，研究者[20-22]纷纷利用黏聚裂缝模型从数值模拟的角度研究混凝土的疲劳裂缝扩展问题，通过引入不同

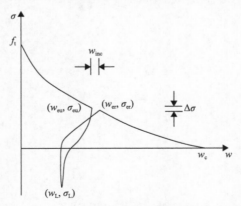

图 8-1　疲劳黏聚裂缝模型[18]

f_t-抗拉强度；w_{eu}-卸载开始点的裂缝张开位移；σ_{eu}-卸载开始点的应力；w_L-卸载结束点的裂缝张开位移；σ_L-卸载结束点的应力；w_{er}-重新加载峰值点的裂缝张开位移；σ_{er}-重新加载峰值点应力；w_c-特征裂缝张开位移

的退化模型以更好地模拟试验结果。然而，这些研究中采用的退化模型大多是经验性的，缺乏试验支撑和物理意义上的解释。

研究表明[23]，建立在宏观唯象学基础上的混凝土本构模型体系，包括弹塑性模型、宏观损伤断裂模型等，从宏观角度来讲已经基本完善，但不能反映材料的细观损伤演化机制。缺乏对材料损伤机制的深入了解，忽略符合实际的几何与力学描述，而一味地在宏观理论框架内发展更复杂的本构模型和数值分析将可能变成数学游戏。因此，对混凝土材料细观断裂机制的研究已经成为混凝土损伤和断裂研究领域的焦点问题。若能从细观断裂过程区出发，研究混凝土断裂过程区的尺寸变化，对了解混凝土的非线性断裂行为非常关键，对探明其断裂机制有重要意义[24]。

鉴于准确测量材料的裂缝演化存在难度，目前对往复荷载作用下混凝土断裂过程区特性及裂缝扩展机理的研究还很有限。为此，本章主要介绍以下内容：通过对混凝土构件进行往复荷载，同时采用 ESPI 技术和 DIC 技术对断裂过程区进行实时观测，分析荷载历史对混凝土断裂参数的影响，揭示加卸载过程中混凝土梁的刚度退化及循环耗能机制。此外，基于试验观测数据，对混凝土的裂缝扩展特性进行研究，分析裂缝扩展规律，从长度、宽度和形状变化等方面讨论断裂过程区的演化规律，最后对混凝土的损伤演化进行评估。

8.1　试　验　介　绍

8.1.1　混凝土试件准备

为研究往复荷载作用下混凝土的断裂过程区特性及裂缝扩展机理，需对混凝土试件进行断裂试验。在前期研究的基础上，确定采用三点弯曲试验进行断裂试验。通过在梁模具中间插入厚度为 2mm、深度为 45mm 的铜板制作初始裂缝，在混凝土初凝硬化后将铜板取出。

试验中共浇筑两种强度的混凝土试件，分别对应普通强度混凝土（NSC）和高强混凝土（HSC），混凝土的配合比见表 8-1。水泥采用 Portland CEM I 52.5N，细骨料采用细砂，最大骨料粒径约为 5mm；粗骨料采用破碎花岗岩，最大骨料粒径约为 10mm。

表 8-1　混凝土配合比及基本力学特性

类型*	配合比/(kg/m³)					基本力学特性		
	水	水泥	细集料	粗集料	减水剂	f_{cu}/MPa	f_t/MPa	E/(×10³MPa)
C30	200	279	1025	838	0	32.9	2.9	22.7
C80	173	482	867	866	6.263	81.8	3.4	33.9

*C30 和 C80 仅区分混凝土类型，并不代表规范定义的混凝土抗压强度标准值。

对不同强度的混凝土均浇筑了三种形状的混凝土试件，分别为梁试件、立方体试件及圆柱体试件，三种试件的尺寸和数量见表 8-2，其中单边切口梁的设计满足 RILEM[25,26]的要求。浇筑的试件如图 8-2 所示，初凝拆模后在自然环境（温度20℃±2℃，相对湿度为 75%～85%）下至少养护 28 天才进行试验。

表 8-2　试件尺寸及数目

试件类型	试件尺寸/mm	普通强度混凝土/个	高强混凝土/个	初始裂缝长度/mm	初始裂缝宽度/mm
单边切口梁	750×150×50	8	8	45	2
立方体	150×150×150	6	6	—	—
圆柱体	Φ150×300	3	3	—	—

图 8-2　混凝土梁试件、立方体和圆柱体

试验前，需要对混凝土梁试件表面进行处理，以满足 ESPI 和 DIC 技术的测量要求。试件正面，先用酒精清洗试样表面，使用 ESPI 专用反光喷剂对表面进行均匀喷射；试件背面，先用酒精清洗试样表面，待表面干燥后，在其上先喷涂一层白色哑光漆，待其凝固后，用黑色哑光漆喷出大小随机、均匀分布的散斑点，散斑制作完成后的效果图如图 8-3 所示。为了测量切口的张开位移，需要在切口安装夹式位移计。为了保证夹式位移计与梁试件的牢固连接，在安装夹式位移计前，需要在切口两侧表面用环氧树脂进行处理。

8.1.2　三点弯曲试验

采用 50kN 的 MTS 伺服控制液压试验机对单边切口混凝土梁试件进行三点弯曲试验，试验装置如图 8-4 所示。在试验中，底部支座向上移动对梁试件施加竖向荷载。鉴于混凝土材料的不均匀性和随机性，为保证试验结果的客观性，每组试验中 3 根梁采用单调荷载，5 根采用往复荷载。单调荷载试验采用位移控制，加载速率为 0.04mm/min；往复荷载试验的加载过程采用位移控制，卸载过程采用力控制，加载方式如图 8-5 所示，每个循环采用位移控制的方式进行加载，

图 8-3　试件准备

(a) 试验装置

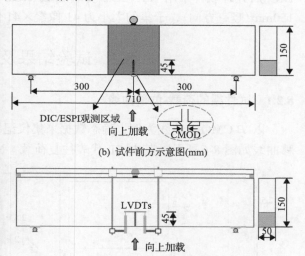

(b) 试件前方示意图(mm)

(c) 试件后方示意图(mm)

图 8-4　三点弯曲试验

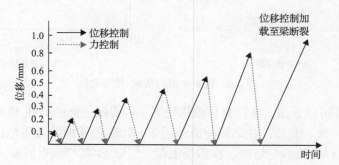

图 8-5　往复荷载方式

加载速率为 0.04mm/min，加载到预设位移后，停止加载；然后切换成力控制进行卸载，卸载速率为 25～50N/s，卸载到预压荷载(0.02～0.05kN)时，停止卸载；然后再切换成位移控制进行加载，进入下一个循环。整个试验需要的加卸载次数为 6～8 次。

　　为保证试件裂缝的稳定扩展，采用闭环伺服液压控制系统。通过在梁试件切口安装夹式位移计，测量梁试件切口的张开位移(CMOD)；使用位移传感器(LVDTs)测量梁的跨中挠度 δ，利用静态数据采集仪记录试验全过程的荷载-位移数据。

　　采用 ESPI 技术 Q300 系统对试件梁表面(正面)的变形进行测量，Q300 系统的技术参数见表3-4,测量区域的面积约为150mm(水平方向)×150mm(竖直方向)。

　　采用 DIC 技术测量试件梁表面(背面)的变形，相机的采集速率为 15s 1 张。DIC 后处理软件采用 VIC-2D，分析区域(ROI)的面积约为 70mm(水平方向)和150mm(竖直方向)，子集的大小为 41 像素×41 像素，步长为 10 像素。

8.2　试验结果及讨论

8.2.1　试件梁的荷载-位移曲线

　　以 P-CMOD 曲线为例，静态数据采集仪记录的梁试件加载全过程的荷载-位移曲线如图 8-6 所示，其中 CL 代表往复荷载，ML 代表单调荷载。

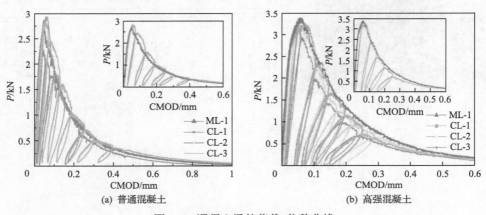

(a) 普通混凝土　　　　　　　　　(b) 高强混凝土

图 8-6　混凝土梁的荷载-位移曲线

　　从图 8-6 可以看出，在往复荷载作用下，各混凝土梁的荷载-位移曲线的包络线基本保持一致。此外，在单调荷载作用下，荷载-位移曲线几乎是往复荷载作用下的荷载-位移曲线的包络线。在钢筋混凝土[27]、砂浆[28]和素混凝土[29]中也观察到了类似的现象。

　　单调荷载和往复荷载下的 CMOD 随加载时间 t 的变化如图 8-7 所示。从图 8-7 中可以看出，DIC 测量的 CMOD 与夹式位移计测量的结果非常吻合，验证了 DIC 的测量精度。

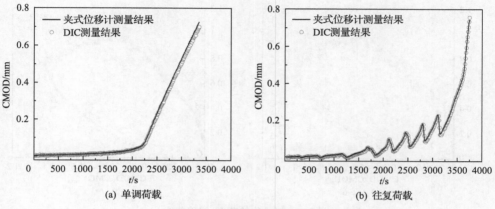

图 8-7　CMOD 随时间变化曲线

　　为了研究往复加载次数对试件断裂特性的影响，以普通混凝土梁 CL-3 为例，将每个加载循环的 P-CMOD 曲线提取出来，并将循环加载的起始点移至原点，如图 8-8 所示。可以看出，随着循环次数 i 的增加，单个循环的峰值荷载逐渐减少。这主要是由裂缝长度的变化引起的：随着加载循环的推进，裂缝尖端逐渐向前扩展，裂缝长度 a 逐渐增大，下一个加卸载循环以上一个循环结束时的裂缝长度作为其初始裂缝长度。因此，在往复荷载作用下，每个加卸载循环开始时的裂缝长度可以视为常规梁在单调荷载作用下的初始裂缝长度，这也可以解释为何单调荷载作用下的荷载-位移曲线几乎是往复荷载作用下的包络线。

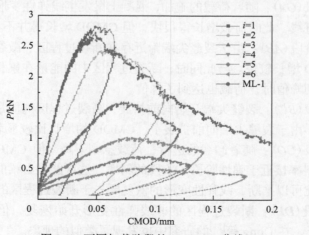

图 8-8　不同加载阶段的 P-CMOD 曲线

为更好地研究混凝土的循环断裂特性,将每个循环的 P-CMOD 曲线进行归一化处理,归一化后的曲线如图 8-9(a)所示,其中 $P_{\text{max}i}$ 和 $\text{CMOD}_{\text{max}i}$ 分别代表第 i 个循环的最大荷载和最大裂缝口张开位移。

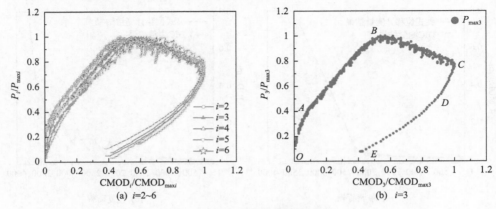

图 8-9　归一化的荷载-位移曲线

由图 8-9(a)可以看出,归一化的 P-CMOD 曲线的形状几乎一致,并不随着循环次数的变化而变化,Xie 等[30]在不同缝高比的梁试件中也观察到了类似现象。由图 8-9(a)可以发现,第 i 次循环的峰值荷载对应的 CMOD_i 值为 0.4~0.5 倍的 $\text{CMOD}_{\text{max}i}$;当卸载结束时,残余的 CMOD_i 为 0.4 倍的 $\text{CMOD}_{\text{max}i}$,这部分可视为不可恢复变形。

为更好地阐述混凝土梁的变形行为,以第 3 次循环为例,归一化 P-CMOD 曲线如图 8-9(b)所示。根据曲线的斜率,可将一次加卸载循环分为五个阶段,分别为 OA、AB、BC、CD 和 DE 阶段。

第一阶段(OA):随着荷载的施加,混凝土梁发生线弹性变形,P-CMOD 曲线几乎为一条直线,此时荷载增长得很快,但 CMOD 增长得并不显著。

第二个阶段(AB):由于裂缝尖端附近存在断裂过程区、微裂缝及裂缝张开等机制,CMOD 增长较快。与此同时,断裂过程区中的能量在累积。当断裂过程区的能量积蓄到峰值时,荷载也达到了峰值。

第三阶段(BC):裂缝尖端开始向前扩展,断裂过程区的能量释放,荷载开始缓慢地下降。由于裂缝尖端向前扩展了,CMOD 的增长比较显著。

第四阶段(CD):随着卸载的进行,荷载急剧下降,但 CMOD 降幅不大,此时 CD 段的斜率接近于弹性阶段 OA 段的斜率,这可能是由梁的线弹性变形恢复引起的。由此可以推断,线弹性变形的恢复要先于断裂过程区的非线弹性变形。

第五阶段(DE):断裂过程区的非线弹性变形开始恢复,但卸载结束时约有 40%残余变形,在 Dong 等[31]的研究中也发现了类似的现象。

由于常规的位移传感器在裂缝尖端处不易固定，通过传统方法很难测得准确的裂缝尖端张开位移（CTOD）。本节采用 ESPI 技术和 DIC 技术对试件的表面位移场进行测量，进而得到 CTOD。由 DIC 技术测得的 *P*-CTOD 曲线如图 8-10 所示。

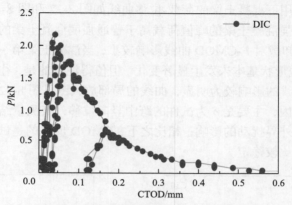

图 8-10　混凝土梁往复荷载下 *P*-CTOD 曲线

由图 8-10 可知，在加载初期，混凝土梁并未起裂，*P*-CTOD 曲线接近直线且斜率较陡。混凝土梁起裂后，随着加载次数增加，曲线斜率逐渐减小。混凝土起裂荷载约为 0.75kN，初次峰值荷载对应的 CTOD 为 0.038mm，第二次峰值荷载对应的 CTOD 约为 0.051mm，第三次峰值荷载对应的 CTOD 约为 0.074mm，第四次峰值荷载对应的 CTOD 约为 0.184mm。

8.2.2　试件梁的名义刚度

1. 刚度变化

单调荷载作用下普通强度混凝土梁和高强混凝土梁的 *P*-CMOD 曲线如图 8-11

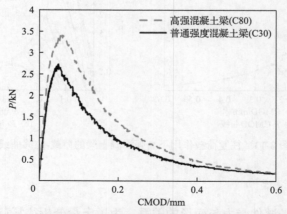

图 8-11　高强混凝土梁和普通强度混凝土梁的 *P*-CMOD 曲线

所示。由图 8-11 可知，高强混凝土梁的峰值荷载约为 3.5kN，普通强度混凝土梁的峰值荷载约为 2.7kN。高强混凝土梁的 P-CMOD 曲线起始阶段的斜率更陡，因此其名义刚度比普通强度混凝土梁更高。

往复荷载作用下混凝土梁的荷载-位移曲线如图 8-12 和图 8-13 所示。在往复荷载作用下，高强混凝土梁的峰值荷载高于普通强度混凝土梁的峰值荷载。在加载初期，往复加卸载对 P-CMOD 曲线影响较小，当混凝土梁第一次加载到峰值荷载 P_{max1} 时，曲线形状基本未发生显著变化。但值得注意的是，往复加载对混凝土梁试件的 P-δ 曲线的影响较为明显，曲线的局部放大图见图 8-12(b) 及图 8-13(b) 右上角。究其原因，主要是 δ 为试件的跨中竖向位移，其测量结果容易受夹式位移计底座滑动和外界扰动的影响；相比之下，CMOD 反映的是试件裂缝口的水平位移，测量结果比较稳定。

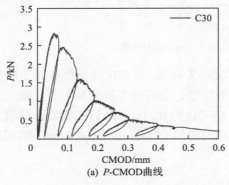
(a) P-CMOD曲线

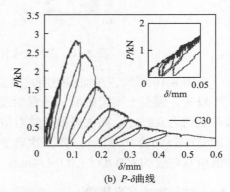
(b) P-δ曲线

图 8-12　往复荷载作用下普通强度混凝土梁的荷载-位移曲线

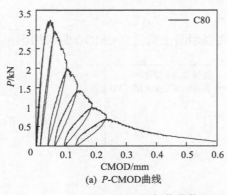
(a) P-CMOD曲线

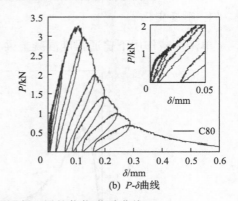
(b) P-δ曲线

图 8-13　往复荷载作用下高强混凝土梁的荷载-位移曲线

2. 刚度退化评估

刚度反映的是试件受力与变形的关系，为了定量分析往复荷载作用下两种强度混凝土梁的刚度变化，将 P-CMOD 曲线和 P-δ 曲线的斜率定义为名义刚度，各阶段的名义刚度见表 8-3。

表 8-3　混凝土梁各阶段的名义刚度

高强混凝土梁(C80)				普通强度混凝土梁(C30)			
P-δ 曲线		P-CMOD 曲线		P-δ 曲线		P-CMOD 曲线	
位置	名义刚度/(kN/mm)	位置	名义刚度/(kN/mm)	位置	名义刚度/(kN/mm)	位置	名义刚度/(kN/mm)
初始斜率	116.6	初始斜率	94.08	初始斜率	98.93	初始斜率	57.33
P_{max1}	35.91	P_{max1}	86.82	P_{max1}	23.45	P_{max1}	57.33
P_{max2}	27.34	P_{max2}	55.79	P_{max2}	23.80	P_{max2}	43.77
P_{max3}	16.43	P_{max3}	24.70	P_{max3}	13.87	P_{max3}	19.81
P_{max4}	11.04	P_{max4}	16.05	P_{max4}	8.86	P_{max4}	10.68
P_{max5}	7.26	P_{max5}	8.56	P_{max5}	4.95	P_{max5}	6.56
P_{max6}	4.21	P_{max6}	5.42	P_{max6}	3.98	P_{max6}	4.68
—	—	—	—	P_{max7}	1.24	P_{max7}	3.08

　　为了更加直观地表现不同强度混凝土梁名义刚度的衰减，不同曲线得到的名义刚度对比图如图 8-14 所示。

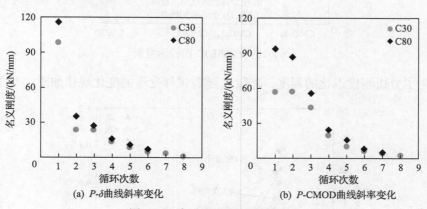

(a) P-δ曲线斜率变化　　　　(b) P-CMOD曲线斜率变化

图 8-14　各阶段名义刚度衰减图

　　由图 8-14 可以看出，在弹性阶段，高强混凝土梁的名义刚度比普通强度混凝土梁要高很多，但随着循环加卸载次数的增加，二者名义刚度之间的差距明显减小，甚至基本重合。由此可以得到如下结论：①混凝土强度对混凝土梁的初始名义刚度有显著的影响，混凝土强度越高，混凝土梁的名义刚度就越大；②当循环次数为 2 时，P-δ 曲线的斜率发生了明显下降，而 P-CMOD 曲线的斜率下降要小得多；③当循环次数为 4～8 时，高强混凝土梁和普通强度混凝土梁的名义刚度非常接近，这说明裂缝扩展到一定长度后，混凝土强度不再是影响名义刚度的重要因素。

　　从往复荷载作用下的荷载-位移曲线(图 8-15)可以看出，加载和卸载过程伴随着 P-CMOD 曲线斜率的变化。通过研究斜率变化，可以了解材料的非线性变形和破坏程度。为了定量评估混凝土梁的刚度退化，这里定义了三个刚度(S)参数，即初始切向刚度(S_0)、平均卸载刚度(S_u)和平均再加载刚度(S_r)，其中 S_0 是 P-CMOD 曲线初始线性段的斜率；S_u 是由卸载点到卸载终点连线的斜率，而 S_r 是由加载点到峰值点连线的斜率。

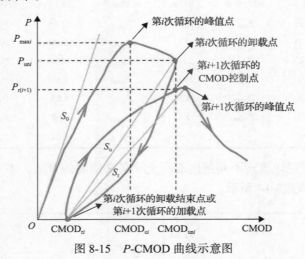

图 8-15　P-CMOD 曲线示意图

　　为了分析刚度退化的程度，S_r 和 S_u 随着试件变形的变化规律如图 8-16 所示。

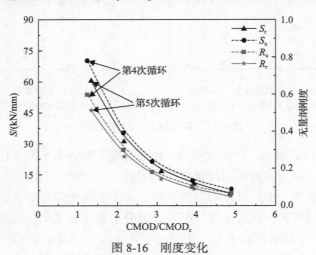

图 8-16　刚度变化

可以看出，随着变形的增加，S_r 与 S_u 逐渐减小，且减小速度越来越慢。在第 i 次循环中，S_r 大于 S_u，表明裂缝在每个循环的峰后会有所发展。在第 $i+1$ 次循环中，S_r 小于第 i 次循环中的 S_u，表明重新加载过程将加剧试件刚度的退化。

为了反映损伤程度，定义了无量纲刚度，即 R_u 和 R_r，分别等于 S_u/S_0 和 S_r/S_0。如图 8-16 所示，在梁加载到峰值点之前，已经造成了较大的损伤；峰后，R_u 和 R_r 急剧下降，均小于 55%；第 8 次循环中的 R_u 约为 6.66%，而第 9 次循环中的 R_r 约为 5.08%。随着试验的进行，R_u 和 R_r 的衰减速率逐渐降低，表明损伤主要发生在峰后的最初几次循环中。

8.2.3　混凝土梁的耗散能与断裂能

混凝土的耗散能是滞回环面积与韧带面积的比值，用于表征混凝土耗能的能力。在往复荷载作用下，上一次循环卸载曲线与当前循环加载曲线包围的面积反映了混凝土在裂缝扩展中耗散的能量。往复荷载作用下滞回环如图 8-17 中阴影部分所示，累积耗散能如图 8-18 所示。

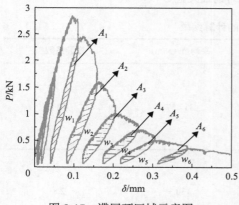

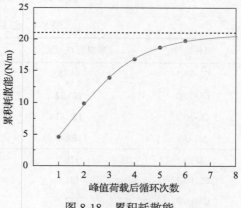

图 8-17　滞回环区域示意图　　　　图 8-18　累积耗散能

从图 8-18 可以看出，在经过第 4 次循环后，累积耗散能的增长速度明显放缓，说明试件逐渐丧失消耗能量的能力。最后累积耗散能达到一个峰值，大约为 21N/m，与徐颖等[32]的研究结果相当。因此，21N/m 可以视为普通强度混凝土在往复荷载作用下断裂失效的判定标准。

加载历史对滞回环的最大宽度 w_i 的影响如图 8-19 所示。由图 8-19 可知，滞回环的最大宽度 w_i 的变化趋势与累积耗散能相似，先随循环次数的增大而增大，后期趋于稳定，最大值约为 0.042mm。因此，滞回环的最大宽度 w_i 的变化亦能反映混凝土梁耗能的变化。

混凝土的断裂能为断裂过程区扩展单位面积所消耗的能量，可以通过 P-δ 曲线包围的面积除以梁的韧带面积得到。混凝土梁在往复荷载（CL）和单调荷载（ML）作用下的断裂能见表 8-4。

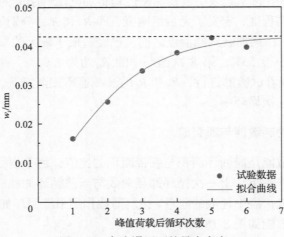

图 8-19　各个滞回环的最大宽度

表 8-4　断裂能的计算结果

试件编号	断裂能 G_F/（N/m）	平均值/（N/m）	变异系数/%
CL-30-1	94.78		
CL-30-2	121.52	117.57	6.17
CL-30-3	123.81		
ML-30	107.40		
CL-80-1	126.2		
CL-80-2	131.5	130.3	2.8
CL-80-3	133.3		
ML-80	121.8		

由表 8-4 可知，断裂能受混凝土强度的影响，高强混凝土的断裂能高于普通混凝土。此外，对于相同等级的混凝土，往复荷载下的断裂能普遍高于单调荷载下的断裂能（除 CL-30-1 外），这可能是由于往复荷载通过滞回耗能，降低了试件的刚度，增加了其变形能力，因而通过 P-δ 曲线得到的断裂能会相应增大。

对于高强混凝土，每次循环的耗散能如图 8-20 所示。

由图 8-20 可知，高强混凝土梁单次加卸载产生的耗散能在 4～12N/m。随着循环次数的增加，耗散能会越来越小，直至试件完全丧失耗能能力。高强混凝土梁的累积耗散能如图 8-21 所示。

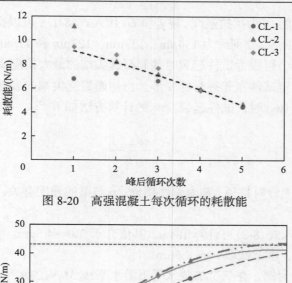

图 8-20 高强混凝土每次循环的耗散能

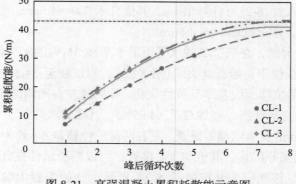

图 8-21 高强混凝土累积耗散能示意图

与普通强度混凝土梁的耗能情况类似，随着循环次数的增加，高强混凝土梁的累积耗散能逐渐增加，但增长速度逐渐放缓，最后趋于稳定。其峰值约为43.2N/m，该值可视为高强混凝土梁在往复荷载下断裂失效的判定标准。

8.3 混凝土的断裂过程区特性分析

8.3.1 断裂过程区的识别

为分析单调和往复荷载作用下混凝土断裂过程区的演化，首先需要对断裂过程区进行识别，以确定断裂过程区的尾端、尖端及边界。本章采用特征裂缝张开位移(w_c)来确定断裂过程区的尾端，引入应变阈值(ε_t)来确定断裂过程区的尖端及边界[33]。因此，需要预先确定两个关键参数，即ε_t和w_c。w_c可以通过式(8-1)计算[34]：

$$w_c = 3.6 \frac{G_F}{f_t} \tag{8-1}$$

式中，G_F 为断裂能；f_t 为抗拉强度。将 f_t 和 G_F 代入式(8-1)，可以得到 ML-1、CL-1、CL-2 和 CL-3 梁的 w_c 分别约为 134μm、123μm、123μm 和 118μm。

应变阈值(ε_t)可视为试件起裂时预制裂缝尖端的最大拉应变。要确定该最大应变，需要先确定试件在起裂时的变形。当初始裂缝尖端的裂缝张开位移超过初始裂缝张开位移(w_0)时，试件起裂。w_0 的计算方法如下[35]：

$$w_0 = \frac{n d_{max} f_t}{E} \tag{8-2}$$

式中，d_{max} 为最大骨料粒径；E 为弹性模量；n 与梁的强度有关，其取值范围介于 1.0～4.0。

将 f_t、E 代入式(8-2)可计算出 w_0，其值介于 1.0～4.5μm。参照 Li 等[33]研究结果 $w_0 = 4.8$μm，本节选取 $w_0 = 4.5$μm。

以 ML-1 梁为例，在三个加载水平下沿水平线 $M_0 N_0$ 的水平位移如图 8-22 所示，其中 $M_0 N_0$ 线位于初始裂缝尖端(图 8-23)。当加载至 34.58%P_{max}(峰前)时，沿 $M_0 N_0$ 线的水平位移曲线基本呈线性变化，且切缝左右两侧的位移相当，说明混凝土梁处于弹性变形状态。当加载至 64.95%P_{max}(峰前)时，x 方向位移 u 在切缝附近($x = -2$～2mm)发生明显的跳跃，左右两侧的位移差 Δw 约为 4.8μm。由于 Δw 可以看作是裂缝张开位移，其值与 w_0 接近，可以判断试件在此时起裂。此时沿 $M_0 N_0$ 线的水平位移和应变分布如图 8-24 所示，初始裂缝尖端的最大应变约为 0.8×10^{-3}，该值可取为应变阈值 ε_t。

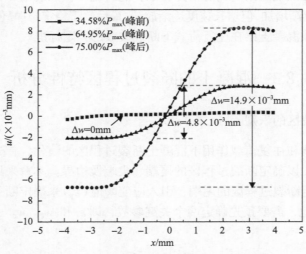

图 8-22　三个加载水平 $M_0 N_0$ 线上的水平位移

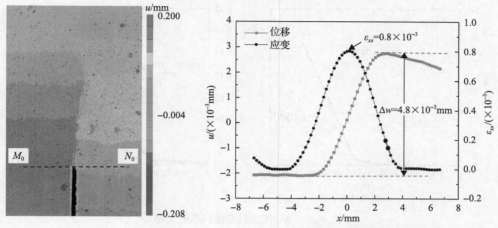

图 8-23 移云图中 $M_0 N_0$ 线的布置 　　　图 8-24 沿着 $M_0 N_0$ 线的位移和应变

因此，要确定断裂过程区区域，可以采用以下步骤。

(1)设置参考线 $M_n N_n (n=1, 2, 3, \cdots)$，并测出沿各参考线的水平位移。如图 8-25 所示，在梁跨中测量区域内取 n 条竖向距离约为 0.31mm 的水平参考线。利用 VIC-2D 软件，可以获得沿 $M_n N_n$ 线的水平位移。

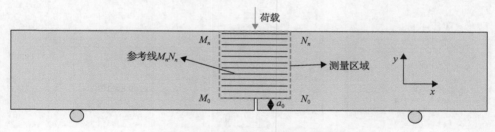

图 8-25 混凝土梁的测量和计算区域

(2)观察不同时刻下 $M_0 N_0$ 线上位移差 Δw 的变化，并确定断裂过程区尾端的位置。以单调荷载下的 ML-1 梁为例，Δw 沿 $M_0 N_0$ 线的变化如图 8-26 所示。在加载到 1.25kN(峰后)之前，Δw 总是小于 w_c(134μm)，因此在时间 $t = 2472$s 之前，ML-1 梁的断裂过程区尾端保持在初始裂缝尖端。对于往复荷载下的 CL-1 梁，当加载到 0.94kN(峰后)之前，Δw 总是小于 w_c(123μm)，所以在 $t = 3008$s 之前，CL-1 梁的断裂过程区尾端保持在初始裂缝尖端。

(3)分析断裂过程区尾端位于初始裂缝尖端时的断裂过程区演化。在这种情况下，只需要确定断裂过程区的尖端，即应变阈值 $\varepsilon_t = 0.8 \times 10^{-3}$ 包围的应变集中区 y 坐标的最大值。对于三点弯曲梁，考虑主裂缝沿竖向方向传播，断裂过程区长度(l_{FPZ})可以视为断裂过程区尖端到尾端的垂直距离。

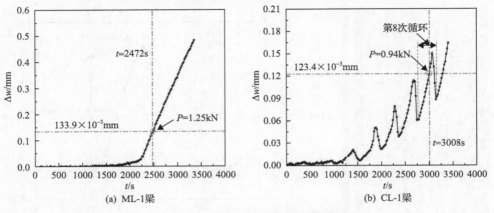

(a) ML-1梁　　　　　　　　　　　(b) CL-1梁

图 8-26　　Δw 在预制裂缝尖端的变化

　　三个加载水平下 ML-1 梁的断裂过程区演化如图 8-27 所示。可以看出，当加载到 $80\%P_{\max}$（峰前）、$P_{\max}$ 和 $80\%P_{\max}$（峰后）时，对应的 l_{FPZ} 分别为 12.78mm、34.15mm 和 57.86mm。在三个加载水平下 CL-1 梁的断裂过程区演化如图 8-28 所

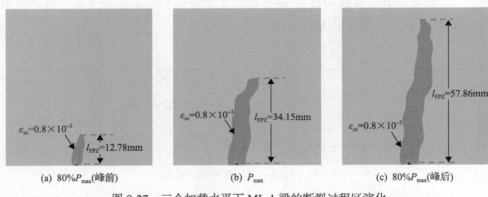

(a) $80\%P_{\max}$(峰前)　　　　(b) $P_{\max}$　　　　(c) $80\%P_{\max}$(峰后)

图 8-27　　三个加载水平下 ML-1 梁的断裂过程区演化

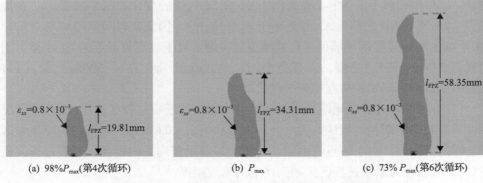

(a) $98\%P_{\max}$(第4次循环)　　(b) $P_{\max}$　　(c) $73\%P_{\max}$(第6次循环)

图 8-28　　三个加载水平下 CL-1 梁的断裂过程区演化

示。当梁被加载到 98%P_{max}(第 4 次循环)、P_{max}(第 6 次循环)和峰后 73%P_{max}(第 6 次循环)时，对应的 l_{FPZ} 分别为 19.81mm、34.31mm 和 58.35mm。

（4）分析断裂过程区尾端从预制裂缝尖端向上扩展后的断裂过程区演化。在这种情况下，断裂过程区的尖端和尾端均需要确定。如前文所述，断裂过程区的尖端通过 ε_t (0.8×10^{-3}) 包围的应变集中区内 y 坐标的最大值确定，而裂缝张开位移等于 w_c 的位置可以视为断裂过程区的尾端。

以 ML-1 梁为例，当加载到 30%P_{max}(峰后)时，不同参考线($y = 45.57$mm、$y = 62.29$mm 和 $y = 73.44$mm)上的水平位移曲线如图 8-29 所示。在 $y = 45.57$mm 参考线处，Δw 约为 161.5μm；在 $y = 62.29$mm 参考线处，Δw 约为 133.8μm，接近于 w_c，因此该处可视为断裂过程区的尾端。同理，当加载至 25%P_{max}(峰后)和 20%P_{max}(峰后)时，断裂过程区的尾端分别位于 $y = 68.80$mm 和 77.16mm 处。

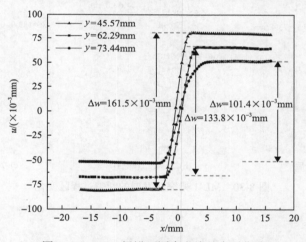

图 8-29 ML-1 梁沿不同参考线的水平位移

三个加载水平下 ML-1 梁的断裂过程区的变化如图 8-30 所示。可以看出，当梁加载到 30%P_{max}(峰后)、25%P_{max}(峰后)和 20%P_{max}(峰后)时，对应的 l_{FPZ} 分别为 73.47mm、68.03mm 和 63.87mm。

图 8-31 展示了 CL-1 梁在第 9 次循环的三个加载水平下的断裂过程区变化。可以看出，当梁加载到 26%P_{max}(峰后)、20%P_{max}(峰后)和 10%P_{max}(峰后)时，对应的 l_{FPZ} 分别为 79.93mm、72.32mm 和 51.11mm。

8.3.2 断裂过程区的长度

为了分析 l_{FPZ} 在单调加载作用下的变化，图 8-32 给出了 ML-1 梁的 P-l_{FPZ} 和 l_{FPZ}-t 曲线。由图 8-32(a)可知，单调荷载下 P-l_{FPZ} 曲线可分为四个阶段：线弹性变形阶段(OA 段)、裂缝稳定扩展阶段(AB 段)、断裂过程区完全发展前的裂缝不稳定扩展阶段（BC 段）和断裂过程区完全发展后的裂缝不稳定扩展阶段（CD 段）。在线弹性变形阶段，荷载小于 P_{ini}，梁表现出线弹性变形行为。在稳定裂缝扩展阶段，由于微裂缝的出现和分叉，断裂过程区稳定发展。在断裂过程区完全发展前的裂缝不稳定扩展阶段，随着主裂缝的扩展，l_{FPZ} 逐渐增大，梁的承载力逐渐减小。在断裂过程区完全发展后的裂缝不稳定扩展阶段，随着主裂缝的扩展，l_{FPZ} 却逐渐减小，这可能是由试件的边界效应引起[36,37]。

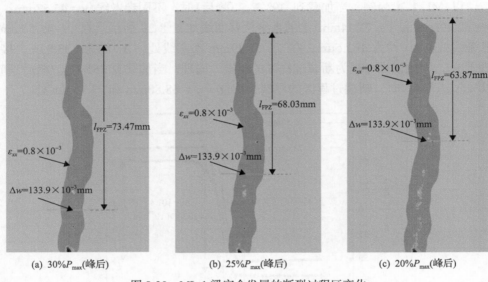

(a) 30%P_{max}(峰后)   (b) 25%P_{max}(峰后)   (c) 20%P_{max}(峰后)

图 8-30　ML-1 梁完全发展的断裂过程区变化

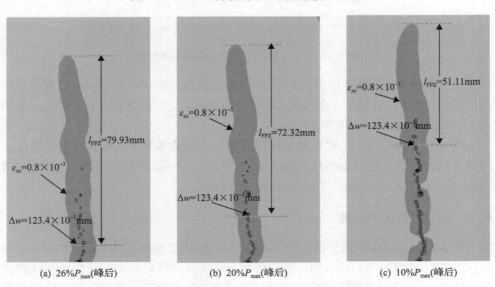

(a) 26%P_{max}(峰后)   (b) 20%P_{max}(峰后)   (c) 10%P_{max}(峰后)

图 8-31　CL-1 梁在第 9 次循环完全发展的断裂过程区变化

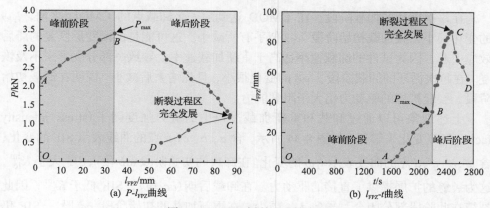

图 8-32　ML-1 梁的 l_{FPZ} 的变化

ML-1 梁的 l_{FPZ} 在 P_{max} 处约为 34.15mm。在 36.94% P_{max}（峰后）时，断裂过程区完全发展，l_{FPZ} 约为 87mm，约为韧带长度（H_1）的 0.83 倍，l_{FPZ} 与 H_1 的比值（l_{FPZ}/H_1）与 Tang 和 Chen[36]、Wu 等[38] 和 Li 等[12] 的研究结果比较一致，其值分别约为 0.86、0.91 和 0.85。从当前结果看，当断裂过程区完全发展时，l_{FPZ}/H_1 似乎是混凝土的固有特性，但也有研究表明，l_{FPZ}/H_1 值会随着试件尺寸的增大而减小[39]。

与 P-l_{FPZ} 曲线的四个阶段相对应，l_{FPZ}-t 曲线也可分为四个阶段，如图 8-32（b）所示。A 点为起裂点，在此之前，l_{FPZ} 接近于零；起裂后，l_{FPZ} 开始稳定增长。在峰值 B 点后，裂缝扩展速度明显加快，开始不稳定扩展，直至断裂过程区完全发展时（C 点）达到最大值。

为了分析 l_{FPZ} 在往复荷载作用下的变化，图 8-33 给出了 CL-1 梁的 P-l_{FPZ} 曲线。CL-1 梁的 P-l_{FPZ} 曲线的包络线（蓝线）与 ML-1 梁的变形行为相似[图 8-32（a）]，也可分为四个阶段。

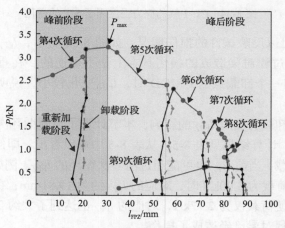

图 8-33　CL-1 梁的 P-l_{FPZ} 曲线

　　在每次循环的加载阶段，在 CMOD 达到前一个卸载点的 CMOD 之前，l_{FPZ} 的变化很小，且加载初始阶段 l_{FPZ} 似乎有所减小。这可能是由梁变形恢复的滞后效应引起，因为试件的卸载速率远高于重新加载速率，导致一部分变形来不及恢复。在每次循环的卸载阶段，l_{FPZ} 的变化很小，且先增大后减小，说明在卸载初始阶段，裂缝扩展的驱动力仍大于阻裂能力。

　　上述现象可以通过卸载和重新加载过程中的应力强度因子(stress intensity factor, SIF)变化来解释。如图 8-34 所示，含 a、b、c、d 点的曲线表示 SIF 的变化，含 a'、b'、c'、d' 点的曲线表示 l_{FPZ} 的变化。在卸载的初始阶段(ab 段)，SIF 大于 $K_{\text{Ic}}^{\text{ini}}$，这为裂缝的扩展提供了直接的驱动力。在卸载后期($bc$ 段)，SIF 低于 $K_{\text{Ic}}^{\text{ini}}$，因此裂缝在此阶段部分闭合，导致 l_{FPZ} 减少。在重新加载的初始阶段(cd 段)，SIF 仍低于 $K_{\text{Ic}}^{\text{ini}}$，因此新的裂缝不会产生，甚至 l_{FPZ} 会有所减少，这可能是由试件变形的恢复滞后所致，因为重新加载速率远低于卸载速率。

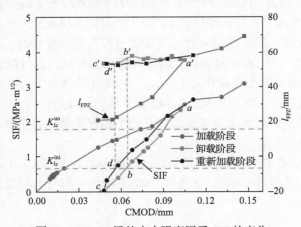

图 8-34　CL-1 梁的应力强度因子 SIF 的变化

　　l_{FPZ} 的变化可以反映试件的损伤情况。如图 8-33 所示，l_{FPZ} 在卸载阶段变化较小，说明加载过程对梁造成的损伤基本上是不可逆的。在重新加载阶段，当 CMOD 未达到前一个卸载点的 CMOD 时，l_{FPZ} 变化较小，说明该阶段造成的损伤较小。

　　为了评估加卸载历史对 l_{FPZ} 的影响，本节计算了不同循环次数下的 8 个时刻(图 8-35)的 l_{FPZ}，计算结果见表 8-5。从表 8-5 中可以看出，即使当前荷载未达到前一次循环的荷载，当前 l_{FPZ} 也可能超过前一次循环的 l_{FPZ}。例如，在第 4 次循环的卸载阶段，当荷载为 3.00kN 时，对应的 l_{FPZ} 约为 19.81mm；在第 5 次循环的重新加载阶段，即使荷载仅为 2.77kN，对应的 l_{FPZ} 也达到了大约 20.76mm，这主要是由于加卸载过程对梁已经造成了损伤。

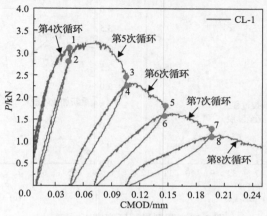

图 8-35　CL-1 梁的 P-CMOD 曲线

表 8-5　每次加载循环的 l_{FPZ}

参数	峰前阶段			峰后阶段				
	第 4 次循环		第 5 次循环	第 6 次循环		第 7 次循环		第 8 次循环
点编号	1(*)	2(#)	3(*)	4(#)	5(*)	6(#)	7(*)	8(#)
P/kN	3.00	2.77	2.45	2.31	1.79	1.63	1.27	1.14
CMOD/μm	45	44	105	105	147	147	196	196
l_{FPZ}/mm	19.81	20.76	46.20	56.69	69.39	73.17	80.06	82.72

*表示卸载点；#表示重新加载至前一次循环卸载点对应的点。

8.3.3　断裂过程区的宽度

混凝土断裂过程区一般呈不规则狭长状，为了研究其宽度的变化，定义其最大宽度为 b_m，即 $\varepsilon_t = 0.8 \times 10^{-3}$ 包围的区域左右边界之间水平距离的最大值。以 ML-1 和 CL-1 梁为例，P-b_m 曲线如图 8-36 所示。对 ML-1 梁来说[图 8-36(a)]，b_m 首先增加，然后基本保持不变，但拐点发生在断裂过程区完全发展之前，说明断裂过程区的宽度完全发展早于其长度。

对 CL-1 梁来说[图 8-36(b)]，P-b_m 曲线的包络线先增大，然后基本保持不变，这与 ML-1 梁的 P-b_m 线相似。在拐点之前，每次循环的 b_m 在卸载阶段先增加后减少，而在重新加载阶段先减少后增加。在拐点之后，上述现象不明显，说明该阶段加卸载过程对 b_m 的影响不大。

有学者认为 b_m 与粗骨料的最大骨料粒径（d_{max}）有关[6]，也有学者认为 b_m 与试件尺寸和混凝土材料的综合特性有关，而与粗骨料无关[40]。在持有第一个观点的学者中，Bažant 和 Oh[6] 认为 b_m 大约为 d_{max} 的 3 倍，而 Zhou 等[39] 则指出 b_m 小于 d_{max} 的 3 倍；Skarżyński 等[40] 发现碎石混凝土（d_{max}=8mm）和砂混凝土（d_{max}=3mm）

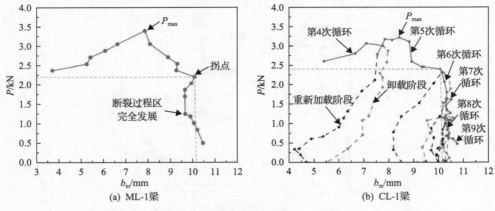

图 8-36　断裂过程区宽度 b_m 的变化

的 b_m 在 3.5~5.5mm 变化。以上研究表明，关于 b_m 与 d_{max} 的比值（b_m/d_{max}）仍存在争议。在本研究中，ML-1 梁的 b_m 在 66%P_{max}（峰后）后稳定在 10.1mm 左右，而 CL-1 梁的 b_m 在 70%P_{max}（第 6 次循环）后稳定在 10.2mm 左右，两者基本与 d_{max} = 10mm 相当。值得注意的是，b_m 值与断裂过程区应变阈值取值直接相关，应变阈值越小，断裂过程区区域越大，b_m 相应增大。

8.3.4　断裂过程区的形状

为了解混凝土梁损伤区的发展和能量耗散过程，有必要对断裂过程区的形状变化进行分析。峰值和断裂过程区完全发展时的 l_{FPZ} 和 b_m 值列于表 8-6。从表 8-6 中可以看出，峰值时 b_m 为 4.9~8.43mm，断裂过程区完全发展时的 b_m 为 8.43~10.31mm。对于 CL-3 梁，局部 b_m 约为 13.20mm，明显高于其他区域，这可能是由于骨料在裂缝扩展路径上形成互锁，如图 8-37 所示。

如表 8-6 所示，峰值时 l_{FPZ} 与 b_m（l_{FPZ}/b_m）的比值为 3.8~4.9，而当断裂过程区完全发展时，l_{FPZ}/b_m 为 8.6~10.4。这表明在峰值荷载后，l_{FPZ} 的发展速率明显大于 b_m。因此，峰后的能量消耗主要用于裂缝向前扩展。

表 8-6　每根梁的 l_{FPZ} 和 b_m

试件编号	P_{max}			完全发展的断裂过程区		
	l_{FPZ}/mm	b_m/mm	l_{FPZ}/b_m	l_{FPZ}/mm	b_m/mm	l_{FPZ}/b_m
ML-1	34.15	7.87	4.3	87.00	9.59	9.1
CL-1	31.73	8.43	3.8	89.00	10.31	8.6
CL-2	29.85	6.24	4.8	89.72	8.65	10.4
CL-3	20.56	4.90	4.2	80.04	8.43	9.49

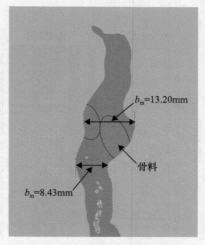

图 8-37　CL-3 梁的断裂过程区形状

8.3.5　断裂过程区的损伤演化

在试验过程中，在梁试件初始裂缝尖端附近可以观察到明显的应变集中区。CL-2 梁在不同时刻（图 8-38）的水平应变云图如图 8-39 所示。在第 i 次循环，从峰值点到卸载点，应变集中区的尺寸逐渐增加，表明在此过程中梁内的损伤增加；从重新加载点到峰值点，应变集中区的应变增大但其尺寸却基本不变，表明新的加载过程在峰前造成的损伤不明显（损伤范围变化不大，但损伤程度增加）。在两次相邻循环中，前一次循环中峰值和卸载点处的应变集中区尺寸均小于当前循环中的应变集中区，表明随着循环的进行，梁的损伤逐渐增加。

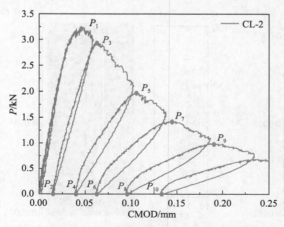

图 8-38　P-CMOD 曲线中的加卸载点

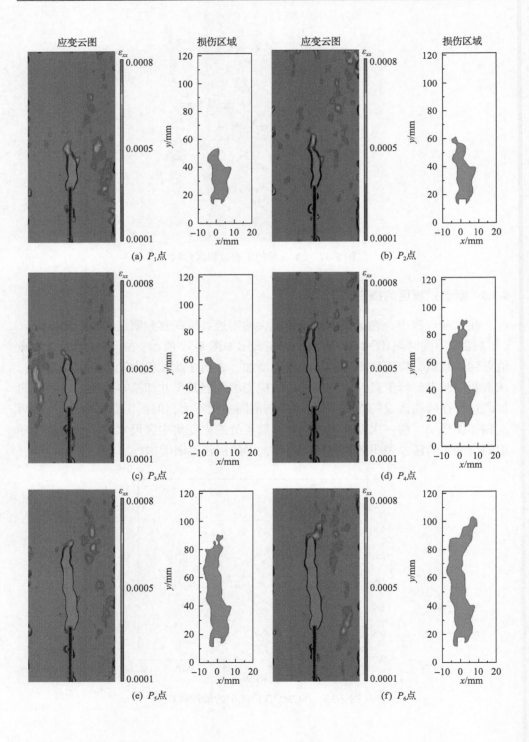

(a) P_1点　　　　　　　　　　　　　　　　(b) P_2点

(c) P_3点　　　　　　　　　　　　　　　　(d) P_4点

(e) P_5点　　　　　　　　　　　　　　　　(f) P_6点

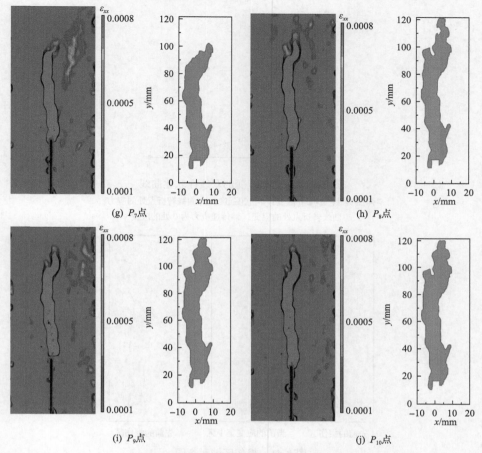

图 8-39　加卸载点的应变云图和损伤区

　　为了定量评估应变集中区尺寸的变化,采用临界应变(ε_c)对该区域进行识别。根据文献[41]和[35]中介绍的双线性软化曲线(图 8-40),临界应变 ε_c 计算如下:

$$\varepsilon_c = f_t / E \tag{8-3}$$

　　本节计算的临界应变 ε_c 约为 0.0001。值得注意的是,应变集中区可以反映梁的损伤,但它不能被视为损伤区,只是损伤区的一部分。这是因为前一加载阶段的应变集中区的一部分(它是损伤区的一部分)可能不包括在当前加载阶段的应变集中区中。

　　对于当前加载阶段来说,总的损伤区可视为前一加载阶段损伤区和当前加载阶段应变集中区的并集,如图 8-41 所示。10 个点(图 8-38)的损伤区面积(A_{dz})如图 8-42 所示。可以看出,随着加载的推进,A_{dz} 逐渐增大,测试结束时,A_{dz} 达到它的最大值 A_{dzm},约为 1111.99mm^2。

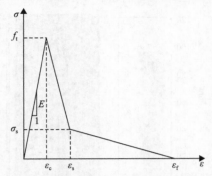

图 8-40 应力与应变的双线性软化曲线

E-弹性模量；ε_c-临界应变；f_t-抗拉强度；σ_s-曲线转折点处的应力；
ε_s-曲线转折点处的应变；ε_f-传递应力为 0 处的应变

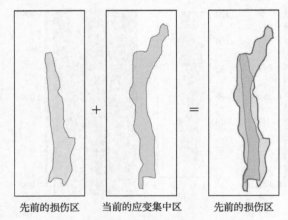

先前的损伤区　　　当前的应变集中区　　　先前的损伤区

图 8-41 损伤区域示意图

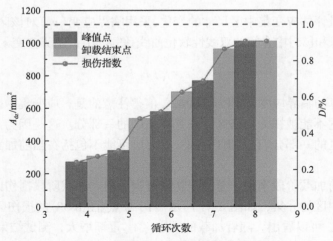

图 8-42 A_{dz} 和 D 与循环次数的关系

为了定量描述混凝土的损伤程度，本节基于损伤区面积来确定损伤指数 D，由式(8-4)计算：

$$D = \frac{A_{\text{dz}}}{A_{\text{dzm}}} \times 100\% \tag{8-4}$$

式中，A_{dz} 为损伤区面积，其最大值为 A_{dzm}。如图 8-42 所示，随着循环加载的推进，损伤指数 D 逐渐增大。峰值时损伤指数 D 约为 24.18%，在第 8 次循环的卸载终点时约为 90.73%。

在第 i 次循环中，假设 S_{r} 为 P-CMOD 曲线在峰值点的切线斜率，则通过计算 P-CMOD 曲线的斜率也可计算损伤指数 D：

$$D = \left(1 - \frac{S_{\text{r}}}{S_0}\right) \times 100\% = (1 - R_{\text{r}}) \times 100\% \tag{8-5}$$

式中，S_0 为初始切向刚度；S_{r} 为 P-CMOD 曲线在峰值点的切线斜率。得到的 CL-2 梁第 5 次循环峰值点的损伤指数 D 约为 48.68%(图 8-43)；然而，基于损伤区面积的方法得到该点的损伤指数 D 约为 30.43%(图 8-43)。

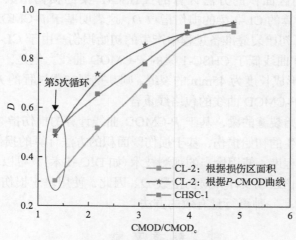

图 8-43　不同方法获得的 D 值

为了探明上述两种方法计算的损伤指数 D 不一致的原因，在此观察了没有初始裂缝的梁的应变集中区的变化[42]，如图 8-44 所示。可以看出，没有初始裂缝的梁的应变集中区在跨中底部出现，并向上发展。对材料配合比和尺寸与 CL-2 梁一致，但没有初始裂缝的梁(称为 CHSC-1)来说，初始裂缝尖端上方的损伤区形状应与 CL-2 梁一致，初始裂缝尖端下方的损伤区平均宽度(w_{DA})应与初始裂缝尖端上方的相同。对 CL-2 梁来说，A_{dz} 约为 1111.99mm²，韧带长度为 105mm，计算的 w_{DA} 为 10.59mm。因此，CHSC-1 梁的 w_{DA} 约为 10.59mm。在 CHSC-1 梁的初始裂缝尖端下方，A_{dz} 约为 476.55mm；在 CHSC-1 梁的初始裂缝尖端上方，损伤区的形状可以视为与 CL-2 梁相同，即 A_{dz} 约为 1111.99mm²。

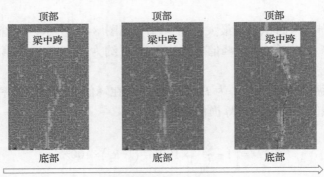

图 8-44　没有初始裂缝的混凝土梁的裂缝扩展路径[42]

基于损伤区面积的方法计算的 CHSC-1 梁的损伤指数 D 如图 8-43 所示。可以看出，基于损伤区面积的方法计算的 CHSC-1 梁的损伤指数 D 更接近基于 P-CMOD 曲线计算的 CL-2 梁的损伤指数 D，这表明基于 P-CMOD 曲线计算的损伤指数 D 考虑了初始裂缝准备过程中产生的初始损伤。由于 CL-2 梁存在初始损伤，其 P-CMOD 曲线低于 CHSC-1 梁的 P-CMOD 曲线。但是，如果 CHSC-1 梁在加载后卸载，形成长度为 45mm 的裂缝，则其重新加载过程的 P-CMOD 曲线基本与 CL-2 梁的 P-CMOD 曲线的包络线重合。

对于具有初始裂缝的梁，基于 P-CMOD 曲线计算的损伤指数 D 包括初始裂缝形成过程中产生的初始损伤，基于损伤区面积的方法计算的损伤指数 D 更能反映梁的真实损伤程度。使用恰当的观测技术（如 DIC 技术），可以很容易地识别每个加载点处的损伤区域及计算损伤指数 D。因此，使用基于损伤区面积的方法来确定损伤指数 D 是一种可行且有效的方法。

参 考 文 献

[1] Wang Z, Gou J, Gao D. Experimental study on the fracture parameters of concrete. Materials, 2020, 14(1): 129.

[2] Yin Y, Qiao Y, Hu S. Determining concrete fracture parameters using three-point bending beams with various specimen spans. Theoretical and Applied Fracture Mechanics, 2019, 107: 102465.

[3] Erdogan F, Sih G C. On the crack extension in plates under plane loading and transverse shear. Journal of Basic Engineering, 1963, 85(4): 519-525.

[4] Hussain M A, Pu S L, Underwood J. Strain energy release rate for a crack under combined mode I and mode II//ASTM Special Technical Publication. ASTM International, 1974, STP 560: 2-28.

[5] Baant Z P. Size effect in blunt fracture: concrete, rock, metal. Journal of Engineering Mechanics, 1984, 110(4): 518-535.

[6] Bažant Z P, Oh B H. Crack band theory for fracture of concrete. Materials and Structures, 1983, 16(3): 155-177.

[7] Chen H N, Su R K L, Fok A L, et al. An investigation of fracture properties and size effects of concrete using ESPI technique. Magazine of Concrete Research, 2020, 72(17): 888-899.

[8] Issa M A, Issa M A, Islam M S, et al. Size effects in concrete fracture: Part Ⅱ, analysis of test results. International Journal of Fracture, 2000, 102(1): 25-42.

[9] Issa M A, Issa M A, Islam M S, et al. Size effects in concrete fracture: Part Ⅰ, experimental setup and observations. International Journal of Fracture, 2000, 102(1): 1-24.

[10] Golewski G L, Gil D M. Studies of fracture toughness in concretes containing fly ash and silica fume in the first 28 days of curing. Materials(Basel, Switzerland), 2021, 14(2): 319.

[11] Han X, Chen Y, Xiao Q, et al. Determination of concrete strength and toughness from notched 3PB specimens of same depth but various span-depth ratios. Engineering Fracture Mechanics, 2021, 245(2-3): 107589.

[12] Li S, Chen X, Feng L, et al. Experimental study on concrete fracture process zone using digital image correlation technique. Journal of Testing and Evaluation, 2021, 49(2): 1-19.

[13] Golewski G L, Golewski P, Sadowski T. Numerical modelling crack propagation under mode Ⅱ fracture in plain concretes containing siliceous fly-ash additive using XFEM method. Computational Materials Science, 2012, 62(none): 75-78.

[14] Ooi E T, Yang Z J. Modelling multiple cohesive crack propagation using a finite element-scaled boundary finite element coupled method. Engineering Analysis with Boundary Elements, 2009, 33(7): 915-929.

[15] Kim W J, Lee J M, Kim J S, et al. Measuring high speed crack propagation in concrete fracture test using mechanoluminescent material. Smart Structures and Systems, 2012, 10(6): 547-555.

[16] Hu S W, Lu J, Xiao F P. Evaluation of concrete fracture procedure based on acoustic emission parameters. Construction and Building Materials, 2013, 47: 1249-1256.

[17] Reinhardt H W, Cornelissen H A W, Hordijk D A. Tensile tests and failure analysis of concrete. Journal of Structural Engineering-Asce, 1986, 112(11): 2462-2477.

[18] Hordijk D A. Local approach to fatigue of concrete. Delft: Delft University of Technology, 1991.

[19] Horii H, Shin H C, Pallewatta T M. Mechanism of fatigue crack growth in concrete. Cement and Concrete Composites, 1992, 14(2): 83-89.

[20] Zhao L H, Yan T Y, Bai X, et al. Implementation of fictitious crack model using contact finite element method for the crack propagation in concrete under cyclic load. Mathematical Problems in Engineering, 2013, 7: 206-226.

[21] Yang B, Mall S, Ravi-Chandar K. A cohesive zone model for fatigue crack growth in quasibrittle materials. International Journal of Solids and Structures, 2001, 38(22-23): 3927-3944.

[22] Nguyen O, Repetto E A, Ortiz M, et al. A cohesive model of fatigue crack growth. International Journal of Fracture, 2001, 110(4): 351-369.

[23] 白卫峰. 混凝土损伤机理及饱和混凝土力学性能研究. 大连: 大连理工大学, 2008.

[24] Hillerborg A, Modéer M, Petersson P E. Analysis of crack formation and crack growth in concrete by means of fracture mechanics and finite elements. Cement and Concrete Research, 1976, 6(6): 773-781

[25] RILEM. TC 50-FMC fracture mechanics of concrete, determination of the fracture energy of mortar and concrete by means of three-point bend tests on notched beams. Materials and Structures, 1985, 18(4): 287-290.

[26] RILEM. TC 89-FMT fracture mechanics of concrete, determination of fracture parameters (K_{Ic}^s and CTOD$_c$) of

plain concrete using three-point bend tests. Materials and Structures, 1990, 23(6): 457-460.

[27] Otter D E, Naaman A E. Properties of steel fiber reinforced concrete under cyclic loading. Materials Journal, 1988, 85(4): 154-261.

[28] Maher A, Darwin D. Mortar constituent of concrete in compression. Journal of the American Concrete Institute, 1982, 79(2): 100-109.

[29] Chen X D, Bu J W, Xu L Y. Effect of strain rate on post-peak cyclic behavior of concrete in direct tension. Construction and Building Materials, 2016, 124(16): 746-754.

[30] Xie Z L, Zhou H F, Lu L J, et al. An investigation into fracture behavior of geopolymer concrete with digital image correlation technique. Construction and Building Materials, 2017, 155: 371-380.

[31] Dong W, Zhang X, Zhang B S, et al. Influence of sustained loading on fracture properties of concrete. Engineering Fracture Mechanics, 2018, 200: 134-145.

[32] 徐颖, 卜静武, 刘雨夕, 等. 循环荷载下橡胶混凝土的断裂特性. 土木与环境工程学报(中英文), 2022, 44(1): 7.

[33] Li S T, Fan X Q, Chen X D, et al. Development of fracture process zone in full-graded dam concrete under three-point bending by DIC and acoustic emission. Engineering Fracture Mechanics, 2020, 230(3): 106972.

[34] Petersson P E. Crack growth and development of fracture zones in plain concrete and similar materials Report No TVBM 1006. Lund: Lund University, 1981.

[35] Li D Y, Huang P Y, Chen Z B, et al. Experimental study on fracture and fatigue crack propagation processes in concrete based on DIC technology. Engineering Fracture Mechanics, 2020, 235: 107166.

[36] Tang Y X, Chen H N. Characterizations on fracture process zone of plain concrete. Journal of Civil Engineering and Management, 2019, 25(8): 819-830.

[37] Fan B, Qiao Y M, Hu S W. An experimental investigation on FPZ evolution of concrete at different low temperatures by means of 3D-DIC. Theoretical and Applied Fracture Mechanics, 2020, 108: 102575.

[38] Wu Z M, Rong H, Zheng J J, et al. An experimental investigation on the FPZ properties in concrete using digital image correlation technique. Engineering Fracture Mechanics, 2011, 78: 2978-2990.

[39] Zhou R X, Lu Y, Wang L G, et al. Mesoscale modelling of size effect on the evolution of fracture process zone in concrete. Engineering Fracture Mechanics, 2021, 245: 107559.

[40] Skarżyński Ł, Syroka E, Tejchman J. Measurements and calculations of the width of the fracture process zones on the surface of notched concrete beams. Strain, 2009, 47(s1): e319-e332.

[41] Hoover C G, Bazant Z P. Cohesive crack, size effect, crack band and work-of-fracture models compared to comprehensive concrete fracture tests. International Journal of Fracture, 2014, 187(1): 133-143.

[42] Thirumalaiselvi A, Sindu B S, Sasmal S. Crack propagation studies in strain hardened concrete using acoustic emission and digital image correlation investigations. European Journal of Environmental and Civil Engineering, 2020(6): 1-28.